a n d
A u s t f o n n a
N
0 20 km
Verleg
Woodfjo
Mushamna
Spitz-
1454
Eidsvollfjellet
Ny-Ålesund
Spitzbergen
1717
Newtontoppen
1068
Backlundtoppen
Kap Thordsen
Prins Karls Forland
Isfjord
Longyearbyen
Barentsburg
Grumantbyen
Sveagruva
bergen
Hornsund
1431
Hornsundtind
Olgastraße
Kong Karls Land
Barentsøya
Edgeøya
N
0 50 km
Nordpol
Nordpolar-
meer
Norilsk
Nowaja Semlja
80°
Spitzbergen
Barentssee
Grönland-
see
RUSSLAND
Murmansk
70°
Nordsee
St. Petersburg
Helsinki
Moskau
Oslo
Stockholm
60°

DAS SPITZBERGEN-EXPERIMENT

HAUKE TRINKS

DAS SPITZBERGEN-EXPERIMENT

Ein Forscher, eine Frau und die
Theorie vom Ursprung des Lebens

Unter Mitarbeit von Marie Tièche

FREDERKING & THALER

Inhalt

Vorwort

Vor drei Jahren brach ich zu meiner ersten Expedition in das Eis von Spitzbergen auf. Damals, nach Beendigung meiner Präsidentschaft an der Technischen Universität Hamburg-Harburg, wollte ich etwas völlig anderes beginnen. Ich nahm mir vor, die bis dahin gänzlich neue Hypothese, dass das erste Leben auf der Urerde vor vier Milliarden Jahren im Eis der Meere entstanden sein könnte, durch Messungen und Experimente zu bekräftigen. Dazu ließ ich mich mit dem als ein kleines Labor eingerichteten Segelschiff *Mesuf* im Eis am Nordrand von Spitzbergen in Mushamna einfrieren. Ein ganzes Jahr lang studierte ich das Meereis, seine Mikrostruktur und die im Eis ablaufenden dynamischen Vorgänge. Allein, nur in Begleitung von zwei Schlittenhunden, konnte ich überraschende Beobachtungen machen, mich mit Eisbären anfreunden und während der viermonatigen Polarnacht die Nordlichter bewundern. Dann segelte ich zurück nach Hamburg und war glücklich, der eisigen Einsamkeit mit vielen Ergebnissen heil und gesund entkommen zu sein.

»Ach, wäre ich doch wieder raus aus dem Eis und auf der Heimfahrt …«, so lese ich heute in meinem alten Tagebuch. Wo aber ist inzwischen meine Heimat? An der Universität, in der Gemeinschaft von etablierten Wissenschaftlern, die von einer wichtigen Besprechung zur nächsten eilen, Forschungsgelder beantragen und zwischendurch Verwaltungsarbeiten erledigen müssen? Oder ist die Heimat in der Nähe meiner Familie? Meine Kinder sind längst der elterlichen Obhut entwachsen. Sie stehen mitten im Leben und haben ihre vielen eigenen Kinder. Oder aber – und ich ahne, dass dies so ist – habe ich inzwischen tiefe heimatliche Gefühle für das so abweisende, eisige Spitzbergen entwickelt?

Das für normale Menschen selbstverständliche Bedürfnis nach Komfort, einer warmen Dusche, gutem Essen und Sicherheit, nach Fernsehen, Kino, Theater und der Gesellschaft von anderen ist mir irgendwie abhanden gekommen. Und nun stehe ich etwas verwundert, leer und manchmal auch einsam da und fühle mich fast wie ein Spielverderber.

Aber das will ich nicht! Ich will anderen etwas geben, vielleicht auch ein wenig den Blickwinkel aufweiten. Ich spüre ganz deutlich, da ist noch etwas im Eis von Spitzbergen, das sich zu suchen lohnt. Wertvoll nicht nur für mich, sondern vielleicht auch für andere Menschen. Denen möchte ich erzählen, was ich gesucht und gefunden habe.

Nach meiner Rückkehr aus Mushamna habe ich Vorträge gehalten und mit Fachleuten Diskussionen über meine Beobachtungen im Eis geführt. Dabei bin ich auf Interesse und Zustimmung, aber auch auf Kritik gestoßen.

Es haben sich viele interessante neue Gesichtspunkte zur Hypothese über die Entstehung und die heutige Existenz von primitiven Lebensformen im Eis ergeben, und spannende Vorschläge über weitere mögliche Experimente im Eis von Spitzbergen wurden diskutiert. Mir wurde deutlich: Ich darf nicht auf halbem Weg stehen bleiben, ich will und muss weitermachen. Daraus hat sich ein Forschungsprogramm entwickelt, das mich erneut zu einer einjährigen Expedition nach Spitzbergen verschlagen wird. Diesmal allerdings werde ich nicht mein Segelschiff als Forschungslabor nutzen, sondern eine alte Hütte auf Nordaustland. Nordaustland ist eine öde, seit vielen Jahrzehnten unbewohnte, zumeist ganzjährig vom Eis eingeschlossene Insel nordöstlich von Spitzbergen. Wegen der besonderen Eisverhältnisse ist Nordaustland als gewaltiges Labor für die Durchführung der geplanten Forschungsarbeiten hervorragend geeignet.

Ich will während dieser Expedition nicht nur das Eis und die darin lebenden Mikroorganismen studieren. Eigentlich erhoffe ich mir mehr. Ich möchte den Prinzipien und Formen des Zusammenlebens verschiedener Wesen nachspüren. Wie funktioniert das Leben unter den auf Nordaustland herrschenden extremen Bedingungen? Wie überleben dort einfache Wesen – etwa kleine Krebse – oder aber auch große, mächtige Tiere wie die Walrosse? Was unterscheidet uns Menschen von Eisbären, wenn wir in der eisigen Polarnacht ums Überleben kämpfen? Sind die Unterschiede überhaupt noch gegeben, wenn elementare Bedürfnisse und Gefühle von zivilisatorischen und kulturellen Beigaben entblättert sind?

Auf Nordaustland haben vor mehr als hundert Jahren Jäger und Fallensteller gehaust. Einige sind dabei auch umgekommen. Forscher aus unterschiedlichen Ländern haben hier kurzzeitig gearbeitet und versucht, neue Entdeckungen zu machen. Spuren dieser Menschen möchte ich finden. Was kann ich daraus lernen?

Der Mensch ist ein soziales Wesen und kein Einzelgänger. Während meiner absoluten Einsamkeit in Mushamna vor drei Jahren habe ich das schmerzlich und bewusst erleben dürfen. Diesmal möchte ich meine Eindrücke und Erlebnisse während der Expedition mit einem Mitmenschen teilen. Ich möchte mich streiten, Kompromisse machen, mich gemeinsam fürchten, freuen und zusammen das Jahr in der eisigen Isolation überleben – und zwar mit einer Frau. Ob das wohl gut geht?

1 Der Spitzbergen-Bazillus

Eine gefährliche und unheilbare Krankheit

Longyearbyen, 10. Januar 2002

Ich sitze mit einem Glas Bier in meiner Lieblingsecke auf der mit verschlissenem Robbenfell bespannten Bank. Dieser Pub in Longyearbyen, einer kleinen norwegischen Siedlung auf Spitzbergen mit gut 1000 Einwohnern, ist genau nach meinem Geschmack: eine verräucherte Kneipe, dunkel, gemütlich und Treffpunkt für ein bunt gemischtes Volk aus aller Herren Länder.

Ich mag Mona, die immer freundliche und zu Späßen aufgelegte Bedienung hinter der Theke. Wie ein Walross ist sie trotz ihres Leibesumfangs von verblüffender Wendigkeit. Wenn sie mit einem Tablett voller Bier- und Kognakgläser durch die vom Alkoholgenuss angeregten Kneipenbesucher balanciert, beglückt sie ihre Lieblingsgäste schon mal mit einer herzlichen Umarmung und einem Küsschen. Gerade blinzelt sie zu mir herüber und hält fragend ein leeres Glas hoch. »Na, klar«, winke ich ihr zu.

Fast jeden Abend bin ich hier, auch um meine Expedition nach Nordaustland vorzubereiten. Mein Plan hat sich natürlich längst herumgesprochen, und ich bekomme allerlei nützliche Ratschläge. Nur ganz wenige Menschen haben Nordaustland schon mal betreten – allerdings im Sommer –, und sie erzählen mir ihre Eindrücke von dieser öden, scheinbar lebens- und menschenfeindlichen Insel hoch oben im Nordosten von Spitzbergen.

Ich fühle mich hier zu Hause, eigentlich mehr als in Hamburg, dem Ort meiner langjährigen Tätigkeit an der Technischen Universität. Wie kommt das eigentlich? Wann hat mich Spitzbergen in seinen Bann geschlagen? Ich beginne, in meinen Erinnerungen zu kramen …

Bereits vor zwölf Jahren habe ich, ohne zu ahnen, welche Folgen das für mein weiteres Leben haben würde, zusammen mit meiner

Familie eine Segeltour von Hamburg über Tromsø bis Spitzbergen unternommen. Als damals, nach tagelangem Segeln über die stürmische Barentssee, die Gebirgsketten von Spitzbergen am Horizont sichtbar wurden, waren wir alle ganz aufgeregt und gespannt auf das Land, auch ein bisschen stolz, es bis hierhin geschafft zu haben. Wir segelten dann entlang der Westküste Spitzbergens gen Norden und bewunderten dabei die vielen in der Sonne funkelnden Gletscher. Wir besuchten einen in der Einsamkeit lebenden Jäger und Fallensteller in seiner Hütte und wanderten staunend in einem unheimlichen Gebirgstal im Nordwesten Spitzbergens. Hier in Virgohamna startete 1897 der schwedische Polarforscher Salomon August Andrée. Zusammen mit zwei Begleitern wollte er in einem Wasserstoffballon den Nordpol erreichen. Die Sache ging gründlich schief. Andrée starb schließlich auf Kvitöya, einer mit Eis bedeckten Insel unweit von Nordaustland. Von Virgohamna segelten wir weiter, vorbei an der Amsterdaminsel am Nordrand von Spitzbergen. Wir wollten Westspitzbergen umfahren und durch die Hinlopenstraße wieder gen Süden gelangen. Die Hinlopenstraße ist ein bei Seefahrern gefürchtetes Seegebiet zwischen Westspitzbergen und Nordaustland. Auch wir kämpften stundenlang gegen heftigen Wind und große Wellen an und kapitulierten schließlich. Die großen Eisbrocken im brodelnden Meer und der immer dichter werdende Nebel machten mir damals unmissverständlich klar, dass die Natur von Spitzbergen kein Erbarmen mit uns leichtsinnigen und naiven kleinen Menschen zeigt. Also kehrten wir ziemlich kleinlaut um, froh, diesmal noch heil herausgekommen zu sein.

Ich nahm mir vor, irgendwann wiederzukommen. Nicht, um die Naturgewalten zu besiegen, sondern weil ich fasziniert war von dieser unnahbaren, schönen Landschaft. Dabei wusste und verstand ich von Spitzbergen damals fast nichts, aber ich spürte vielleicht, dass hier eine stille Liebe auf mich wartet.

Ein paar Jahre später unternahm ich im Frühjahr mit vier norwegischen Begleitern aus Tromsø eine kleine Expedition mit Schneemobilen bis zur Nordspitze von Westspitzbergen. Ich war zu dieser

Zeit Professor für Physik an der Universität Tromsø in Nordnorwegen und führte ein Forschungsprogramm zur Anwendbarkeit des damals noch ganz neuen Satellitennavigationssystems GPS auf Spitzbergen durch. Tagelang fuhren wir Hunderte von Kilometern durch die Eis- und Schneewüsten von Spitzbergen, um die neuen Geräte zu erproben. Schließlich erreichten wir die scheinbar fest zugefrorene Hinlopenstraße. Unbekümmert schnurrten wir mit unseren schwer beladenen Schneemobilen über die in der Sonne funkelnde, unendliche Schneefläche. Doch das dünne Eis unter dem Schnee war nicht tragfähig und zerbrach unter unserer Last. Mit Mühe und Not und viel Glück retteten wir uns von Eisscholle zu Eisscholle an das feste Ufer. So ist die Hinlopenstraße: Sogar nach langen Frostperioden bleibt das Eis hier trügerisch und kann jederzeit aufbrechen.

Später auf Verlegerhuken, einer im Sommer von tückischen Strömungen umspülten Landspitze im Norden von Westspitzbergen, wurde uns erst richtig bewusst, dass die Natur ausnahmsweise nur nachsichtig mit dem Finger gedroht hatte. Oft geht Leichtsinn anders aus. Daran gemahnte uns ein großes Holzkreuz mit vielen eingeschnitzten Namen, an dem wir jetzt aus einer Thermoskanne unseren Kaffee tranken. Abweisend und kein bisschen tröstend stand es im eisigen Schneegestöber und schien über das Nordmeer direkt zum Nordpol zu blicken. Schon vor vielen hundert Jahren waren hier im Sommer Segelschiffe auf der Jagd nach Walen und Walrossen. Die Seeleute kamen zumeist im nachfolgenden Winter in dieser Einöde um.

Als ich, noch aufgewühlt von unserem Abenteuer auf der Hinlopenstraße, von Verlegerhuken in die Ferne nach Nordaustland blickte, kam mir die Gegend abweisend, ja geradezu entsetzlich vor. Gleichzeitig aber fühlte ich eine merkwürdige Anziehungskraft. Die am Uferrand aufgetürmten Eisschollen, die hin und her wogenden Eisnebelschwaden, welche gelegentlich den Blick auf die gewaltigen Gletscher freigaben, das vom Sturm schief gewehte Holzkreuz mit den verwitterten Namenszügen – all das erweckte in mir eine Sehnsucht nach mehr. Ich wollte wiederkommen, einfach nur hier sein, die Natur verstehen und herausfinden, worauf diese Faszination beruht.

In Spitzbergen fühlt man sich entweder sofort wohl, findet es also spannend, verlockend und anziehend, oder aber man ist von dem ungemütlichen Klima, dem mangelnden Komfort, den Gefahren und der unbequemen Natur eher abgestoßen. Wer wiederkommt, unter Umständen für das restliche Leben, ist mit dem Spitzbergen-Bazillus infiziert, wie die Menschen hier erzählen. Manche Menschen sind anfällig und erkranken daran, zumeist unheilbar. Na ja, dachte ich mir, es muss wohl noch andere Erklärungen geben.

Grübelnd sitze ich vor meinem inzwischen leer gewordenen Glas. Mein Blick wandert zu Mona. Da kommt Stefan, setzt sich zu mir, bekommt wie ich ein frisch gezapftes Bier. »Na, Hauke, du wohnst wohl schon im Pub, jeden Abend treffe ich dich hier!« »Aber du offenbar auch, vielleicht sollten wir eine Wohngemeinschaft gründen.« Wir lachen, nehmen einen großen Schluck. Stefan stammt ursprünglich aus Bremen, er hat in Tromsø in Nordnorwegen Physik studiert. Wir kennen uns seit vielen Jahren. Nach Abschluss seines Studiums vor zehn Jahren hatte er die wahnsinnige Idee, ein Jahr lang mit seiner Freundin auf Spitzbergen als Jäger und Fallensteller zu leben. Unbeirrt von unserer Skepsis, zog Stefan schließlich mit Merete in eine winzige Hütte im Norden, nicht weit weg von Verlegerhuken. Dort beschlossen die beiden zu heiraten (auf der halsbrecherischen Fahrt über das Eis der Hinlopenstraße, damals, beim Forschungsprojekt Satellitennavigation, haben wir die Brautleute übrigens in ihrer Hütte besucht und bei einem gewaltigen Rentierbraten kräftig gefeiert).

Danach war Stefan Lehrer in Tromsø und Hundeschlittenführer auf Grönland. Immer wieder zog es ihn nach Spitzbergen, und nun ist er schließlich hier in Longyearbyen ansässig geworden und arbeitet bei der UNIS, einer kleinen internationalen Hochschule. »Sag mal, was findest du eigentlich an Spitzbergen?«, frage ich ihn. Er zuckt schweigend mit den Achseln und blickt gedankenverloren vor sich hin.

Da kommen Marina und Lindy in die Kneipe, erkennen uns durch den dichten Tabakqualm und steuern auf unsere Ecke zu. Marina, eine junge Holländerin, ist Goldschmiedemeisterin und hat lange Jahre in Lappland Silberschmuck entworfen und fabriziert. Seit einigen Jahren lebt sie mit ihren zwei Schlittenhunden in einem selbst gebauten Häuschen am Rande von Longyearbyen. Dort hat sie ihre kleine Schmuckwerkstatt eingerichtet und scheint sich recht wohl zu fühlen. Ihr großer Traum ist es, mit dem Segelschiff ihres Freundes Mark im Eis eines Fjordes am Nordrand von Spitzbergen zu überwintern – ähnlich wie ich in Mushamna vor drei Jahren. Jetzt möchte Marina meinen Rat: Wie stark wird der Schiffskörper im Eis gedrückt? Welche Anker benötigt man? Wie ist es bei den heftigen Stürmen? Werden die Hunde von Eisbären angegriffen?

Schon in diesem Sommer werden Mark und Marina ihr schönes neues Schiff von Amsterdam nach Spitzbergen segeln, um sich im Eis einfrieren zu lassen. Wenn ich dann in Nordaustland in meiner Hütte sitze, sind wir also gewissermaßen Nachbarn, die sich bestimmt über Funk unterhalten können. Nachbarschaftliche Besuche sind allerdings nicht vorgesehen. Uns werden viele Meeresfjorde, Gebirge und Gletscher und vor allem die unpassierbare Hinlopenstraße trennen.

Lindy ist ein alter, norwegischer Seebär, der mit seinem kleinen Schiff bereits zweimal die Welt umsegelt hat und schon seit Jahren auf Spitzbergen lebt. Auch er hat schon in einer Bucht im Eis überwintert. Aber dann hatte er wohl genug davon und brachte sein Schiffchen hier am Ufer von Longyearbyen auf festes Land. Da haust er nun, lebt still und zufrieden vor sich hin, trinkt manchmal einen kleinen Whiskey und erzählt seit Jahren, dass er bald wieder weitersegelt. Natürlich hat auch er ein paar Ratschläge für Marina und Mark.

Ich für meinen Teil bin froh, meine nächste Überwinterung in einer festen Behausung, mit einem Dach über dem Kopf erleben zu dürfen statt in einem von Stürmen und Treibeis bedrohten Segelschiff. Nur zu gut sind mir noch die angstvollen, einsamen Nächte in Mushamna in Erinnerung, wenn der Schiffsrumpf unter dem Druck des Eises ächzte, der Sturm in der Takelage heulte oder die zuvor feste Eisdecke plötzlich brach.

Wir spinnen eifrig Seemannsgarn, als sich Jason, ein australischer Filmmacher, mit seinem Bier zu uns gesellt. Er war früher Börsenmakler in Sydney. Seit mehr als zehn Jahren lebt er zumeist in Longyearbyen und dreht im Auftrag großer Filmgesellschaften in der Arktis und Antarktis wunderschöne Natur- und Tierfilme über Eisbären, Walrosse, Wale und Pinguine. Heute ist er verärgert und deprimiert. Er hat gerade von der norwegischen Regierung den Bescheid erhalten, dass er, obwohl er schon so lange in Spitzbergen lebt, keine Aufenthaltsgenehmigung für Norwegen bekommt.

Wir versuchen, Jason zu trösten. Bei der Entscheidung handelt es sich nicht um Willkür oder Schikane. Spitzbergen gehört nach dem Spitzbergenvertrag von 1920 zu Norwegen, Menschen fast aller Länder der Erde haben das Recht, hier ohne eine besondere Aufenthaltsgenehmigung zu leben und zu arbeiten, solange sie sich an die von Norwegen erlassenen Gesetze halten. Dieser Sonderstatus von Spitzbergen führt zu scheinbar unsinnigen Entscheidungen wie im Falle von Jason: Norwegen befürchtet, dass Spitzbergen von Menschen aus aller Herren Länder als Tor zu Festland-Norwegen missbraucht werden könnte.

Inzwischen ist es spät geworden, schon Mitternacht. Um diese Zeit wird es im Pub erst richtig lebendig. Ein bärenstarker Kerl, wohl ein Grubenarbeiter aus den Kohlebergwerken auf Spitzbergen, greift sich eine junge Frau, hebt sie mit beiden Armen hoch und wirbelt sie herum. Ihr bleibt gar nichts weiter übrig, als sich um seinen Hals zu klammern und ein bisschen zu juchzen. Behutsam setzt er sie schließlich wieder auf ihren Barhocker und spendiert einen Kognak. Manchmal ist das hier noch wie früher im Wilden Westen, auch ganz schön, denke ich.

Die Küche des Restaurants nebenan hat geschlossen. Der junge Koch Antony aus England hat Feierabend und setzt sich zu uns. Wir alle verstehen uns ganz prächtig, mal auf Englisch oder Norwegisch, dann wieder auf Holländisch oder auf Deutsch. Ich versuche ein weiteres Mal, das Geheimnis des Spitzbergen-Bazillus zu ergründen. »Sag mal, Antony, wieso bist du eigentlich in diesem gottverdammten Nest?« Er denkt ein bisschen nach und lächelt verlegen. »Ja, weißt du, als ich vor ein paar Jahren aus England hier ankam, fand ich das alles furchtbar, ich wollte ganz schnell wieder weg. Und dann, ich hatte inzwischen einen sehr guten Job in London, hab ich gehört, dass sie hier im Restaurant einen Koch suchen. Am nächsten Tag war ich schon in Longyearbyen, das war vor drei Jahren«. »Ja, und? Warum bist du geblieben?« Er blickt mich verdutzt an. »Einfach so, ich fühl mich hier wohl.«

In tiefer Nacht und eiskaltem Schneegestöber wandere ich nach Hause, zu meiner kleinen Bude in einem Bootshaus am Ufer des Fjords. Es ist schon ein liebenswürdiges, buntes Völkchen von Individualisten, das sich hier auf Spitzbergen angesiedelt hat.

Außerdem leben hier natürlich noch viele Menschen mit anderen Lebensläufen. Da gibt es einige hundert Grubenarbeiter, die in den norwegischen Kohlebergwerken auf Spitzbergen gut verdienen und hier arbeiten, weil sie nur wenig Steuern bezahlen müssen; und dann die vielen Menschen in den Hotel- und Restaurantbetrieben, die Flughafenangestellten und die Mitarbeiter der Verwaltung des Gouverneurs von Spitzbergen.

Allen Bewohnern Spitzbergens – und dazu gehören natürlich auch die knapp tausend Russen in der kleinen Siedlung Barentsburg – ist die Freude an der faszinierenden Natur hier im hohen Norden gemeinsam. Es gibt hier kaum jemanden, der nicht glänzende Augen bekommt, wenn in der Polarnacht das Nordlicht über den Himmel zieht, wenn bei Vollmond die Gletscher und die schneebedeckten Berghänge in traumhaftes silbriges Licht getaucht sind oder wenn ein vorüberziehender Eisbär beobachtet werden kann. Die Wiederkehr der Sonne im Februar, nach monatelanger Finsternis, feiern Groß und Klein auf einem schneebedeckten Berghang mit einem ausgelassenen Volksfest. Und jeder ist dann glücklich, auf Spitzbergen leben zu dürfen. Man hilft sich gegenseitig ohne viel Getue, trauert gemeinsam, wenn wieder ein waghalsiger junger Mensch in einer Schneelawine oder in einer Gletscherspalte umgekommen ist. Und die in unserer modernen Gesellschaft üblichen Regeln nimmt man hier nicht so furchtbar ernst.

Vielleicht spielen bei dem positiven Lebensgefühl der Menschen auf Spitzbergen auch die besonderen politischen und sozialen Verhältnisse eine Rolle. Hier gibt es keine Kranken und keine Alten, weil die Einrichtungen fehlen, die sie unterstützen. Außerdem gibt es keine Arbeitslosen, keine Sozialfälle und Kriminellen. Das liegt an den drakonisch hart anmutenden Bestimmungen des norwegischen Gouverneurs: Wer sich auf Spitzbergen nicht an die Gesetze hält, wer nicht für sich selbst aufkommen kann oder helfende Freunde hat, wird mit dem nächsten Flugzeug von der Insel verbannt. Rauschgiftsüchtigen Jugendlichen wird jahrelang die Rückkehr verweigert. So entsteht eine scheinbar ideale Gesellschaft, die aber nur fortbesteht, weil man auf Kosten anderer künstlich dafür sorgt.

Warum also fühle ich mich so wohl auf Spitzbergen? Weil ich – jedenfalls bis jetzt – weder ein Greis und schwach, weder kriminell noch rauschgiftsüchtig bin? Weil ich hier viele Freunde habe und die unkomplizierte Art, miteinander zu leben, mag? Oder weil mich mit der großartigen Natur so eine Art Hassliebe verbindet? Vielleicht habe ich mich ja tatsächlich mit dem geheimnisvollen Spitzbergen-Bazillus angesteckt? Eines jedenfalls steht fest: Ich habe ein wichtiges Forschungsprojekt, welches hier auf Spitzbergen durchzuführen ist. Und genau deswegen werde ich in wenigen Monaten zu meiner Expedition nach Nordaustland aufbrechen. Diese Insel am Ende der Welt gilt für viele als eisige Hölle, mir scheint sie ein weißes Paradies zu sein.

2 Einsame Forschung

Ist das heute noch sinnvoll?

Berlin, 21. Januar 2002

Gerade habe ich an der »Urania« einen Vortrag gehalten über meine Expedition nach Mushamna, über die dabei erzielten Ergebnisse und über die Hypothese, dass sich das erste Leben auf der Erde vielleicht im Eis entwickelt hat. Die nachfolgende Diskussion war lang, sehr lebhaft und für mich hochinteressant und lehrreich.

Jetzt sitze ich müde, fast erschöpft, aber auch zufrieden im Zug nach Hamburg. Ich habe nach meiner Rückkehr aus dem Eis vor zwei Jahren bereits viele ähnliche Veranstaltungen bestritten, auf Einladung von Universitäten und Max-Planck-Instituten, aber auch von Industrieunternehmen und Schulen. Der Ablauf ist eigentlich jedes Mal ähnlich, ich selbst lerne dabei vermutlich am meisten. Die Begeisterung meiner Zuhörer bestärkt mich in der Gewissheit, dass ich mit meiner Arbeit im Eis auf einer richtigen Spur bin, andererseits werden mir durch die Fragen oder Anmerkungen kritischer Wissenschaftler Schwachstellen oder auch Lücken in meiner Argumentationskette bewusst, was bei mir jedes Mal zu tiefem Grübeln führt.

Ich habe erkannt, dass meine Arbeit alles andere als abgeschlossen ist. Ich werde weitermachen, noch offene Fragen durch Versuche und Beobachtungen im Eis beantworten und weitere Argumente für meine Hypothese zusammentragen. So ist das bei jedem Forschungsvorhaben. Wissenschaftliche Erfolge und die entsprechende Anerkennung durch die Forschergemeinschaft können nur während eines langen und zumeist mühsamen Weges mit viel Geduld errungen werden.

Die Frage, wie das allererste Leben in die Welt gelangt ist, gehört zu den spannendsten überhaupt. Vor vier Milliarden Jahren war die

Erde eine wüste Ödnis, über den Urmeeren tobten schreckliche Gewitter, und es existierte nur leblose Materie. Aber schon 100 bis 200 Millionen Jahre später tummelten sich überall unzählige primitive Mikroorganismen und wetteiferten miteinander um die knapper werdenden Lebensräume. Wie kann man sich die Zündung des ersten Lebensfunkens vorstellen? Warum haben sich die einfachen Bausteine des Lebens wie die Aminosäuren irgendwann zu komplizierten Molekülketten zusammengefügt, die schließlich zum Aufbau von RNA, der Ribonukleinsäure, führten? Und wie entstanden schließlich lebendige Zellen, diese mikroskopisch kleinen Wunder mit unglaublich vielfältigen und sinnreichen Funktionen? Lässt sich das alles auf einen einmaligen Schöpfungsakt zurückführen? Oder ist das Leben dank Kometen aus einem fernen Winkel des unendlichen Weltraums zu unserem Stern gelangt? War die Geburt des Lebens vielleicht ein unglaublicher Zufall?

Solche Erklärungsversuche werden als unbefriedigend empfunden. Schon seit ewigen Zeiten wird versucht, die aufregende Geschichte der Schöpfung zu enträtseln und in Einklang mit den physikalischen und chemischen Gesetzmäßigkeiten zu bringen. Eine Zeit lang wurde der von Charles Darwin beschriebene kleine warme Tümpel favorisiert, in dem das Leben gewissermaßen ausgebrütet worden sei. Diese These weist allerdings viele Unklarheiten und Widersprüche auf. Wo kommt in einem solchen Tümpel die chemische Energie her, die zum Aufbau langer Molekülketten gebraucht wird? Wie ist zu erklären, dass alle Lebewesen fast ausschließlich aus linksdrehenden Aminosäuren aufgebaut sind? Was genau ist überhaupt der Unterschied zwischen links- und rechtsdrehenden Aminosäuren? Wie könnten die zur Entstehung des Lebens wichtigen Katalysatoren ausgesehen haben?

Bereits vor vielen Jahren kam mir der Verdacht, dass Meereis die ideale Geburtsstätte für das erste Leben gewesen sein könnte und dass mit dieser Annahme alle offenen Fragen widerspruchsfrei zu beantworten sind. Aus einem Anfangsverdacht hat sich meine Hypothese über die Entstehung des Lebens entwickelt.

Bei meinen Vorträgen zeige ich Filmaufnahmen, die im Eis von Spitzbergen unter schwierigen Bedingungen mit dem Mikroskop aufgenommen wurden. Häufig war es dabei entsetzlich kalt, oder es herrschte ein Schneegestöber, in dem sich die lauernden Eisbären unsichtbar machen konnten, oder aber das Eis in meinem Freilandlabor von Mushamna knirschte und knackte verdächtig. Aber das alles hat sich gelohnt. Die Zuschauer können dank dieser Filme unmittelbar erleben, welche komplizierten und geradezu lebendig wirkenden Vorgänge im Eiskörper ablaufen. Da bilden sich Zellstrukturen, welche von einer hoch konzentrierten Salzlösung umströmt werden. Winzige Gasbläschen rotieren und pulsieren wie kleine Herzen. Hauchfeine Membranen bewegen sich langsam im Eisgefüge, umschließen sich gegenseitig und formen neue Zellen.

Auch die in Mushamna gemessenen Werte zu Temperatur- und Energieverteilungen vermitteln einen Eindruck von der überraschenden Vielfalt dieser Wunderwelt im Eis von Spitzbergen. Diese Daten in Verbindung mit theoretisch begründeten Überlegungen sprechen tatsächlich dafür, dass das Eis für die Entstehung des Lebens möglicherweise eine entscheidende Rolle spielt.

Das Meereis auf unserer heutigen Erde scheint für primitives Leben ein ideales Umfeld zu sein. So sind unzählige unterschiedliche Bakterien im Eis zu finden, die sich dort trotz Kälte und vermeintlich lebensfeindlicher Bedingungen vermehren. Ich habe während meiner Expedition in Mushamna viele Bakterienproben eingesammelt und zur weiteren Analyse zur Technischen Universität in Hamburg-Harburg gesandt. Daraus haben sich einige hochinteressante Forschungsarbeiten entwickelt.

Die bisher vorliegenden Ergebnisse und die Diskussionen mit anderen Wissenschaftlern haben Interesse und vor allem Fragen nach weiteren handfesten Resultaten hervorgerufen. Wie könnte es jetzt weitergehen? Ist es wirklich sinnvoll, unter den schwierigen Bedingungen im Norden von Spitzbergen weitere Forschungsarbeiten durchzuführen? Warum können die nächsten Experimente nicht unter Laborbedingungen gewissermaßen im Kühlschrank ablaufen? Könnte man die mitgebrachten Eisbakterien nicht in der üblichen Weise im Labor züchten und näher untersuchen?

Natürlich lassen sich viele Experimente unter definierten Bedingungen im Eislabor besser und vor allem auch bequemer durchführen als auf den Eisfeldern von Spitzbergen. Positive Ergebnisse derartiger Laborversuche würden die aufgestellte Hypothese wesentlich stützen. Aber trotz der bereits vorliegenden Ergebnisse ist es erforderlich, weitere Untersuchungen im realen Eis von Spitzbergen vorzunehmen. Wir wissen noch zu wenig über die Prozesse im Eis, um die in der Natur herrschenden Bedingungen im Labor richtig simulieren zu können.

Ich beabsichtige, während meiner Expedition ein Jahr lang alle wichtigen äußeren Einflussgrößen kontinuierlich zu messen, die für die Ausbildung der Eisstrukturen verantwortlich sind. Dazu gehören neben Temperaturen, Lichteinwirkung, Salzgehalt des Wassers und Meeresströmungen insbesondere die elektrischen und magnetischen Felder. Vorversuche im Labor lassen vermuten, dass diese im hohen Norden der Erde besonders stark auftretenden Felder eine wichtige Rolle bei der Entstehung von eigentümlich strukturierten Eiskristallen spielen. Weiterhin muss in detaillierter Weise untersucht werden, wie sich die Bausteine des Lebens, etwa Aminosäuren oder Proteine, im realen Eis verhalten.

Lebendige Strukturen können nicht spontan aus einem ungeordneten Gemisch aus Aminosäuren entstehen. Vielmehr müssen an der Geburtsstätte des Lebens die einzelnen Bausteine wie die Werkzeuge und Materialien in der Werkstatt eines Ingenieurs fein säuberlich voneinander getrennt vorliegen. Wenn das nicht der Fall ist, wachsen in der Suppe von unterschiedlichen Aminosäuren bestenfalls kurze Molekülketten, welche nicht zu lebenswichtigen Verbindungen führen können. Werden im Eis die verschiedenen Bausteine räumlich sortiert?

Ein wesentliches Ziel der geplanten Messungen ist also die Entwicklung einer Modellvorstellung zur Mikrostruktur und der dynamisch ablaufenden Prozesse im Meereis. Eine derartige Modellvorstellung würde weitere Versuche im Eislabor ermöglichen: Man könnte beginnen, die Entstehung des Lebens im Labor unter künstlichen, aber realistischen Bedingungen zu simulieren.

Auch bei der weiteren Erforschung der im Eis lebenden Bakterien muss sowohl im Labor als auch in der Natur von Spitzbergen gearbeitet werden. Die in der Kälte vorkommenden Bakterien, die so genannten Psychrophilen, finden nicht nur in der Wissenschaft ein zunehmendes Interesse, sondern auch bei potenziellen industriellen Anwendern der von diesen Bakterien produzierten Enzyme.

Die meisten bisher bekannten Enzyme arbeiten optimal im Temperaturbereich zwischen +20° C und +40° C. Bei Temperaturen unter +10° C ist ihre Effizienz im Allgemeinen sehr gering. Für die enzymatische Bearbeitung von einigen Nahrungsmitteln wie bei der Vorbehandlung von Milchprodukten oder auch bei der Reifung von Käse ist es jedoch wichtig, auch bei niedrigen Temperaturen Enzyme einsetzen zu können, denn unter dem Einfluss von Wärme würden sie verderben. Ähnliches gilt für in der Kälte wirksame enzymatische Reinigungsmittel. Deswegen wird versucht, aus den im Eis lebenden Bakterien geeignete Enzyme zu gewinnen.

Aus den Bakterienproben, welche während der Expedition in Mushamna gesammelt wurden, konnten unter Leitung von Professor Garabed Antranikian an der Technischen Universität Hamburg-Harburg inzwischen international beachtete Ergebnisse gewonnen werden. So wurden insgesamt mehr als 30 verschiedene, bisher unbekannte Bakterienarten isoliert und im Labor gezüchtet. Mittels der Bakterien aus Mushamna konnte ein so genanntes Konsortium von drei bis vier unterschiedlichen Bakterienarten gezüchtet werden, welches Ölrückstände im Wasser oder im Eis zu Substanzen abbaut, die für die Umwelt unschädlich sind.

Diese Ergebnisse sind ermutigend, allerdings wurde bei den Laborversuchen deutlich, dass wir noch viel zu wenig über die im Eis lebenden Bakterien wissen, um sie effizient zu nutzen. Es wird inzwischen vermutet, dass unterschiedliche Bakterien in kompliziert aufgebauten Gemeinschaften leben und auf den Grenzflächen ihrer

Lebensräume, z. B. auch in der Eisstruktur, so genannte Biofilme bilden. Die herkömmliche Art, Bakterien in Nährlösungen zu züchten und verschiedene Bakterienkulturen auf Nährböden zu isolieren, wird den Gegebenheiten in der Natur nicht gerecht. Daher gelingt es zurzeit noch nicht, Biofilme mit möglicherweise interessanten Anwendungsbereichen im Labor wachsen zu lassen. Für die Expedition nach Nordaustland wurde ein Versuchsprogramm erarbeitet, das ein Jahr lang die Ausbildung der vermuteten Biofilme im Eis von Spitzbergen ergründen soll.

Ich empfinde es als befriedigend, während meiner Expedition Ergebnisse zu diesen Forschungsprojekten beisteuern zu können. Wenn ich allerdings an meine Arbeit als einsamer Forscher denke, allein mit dem Hundegespann durch Schnee und Eis ziehend oder halb erfroren mit dem Mikroskop und meinen Messgeräten an einem zuvor gebohrten Eisloch hantierend, dann kommt mir das schon manchmal merkwürdig und nicht mehr ganz zeitgemäß vor. Moderne Forschung – darunter habe ich mir bislang immer etwas anderes vorgestellt. Und so habe ich ja auch viele Jahre lang als Professor an verschiedenen Universitäten gearbeitet, zusammen mit einem Team von tüchtigen Mitarbeitern, in einem modern eingerichteten Labor mit vielen teuren Messgeräten, Computern und ständigen Besprechungen, Seminaren und internationalen Fachkonferenzen.

Was aber habe ich jetzt vor? Ein einzelner Mensch, allein in dieser extrem harten Natur? Was kann der schon erforschen? Ich sehe die skeptischen Gesichter der erfolgreichen Forscherteams vor mir, das vielleicht sogar etwas mitleidige Schulterzucken der Experten in ihren modernen, eissicheren Forschungsschiffen. Worauf beruhen eigentlich mein Optimismus und meine feste Überzeugung, auch im Alleingang etwas Wichtiges und Notwendiges zu leisten?

Bei allem Respekt vor den Erfolgen großer wissenschaftlicher Einrichtungen und internationaler Projekte – ich meine, ein paar eigenwillige, unkonventionelle Forscherfiguren können dem gesamten Wissenschaftsbetrieb gut tun. Ausgefallenen und auf den ersten

Blick etwas verrückt anmutenden Ideen zu folgen, hat ja schon zu manchen überraschenden Ergebnissen geführt. Auch große, gewinnorientiert arbeitende Teams können Vorteile aus der einsamen Pfadfindertätigkeit einzelner Wissenschaftler ziehen.

Natürlich müssen Aufwand und Nutzen in einem vernünftigen Verhältnis stehen. Wenn mich gelegentlich Zweifel am Sinn meiner exotischen Einsätze in Spitzbergen beschleichen, rufe ich mir in Erinnerung, dass meine gesamte einjährige Expedition nach Mushamna oder auch Nordaustland weniger Steuergelder verschlingt als ein einziger Arbeitstag auf einem großen Forschungsschiff. Durch solche Erkenntnisse beruhigt, widme ich mich wieder ganz frohgemut meinen Schlittenhunden und ziehe weiter.

Vielleicht hat meine kleine Expedition einen weiteren positiven Effekt. Die Menschen in unserer Gesellschaft sind ein Leben in Sicherheit und Wohlstand gewohnt. Kleine Unannehmlichkeiten oder Unsicherheiten werden bereits als persönliche Bedrohung empfunden, Verantwortung wird nach Möglichkeit auf viele Schultern verteilt. Das ist verständlich und bequem, aber auch ein bisschen langweilig und insbesondere für junge Leute wenig motivierend.

Während meiner Tätigkeit als Präsident der Technischen Universität Hamburg-Harburg habe ich beobachten können, dass manche Studierende geradezu auf eine Gelegenheit warten, aus geregelten Bahnen auszubrechen. Sie wollen etwas anderes und mehr tun als das, was üblicherweise von ihnen erwartet wird. Mut zum Aufbruch zu anderen, unbekannten Ufern – den braucht unsere Gesellschaft. Wenn meine Expeditionen nach Spitzbergen in dieser Hinsicht ermunternd wirken, wäre das schön.

Die Arbeit von Wissenschaftlern wird außerhalb der Forschungseinrichtungen vielfach nicht mehr verstanden oder noch nicht einmal zur Kenntnis genommen. Das ist bedenklich. Denn unser allgemeiner Wohlstand beruht zu einem großen Teil auf den Ergebnissen wissenschaftlicher Arbeit, z. B. bei der Entwicklung technisch hochwertiger Exportgüter, und wissenschaftliche Einrichtungen sind auf das Wohlwollen und die positive Einschätzung durch die Gesellschaft angewiesen. Die Wissenschaft benötigt zum einen engagierte Nachwuchskräfte, zum anderen viel Geld. Beides kann nur aus einer informierten und der Forschung gegenüber positiv eingestellten Gesellschaft kommen. Vielleicht kann mein Abenteuer in Spitzbergen wohlwollendes Interesse für die Wissenschaft wecken.

Das Quietschen des im Hamburger Bahnhof haltenden Eisenbahnzuges lässt mich aus meinen Grübeleien aufschrecken. Schnell raffe ich meine Tagebuchblätter zusammen und mache mich auf den Heimweg. Mich bedrückt ein wenig der Gedanke an die vielen noch anstehenden Vorbereitungen für meine Expedition. Einige noch offene Fragen und Probleme müssen jetzt dringend gelöst werden.

3 Expedition in das Eis

Vorbereitungen mit Hindernissen

Revneset, 7. März 2002

Im kleinen Ofen in der Hütte auf Revneset – das ist Norwegisch und heißt »Fuchsnase« – knistern und knacken die Holzscheite. Draußen heult ein wütender Schneesturm, die Fensterchen meiner Behausung sind zugeweht, und ich bin richtig froh, dicht am wärmenden Ofen einen schönen Platz gefunden zu haben – mit einem Glas Glühwein und meinem frisch gestopften Pfeifchen. So lässt es sich leben – wohlig strecke ich meine kalten Füße in die Nähe der rot glühenden Ofentür.

Vor etlichen Stunden bin ich mit Ski, Rucksack und der obligatorischen Bärenflinte von Longyearbyen aufgebrochen, um ein paar Tage allein in dieser kleinen Hütte zu verbringen. Es tut gut, die Gedanken zu sortieren, und es beruhigt mich, den Forschungsplan nochmals durchzuarbeiten und die Listen für Proviant, wissenschaftliche Geräte und Expeditionsausrüstung vor meinem Aufbruch nach Nordaustland fertig zu stellen.

Der Schneesturm hat mich überrascht. Eigentlich sah das Wetter heute Morgen ganz harmlos aus. Ein paar Nebelschwaden und dunkle Wolken am bläulich und violett schimmernden Himmel ließen keinen dramatischen Wetterumschwung erwarten. Die Wegstrecke von Longyearbyen zu der Hütte auf Revneset ist nicht weit und auf Skiern in vier Stunden zu bewältigen. Ich stapfte ganz frohgemut los, bei grimmiger Kälte und guter Sicht. Es ging immer am Rande des Adventfjords entlang, manchmal etwas mühsam wegen der vielen Haufen zerborstener Eisschollen. Plötzlich nahm der Wind zu, der Pulverschnee fegte durch die Täler und über die Eistundra hinweg, umwirbelte den einsamen Skiläufer mit unbändiger Wucht, ich konnte kaum atmen. Zu sehen ist in solchen Situationen nichts mehr. Das Gesicht und die Augen wegen der Kälte mit einem Wollschal bedeckt, tastet man sich langsam an den Eisschollen entlang. Jedes Mal, wenn der Sturm einen Augenblick lang innehält und das Heulen nachlässt, ist das klagende Seufzen, Knarren und Quietschen der sich aneinander reibenden Eismassen zu hören, die auf dem Adventfjord treiben.

Nach sieben Stunden hatte ich es geschafft. Durchgefroren, erschöpft und sehr erleichtert habe ich endlich in tiefer Dunkelheit meine Hütte gefunden. Mit klammen Fingern die Tür öffnen, hineinschlüpfen, den Schneesturm einfach draußen lassen, eine Kerze anzünden, das Feuer im Ofen entfachen, die mit Schnee bedeckten Klamotten abwerfen und sich auf die Holzbank vor das knisternde Feuer plumpsen lassen – ist das herrlich! Jetzt habe ich Zeit und bin in der richtigen Stimmung, um alles noch einmal genau durchzugehen.

Nordaustland reizt mich ungeheuer. Diese gottverlassene Einöde, diese Mondlandschaft, die Moränenfelder, Eisbrocken, Gletschergebirge, die nebelverhangene eisige Küstenlinie. Es gibt kaum Pflanzen, nur ein paar kümmerliche Flechten und Moose, es herrschen das Eis und der Winter. Dieses Inselchen nordöstlich vom eigentlichen Spitzbergen ist wegen der tückischen Hinlopenstraße, einem Meeresgebiet mit unvorhersehbaren Strömungen, Eisgang und unberechenbaren Wellen, nur sehr schwer zu erreichen. Statt Menschen gibt es Eisbären und Walrosse, die sich auf Nordaustland in großer Zahl tummeln und sicherlich neugierig Kontakt zu dem komischen Forscher im Eis aufnehmen werden.

Für meine Experimente benötige ich ein Freilandlabor mit Meereis aller Art. Nordaustland ist ein solches riesiges Eislabor. Hier gibt es das ganze Jahr über Meereis, außerdem gewaltige Gletscher sowie zugefrorene Süßwasserseen für Vergleichsmessungen. Durch die Hinlopenstraße werden ständig große Packeisbrocken direkt vom Nordpol an Nordaustland vorbeitransportiert. Es herrschen also optimale Bedingungen, um die gewünschten Daten zu sammeln.

Die vielen teuren und komplizierten Geräte stellt mir die Technische Universität Hamburg-Harburg für die Dauer der Expedition zur Verfügung. Für einige Experimente benötige ich laborähnliche Arbeitsbedingungen, wenigstens manchmal. Auf meinem Schiff vor drei Jahren hatte ich so etwas nicht. Deshalb bin ich sehr glücklich darüber, dass auf Nordaustland Hütten stehen, die sich für meine Forschungsaktivitäten eignen könnten.

Die Hütten wurden von einer schwedischen Expedition im Rahmen ihrer Teilnahme am internationalen geophysikalischen Forschungsjahr 1957 erbaut und zwei Jahre benutzt. Seitdem sind sie unbewohnt, wegen des hocharktischen Klimas jedoch noch nicht zerfallen oder verwittert. Ich selbst habe die Hütten – von den Erbauern nach einem Dörfchen in Schweden Kinnvika benannt – zwar noch nie persönlich in Augenschein nehmen können, aber sie sollen in einem recht brauchbaren Zustand sein. So werde ich nach meiner Ankunft in Nordaustland vielleicht zunächst einmal den einen oder anderen Eisbären aus meinem zukünftigen Labor vertreiben müssen, bevor ich mich selbst häuslich einrichten kann.

Eine gewaltige Sturmbö lässt die Hütte erzittern. Ob sie wohl umstürzt oder sogar wegfliegt? Ich hoffe, dass die vorsorglich angebrachten Verankerungsketten halten, schenke mir noch ein Glas Glühwein nach und bin so richtig froh darüber, dass ich ein so wunderbares Labor auf Nordaustland gefunden habe. Aber es gibt immer noch viel zu tun …

Die offizielle Genehmigung, mich ein ganzes Jahr lang auf Nordaustland aufhalten zu dürfen, habe ich bereits vom Gouverneur von Spitzbergen erhalten. Ganz Nordaustland steht unter strengem Naturschutz, und bisher war es jahrzehntelang untersagt, dort längere Zeit zu leben. Meine Freunde in Longyearbyen haben mich entsprechend entmutigt: »Hauke, das kriegst du niemals genehmigt«, war ihr einhelliges Urteil. Trotzdem, ich wollte es versuchen.

Inzwischen kenne ich ein wenig die auf Spitzbergen von Norwegen betriebene Politik. Norwegen legt großen Wert darauf, dass Spitzbergen unangefochten als ein Teil des Königreichs angesehen wird. Dabei spielen das in Norwegen stark ausgeprägte Nationalbewusstsein, aber insbesondere auch wirtschaftliche Gründe eine Rolle. Anfangs konnte ich nicht verstehen, wieso es für Norwegen interessant sein könnte, das Leben und Treiben auf Spitzbergen zu finanzieren. So ist der Steuersatz für alle auf Spitzbergen arbeitenden Menschen mit 6–10 % außerordentlich niedrig, des Weiteren werden Schule, Hafen und der unrentable Kohleabbau hoch subventioniert. Warum?

Ein norwegischer Kenner klärte mich auf: Die Verwaltung Spitzbergens impliziert nach Meinung der Norweger das Recht, die reichhaltigen Fischgründe und die vermuteten Ölvorkommen in der 200-Seemeilen-Zone vor den Ufern wirtschaftlich zu nutzen. Bei der Formulierung des Spitzbergenvertrages wusste man von beiden Rohstoffen noch nichts, weswegen die norwegische Auslegung des Vertragswerkes besonders durch Russland kritisiert wird. Aber solange keine endgültige Klärung vor einem internationalen Gerichtshof herbeigeführt wurde, akzeptiert man zähneknirschend die pragmatische Vorgehensweise Norwegens.

Norwegen versucht, Fakten zu schaffen. Dazu gehört, riesige Gebiete Spitzbergens – auch Nordaustland – nach und nach zu Naturschutzgebieten zu erklären, in denen praktisch alles verboten ist. Gleichzeitig versucht Norwegen, seine eigenen Aktivitäten auf Spitzbergen möglichst auszubauen, um vor allem gegenüber Russland die eigene Vormachtstellung zu behaupten.

Da die Kohlevorkommen nach über 100 Jahren fast erschöpft, der Kohlepreis unwirtschaftlich niedrig und die Abbaumethoden umweltschädigend sind, bemüht sich Norwegen seit Jahren um Alternativen.

Eine Zeit lang schien der Tourismus auf Spitzbergen den abnehmenden Kohlebergbau kompensieren zu können. Eine Ausweitung des die Umwelt bedrohenden Massentourismus – riesige Luxusschiffe und Tausende von Besuchern – stößt allerdings auf zunehmende Kritik. Deshalb setzt Norwegen in den letzten Jahren eher auf wissenschaftliche Aktivitäten, die zudem mit einem gewissen internationalen Prestige verbunden sind. Auf Spitzbergen wurden Radarstationen zur Beobachtung des Weltraums sowie zur Steuerung von polaren Beobachtungssatelliten errichtet. Des Weiteren gründete Norwegen mit großem finanziellem Aufwand vor wenigen Jahren die kleine internationale Universität UNIS in Longyearbyen.

In dieser Situation bin ich mit meinem Wunsch, ein Jahr lang auf Nordaustland eine kleine Forschungsstation zu betreiben, bei dem Gouverneur von Spitzbergen auf überraschend großes Wohlwollen gestoßen, sicherlich auch, weil ich mich nach Meinung des Gouverneurs während der Überwinterung in Mushamna bewährt hatte. Ich erschoss keine Eisbären, alle Schwierigkeiten konnte ich ohne Hilfe von außen bewältigen. Außerdem wird nach einer wissenschaftlichen Fernsehsendung die Hypothese über die Entstehung des Lebens im Eis in ganz Norwegen mit Spitzbergen verbunden. So etwas schafft Sympathie und Anerkennung.

Ich war sehr froh, als endlich die erlösende Entscheidung fiel: »Okay, Hauke, du kannst zur Fortsetzung deiner Forschungen nach Kinnvika. Aber unter einer Bedingung: Diesmal geh nicht allein in die Einöde. Nimm einen Menschen mit, sonst birgt die Unternehmung zu viele Gefahren!« Eine durchaus charmante Bedingung …

Nun galt es noch, die Technische Universität Hamburg-Harburg als meinen Arbeitgeber davon zu überzeugen, dass die Expedition für die Wissenschaft ergiebig sein würde und vor allem keine großen finanziellen Investitionen erfordert. Auch hier bekam ich grünes Licht – wohl auch, weil die Universität ihren Ruf stärken will, gelegentlich mutige Schritte zu unternehmen und den jungen Studierenden Anstöße zu ungewöhnlichen und risikoreichen Lebensentscheidungen zu geben. Ich weiß, dass mir durch die Entscheidungen des Gouverneurs von Spitzbergen und der Leitung der Technischen Universität ein ungewöhnliches Privileg zuteil wurde. Andere können von einer solchen Chance nur träumen. Für mich selbst leite ich daraus die Verpflichtung ab, die Expedition mit großer Sorgfalt vorzubereiten und durchzuführen. Das Forschungsjahr auf Nordaustland muss ein Erfolg werden!

Inzwischen ist mir kalt geworden. Das Feuer im Ofen ist heruntergebrannt, der Sturm hat sich gelegt. Durch die nicht vom Schnee zugewehten kleinen Stellen in den Hüttenfenstern blicke ich auf eine bläulich schimmernde, fantastische Winterlandschaft. Am nächtlichen Himmel wachsen zunächst ganz zaghaft Polarlichter heran. Dann aber treten die grünlich gelben Farbwellen immer stärker hervor, und schließlich weht und schwingt eine leuchtende Farbenpracht wie ein luftiger Vorhang im leichten Wind eines geöffneten Fensters. Ich stehe in der Hüttentür, die kalte Winterluft verklebt die Nasenflügel beim Einatmen. Was bin ich glücklich!

So, nun an die Arbeit! Ich entzünde eine Petroleumlampe, ziehe meinen dicken Winterpullover über, krame die Listen für Proviant, wissenschaftliche Geräte und Expeditionsausrüstung hervor und gehe nochmals Position für Position durch.

Bei der Vorbereitung meiner letzten Überwinterung in Mushamna habe ich die Proviantlisten recht stiefmütterlich behandelt, und das hat sich gerächt. Ich musste damals monatelang Hundefutter und altes traniges Robbenfleisch essen, um nicht zu verhungern. Das hat mir zwar nicht geschadet, aber noch einmal benötige ich solche kulinarischen Genüsse nun auch wieder nicht – zumal ich diesmal nicht alleine speisen werde. Also gebe ich mir viel Mühe, eine jedem Vier-Sterne-Restaurant zur Ehre gereichende Proviantliste zu erstellen. Immer wieder wandere ich in Gedanken durch die mit allerlei Köstlichkeiten gefüllten Regale im Lebensmittelgeschäft von Longyearbyen und mache dabei meine Notizen: Kartoffeln, Mehl, Backpulver, Fett, Gewürze, Trockenmilch, Marmelade, Honig, Kekse, Schokolade, Eipulver, Tütensuppen, Reis, Nudeln, Trockenfisch, Hammelkeulen, Kaffee, Tee, Zucker, Salz, Käse, Fruchtkonserven, Vitaminpillen, Hundefutter, Mineraltabletten, Rotwein, Rum. Mir schwirrt der Kopf, Fischdosen, Schokoladenpulver, Knabbernüsschen tanzen im flackernden Kerzenlicht vor meinen Augen. Habe ich auch wirklich nichts vergessen? Nachbestellungen werden nicht möglich sein. Meine Forschungsstation wird ein ganzes Jahr lang nicht versorgt werden können, ich muss jetzt an alles denken.

Die Liste der wissenschaftlichen Geräte überprüfe ich anhand meines Forschungsprogramms: Oszillografen, diverse Mikroskope, Messgeräte für Temperaturen, pH-Werte, Sauerstoffgehalt, elektrische Feldstärke, magnetische Felder, Lichtstärke, Druck, elektrische Verstärker und Filter, Chemikalien und Farbpulver zum Anfärben des Eises, Kulturmaterial für die Bakterien, Kameras und Beleuchtungseinrichtungen, Kabel, Stecker, unzählige elektrische Batterien, Lasersysteme, Stative, Eisbohrer, einfache Analysegeräte sowie zwei komplette elektronische Wetterstationen. Für die besonders wichtigen Untersuchungen habe ich Ersatzgeräte dabei. Die Bedingungen im salzigen Eis und dann noch bei Dunkelheit sind hart, da gibt schon mal ein Gerät seinen Geist auf.

Ich brauche auch eine Grundausrüstung: Gewehre und Munition, Zelt, Schlafsäcke, Schneestiefel, Ski, Äxte, Sägen, Werkzeug, Tauwerk und Nägel, einen benzinbetriebenen Stromgenerator, Kollektoren für Sonnenenergie, aufladbare Batterien, elektrische Spannungswandler, ein Gummiboot mit Außenbordmotor, wasserdichte Überlebensanzüge, Gerätschaften für Notoperationen, Medikamente für alle denkbaren Fälle, Hundeschlitten, Zuggeschirre für die Schlittenhunde, Steigeisen, Schneebrillen, einen Ofen zum Heizen der Hütte, Benzin und Petroleum, Kerzen, Streichhölzer, Küchengeräte, Töpfe, Pfannen, Seife … einfach alles, was man in der eisigen Einöde zum Überleben braucht.

So richtig besorgt, etwas vergessen zu haben, bin ich eigentlich nicht. Ich habe gelernt, auch im Notfall mit den primitivsten Mitteln auszukommen, und bin mir sicher, dass wir uns im Ernstfall schon irgendwie werden behelfen können. Zur Kommunikation mit der Außenwelt habe ich, wie schon in Mushamna, ein Amateurfunkgerät dabei, mit dem sich über *Svalbard Radio* Verbindung zur Außenwelt herstellen lässt. Die dafür notwendige Genehmigung hat mir inzwischen eine norwegische Behörde erteilt.

Etwas ermüdet vom Durchsehen der Listen in dem spärlichen Licht richte ich mich auf, strecke mich, dass es nur so knackt, und wandere zum Aufwärmen in der dunklen Hütte hin und her. Wie soll der ganze Kram nur nach Nordaustland kommen? Vor drei Jahren war das viel einfacher. Alles wurde in mein Schiffchen gestopft, und dann bin ich einfach losgesegelt. Aber wer bringt mich und die ganze Ausrüstung nach Nordaustland? Ob das wohl viel Geld kostet? Ich nehme mir vor, die Transportfrage mit dem Gouverneur zu besprechen, vielleicht hat er ja einen Lösungsvorschlag.

Die Schlittenhunde, wo kriege ich die her? Am liebsten würde ich ja wieder meine in Mushamna lieb gewonnenen Kameraden Svarte und Bjosse mitnehmen, aber Bjosse ist inzwischen in die ewigen Jagdgründe eingegangen, und Svarte hat bei einem Jäger auf Spitzbergen Brot und Arbeit gefunden. Ich werde mich vertrauensvoll an meine Freundin Berit wenden. Sie betreibt zusammen mit ihrer Familie in der Nähe von Longyearbyen einen großen Hundehof mit über 80 eigenen Schlittenhunden. Im Frühjahr können sich Touristen von diesen Hunden durch die wunderschöne Winterlandschaft von Spitzbergen fahren lassen. Die Touristen finden die Schlittenfahrten wunderbar, und Berit verdient damit ihren Lebensunterhalt. Bestimmt werden unter ihren Tieren zwei treue Begleiter für mich zu finden sein.

Zufrieden schüre ich das heruntergebrannte Feuer im Ofen und mache mich daran, ein deftiges Abendessen zu bereiten: Spiegeleier mit viel Speck, geröstetes Brot und eine Kanne Tee. Eigentlich läuft alles ganz prima, meiner Expedition nach Nordaustland stehen keine Hindernisse mehr im Wege.

Aber halt! Da war noch was, fast hätte ich es vergessen. Der Gouverneur nannte doch so eine kleine Nebenbedingung! Richtig, ein Mensch soll mich nach Nordaustland begleiten. Und dieser Mensch – das ist mir ganz klar – wird eine Frau sein. Wie finde ich jetzt bloß eine Frau für so ein verrücktes Abenteuer?

4 Und wer kommt mit?
Die Suche nach einer Frau

Wesel, 10. Mai 2002

Hier in Wesel, einem kleinen Dörfchen in der Nordheide, ist jetzt die schönste Jahreszeit: sonniges, warmes Wetter, ein strahlend blauer Himmel, das erste Grün der Felder, gelb leuchtende riesige Flächen von duftendem Raps und vom ersten Morgengrauen bis zur Dämmerung das pausenlose Jubilieren und Zwitschern der Vögel. Dazwischen schallt immer wieder der lockende Ruf des Kuckucks.

Ich streife zwischen den prächtig blühenden Ginsterbüschen herum, die mein kleines reetgedecktes Fachwerkhaus umwuchern. Überall blühen Margeriten, Lupinen, Glockenblumen, Mohn, Klee und viele kleine Kräuter und Moospolster. Bienen, Hummeln und Libellen tummeln sich in der duftenden Pracht – ich setze mich dazwischen und bin glücklich und wehmütig zugleich. Jetzt ist endlich alles klar, alles ist geregelt, in wenigen Wochen werde ich aufbrechen.

Manchmal beschleichen mich Zweifel, ob das wirklich notwendig und vernünftig ist. Hier in Wesel der blühende Frühsommer, nette Menschen, die Nähe meiner Familie, ein guter Job an der Universität – dort, weit, weit weg, eine eisige Insel im ewigen Winter. Einsamkeit, Gefahren und Unbequemlichkeiten – eine strapaziöse Unternehmung mit ungewissem Ausgang.

Ich rappele mich auf, streiche Sand und Ameisen von meinem Hemd und versuche, die trüben Gedanken zu verscheuchen. »Verfall bloß nicht in Selbstmitleid! Du hast es so gewollt, und viele Menschen beneiden dich darum!« So spreche ich mir selbst Mut zu, und das stimmt tatsächlich. Und auch die letzte Hürde bei der Vorbereitung ist genommen: Ich habe eine nette Begleitung gefunden und werde die lange Polarnacht nicht in Einsamkeit verbringen müssen. Bei diesem Gedanken werde ich ganz vergnügt.

Mein Wunsch, eine Frau mit nach Nordaustland zu nehmen, hatte sich von Spitzbergen bis nach Norwegen und zu meinen Freunden und Bekannten in Deutschland herumgesprochen. Ist das wirklich ernst gemeint? Hat er schon eine Freundin im Visier? Wie stellt er sich das eigentlich vor, einfach eine Frau zu fragen, mit ihm in die Eiswüste zu ziehen? Skeptisches, aber offenkundiges Interesse spürte ich fast überall, insbesondere bei unternehmungslustigen Frauen – und davon gibt es offensichtlich sehr viele.

Während des Jahres in Mushamna habe ich erfahren, was es heißt, als einzelner, schutzloser Mensch der gewaltigen, unerbittlichen Natur ausgeliefert zu sein. Menschliche Eitelkeiten, auf Wirkung bedachtes Gehabe, Anspruchsdenken und beleidigtes Schmollen über vermeintliche Ungerechtigkeiten – das alles zerbröselt wie im Frost verwittertes Gestein unter dem Ansturm eines wütenden Schneegestöbers. Ich fühlte mich damals ganz klein, ein winziges Staubkörnchen im Spiel von Eis und Meereswellen, Bakterien und Eisbären, Polarlichtern und Schneestürmen. Ist man unter solchen Bedingungen eigentlich noch Mensch? Stolz und Würde – gibt es das für ein von der Gesellschaft isoliertes, in der Natur lebendes Wesen? Ich glaube nicht. Diese Erfahrung war eindrucksvoll, ich möchte sie nicht missen. Aber mir ist auch klar geworden, dass Menschsein mehr heißt als ein einzelnes Individuum, das sich der übermächtigen Natur anpasst und eben gerade so überlebt.

Als Physiker habe ich meinen Spaß daran, verwickelte Vorgänge auf einzelne überschaubare Teilprozesse zurückzuführen, um so die komplizierte Wirklichkeit besser zu verstehen. Das menschliche Zusammenleben gehört zu den kompliziertesten, aber faszinierendsten Vorgängen überhaupt – und es wäre ein hoffnungsloses Unterfangen, das Gewimmel von Individuen, ihre Emotionen und die Verflechtungen gesellschaftlicher Regeln entwirren und verstehen zu wollen.

Einige der Basisinstinkte glaube ich durch meine Erfahrungen in der Einsamkeit von Mushamna erlebt zu haben. Was ist beim Aufbau einer Gemeinschaft von Bedeutung? Sicherlich spielt die Zweisamkeit von Menschen eine entscheidende Rolle, und zwar besonders in der elementarsten Form zwischen Mann und Frau.

Wie lässt sich eine solche Zweisamkeit unter »experimentell sauber definierten Bedingungen« studieren? Klar, auf Nordaustland! Zwei Menschen, nur auf sich und aufeinander angewiesen, der wilden Natur ausgeliefert, fernab von Konventionen, Erwartungen, Befürchtungen und neugieriger Teilnahme einer Gemeinschaft von mehr oder weniger lieben Mitmenschen. In dieser archaischen Adam-Eva-Konstellation können vielleicht Erkenntnisse gewonnen werden darüber, was das tiefste Wesen des menschlichen Miteinanders ausmacht. Ich hoffe, in Kinnvika Erkenntnisse über das Zusammenleben zwischen Mann und Frau zu gewinnen, so ähnlich, wie ich während meines Aufenthalts in Mushamna viel über das Wesen des einzelnen Menschen erfahren durfte. Auf jeden Fall werden die Selbstbeobachtungen helfen, die lange Polarnacht unterhaltsam zu gestalten und von Ärger oder Wehleidigkeit abzulenken.

Nachdem ausgehend von solchen Überlegungen mein Entschluss feststand, eine Frau nach Nordaustland mitzunehmen (um ehrlich zu sein: Es gab auch noch andere Gründe), musste dieses mutige Wesen nur noch irgendwo gefunden werden.

Signale von Frauen, die an einem Abenteuer auf einer einsamen exotischen Insel zusammen mit einem verrückten Professor interessiert waren, habe ich durchaus erhalten. Ich war überrascht, wie viele Menschen von der unausgesprochenen Sehnsucht erfüllt sind, aus dem Alltagstrott auszubrechen: Einfach alles stehen und liegen lassen, sich ganz der Natur hingeben, etwas Besonderes erleben, den primitiven, aber irgendwie auch befreiend ehrlichen Urtrieben folgen zu dürfen – ach, muss das schön sein!

Diese verklärende Betrachtungsweise hat mit der Wirklichkeit auf einer von eisigen Schneestürmen umtosten Insel wenig zu tun. Was wird während der mehr als einjährigen Abwesenheit aus dem Freundeskreis, der Karriere, den finanziellen Verpflichtungen, der gemieteten Wohnung, den gesundheitlichen Zipperlein, den Plänen für die Zukunft, dem Lebenspartner? Auch solche Bedenken schoben die interessierten Frauen ganz souverän beiseite. Mich hat das sehr beeindruckt. Ich glaube, dass Frauen bei solchen Entscheidungen viel mutiger und entschiedener vorgehen als Männer. Es ist natürlich auch eine außergewöhnliche Situation: Da kommt so ein selbstbewusster Kerl daher, prahlt mit seinen Erfahrungen in der Arktis, erzählt von Bärenabenteuern, die er mutig bestand, und schwärmt von der wunderbaren Natur auf seiner einsamen Trauminsel, auf der nur noch eine wunderschöne Eisprinzessin fehlt, um das Glück zu vervollständigen …

Nach einigen Annäherungsversuchen, verbunden mit vielen Diskussionen, Hoffnungen, Erwartungen und Enttäuschungen auf beiden Seiten, fühlte ich mich ziemlich entmutigt. Mit romantischer Schwärmerei kann ich nichts anfangen. Ich weiß zu genau, was es heißt, monatelang unter sehr primitiven Verhältnissen in einer engen, dunklen Hütte zu hausen. Sympathie kann dabei rasch verfliegen. Missmut und Sorge, schlechte Laune und Unwohlsein, Angst und Vorwürfe können die Oberhand gewinnen.

Enttäuscht und traurig saß ich im Pub in Longyearbyen und machte mich mit dem Gedanken vertraut, doch allein nach Nordaustland zu gehen. Und dann kam sie. Die zierliche, kaum 1,50 m kleine Person würdigte mich keines Blickes, stellte sich an die Theke und bestellte ein großes Bier. Hm, nicht schlecht, dachte ich mir. Die hab ich hier noch nie gesehen. Eine Touristin? Das wäre nichts für mich. Sieht aber eigentlich nicht danach aus, außerdem scheint sie allein zu sein, kein Mann an ihrer Seite. Umso besser! Irgendwie ist sie mir sympathisch. Sie nimmt ihr Bierglas und schlendert nach draußen in die Eingangshalle. Na ja, ich kann es ja mal versuchen …

Wir kommen ins Gespräch. Ich habe nicht viel Zeit zu verlieren, denn ich muss zurück nach Hamburg, um weitere Vorbereitungen für die Expedition zu treffen. Also komme ich ziemlich schnell zur Sache und frage sie rundheraus, ob sie mit nach Kinnvika kommen will. Sie ist überrascht, will erst einmal wissen, wo Kinnvika eigentlich liegt. Na ja, das kann ich durchaus verstehen. Wir verabreden uns zu einer Pizza in den nächsten Tagen.

Danach wandere ich nach Hause. »Alter Junge, was machst du da wieder für einen Quatsch! Aber wer nicht wagt, der nicht gewinnt«, das hat immer mein Großvater gesagt, und meistens trifft dieser Spruch zu. Der Pizzaabend jedenfalls wurde ein voller Erfolg, wir tranken viel Rotwein und redeten bis tief in die Nacht.

Marie ist schottisch-englischer Abstammung, 44 Jahre alt und lebt seit über einem Jahr zumeist allein in Longyearbyen. Sie hat stets eine umwerfend gute Laune, ist überall beliebt und verdient ihren Lebensunterhalt mit drei Jobs gleichzeitig. Vor allem ist sie für jedes Abenteuer zu haben, offensichtlich kerngesund und sportlich. Sie fährt bei Sturm und Schneegestöber mit ihrem Kajak über den Fjord, prescht mit dem Schneemobil durch die tief verschneiten Täler und über eisige Gletscher und hat vielleicht nur darauf gewartet, mich hier zu treffen. Wir beschließen eine Kennenlernphase.

Nach meiner Rückkehr aus Hamburg testen wir uns gegenseitig, und zwar gründlich und rücksichtslos. Dazu gehören strapaziöse Wanderungen mit schweren Rucksäcken über schwankende und knirschende Eisschollen in fast vollständiger Dunkelheit, riskante Abseilmanöver in unheimliche Gletscherspalten, wilde Fahrten mit Schneemobilen hinauf zu vereisten Bergkuppen, wüste Balgereien im Pulverschnee und lange Diskussionen in meiner kleinen Berghütte.

Zum Abschluss der Testphase stelle ich unbemerkt eine Flasche Champagner an einen Berghang. »Na ja«, beginne ich etwas lauernd, »eigentlich schlägst du dich ja ganz wacker, aber nimm mal an, hinter dir steht ein Eisbär, was dann?« »Ein Eisbär, wo?«, fragt sie ganz unschuldig und nimmt ihr Gewehr von der Schulter. »Da hinten, siehst du die Flasche im Schnee?« Anlegen, zielen und paff! Mein schöner Champagner ist explodiert. Ich bin über die Schießkunst meiner Lady beeindruckt, aber auch ein bisschen enttäuscht, denn eigentlich hatte ich gehofft, dass nur der Sektkorken abgeschossen wird und ich feierlich die Gläser voll schenken könnte.

Aber wir haben glücklicherweise noch einen Ersatz gefunden und auf unser gemeinsames Abenteuer auf Nordaustland angestoßen.

5 Die Kehrseite der Medaille
Erster Brief von Marie an ihre Freundin

Longyearbyen, den 14. Juli 2002

Liebste Carol,
tausend Dank für deinen letzten Brief. Viel ist seitdem passiert, also gieß dir einen frischen Tee ein und lass dir erzählen.

Im Augenblick sitze ich zwischen Bergen von Pappkartons, Tüten und alten Zeitungen und packe Kleidung, Stoffe, Nähmaschine und allen möglichen Kram zusammen, um nächste Woche zu einem großen Abenteuer aufzubrechen mit einem verrückten deutschen Professor namens Hauke Trinks. Wir hauen ab auf eine verlassene Insel, um dort ein Jahr lang das Leben im Eis zu erforschen. Keine Sonne, Sand oder Schwimmen in tropischen Gewässern, nein, unsere eisige Insel liegt 1000 Kilometer südlich vom Nordpol!

Ein Haufen Bücher sind schon eingepackt, darunter einige meiner Lieblingsschmöker, unsinnige Dinge wie Vanillekipferl, Feigenkekse, Schokoladensoße und Marzipan, genug Wolle, um drei Pullover zu stricken und – am allerwichtigsten – mein Teddy! Gerade fiel mir mein Adressbüchlein in die Hände, und ich habe beschlossen, eine Pause zu machen und dir den längst überfälligen Brief zu schreiben.

Es ist fast unvorstellbar, dass ich noch vor zwei Jahren ein Leben als verheiratete Frau in einem großen, schönen Haus mit Freunden, Familie und einem interessanten Job als Bibliothekarin im technischen Museum von Beaulien in Südengland geführt habe. Liebste Carol, wir beide wissen sehr gut, dass ich schon seit langem zu Hause nicht mehr glücklich war und dass ich ziemlich schwierige Zeiten zu überstehen hatte. Ich hätte mir damals nicht träumen lassen, dass mein eifriges Surfen im Internet auf der Suche nach meinem alten Jugendfreund Edwin dazu führen könnte, England zu verlassen.

Endlich habe ich ihn gefunden: Er lebte seit sieben Jahren in Spitzbergen. Monatelang habe ich gezögert, ihm eine E-Mail zu schicken, und als ich endlich eine kurze Botschaft zustande gebracht hatte und »Senden« drückte, dachte ich: »Oh Gott, was habe ich getan!« In meinem Alter sollte ich eigentlich mehr Verstand haben, aber du kennst mich, ich drehte jedes Mal total durch, wenn mir Edwin in den Sinn kam.

Zunächst tauschten wir nur sehr kurze und eher höfliche Grußbotschaften aus. Zu Hause fühlte ich mich zunehmend unwohl, aber meine Briefe wurden herzlicher. Edwin ermunterte mich schließlich, mein Leben gründlich zu ändern. »Du hast nur ein Leben und ein paar Chancen, etwas daraus zu machen!«

Wenn Edwin damals nicht von Spitzbergen zu Besuch nach England gekommen wäre, eigentlich nur um seine Familie zu besuchen, weiß ich nicht, ob sich alles so entwickelt hätte. Schließlich bin ich von zu Hause weg und habe meinen Mann verlassen. Es ist hart, selbst die Initiative zu ergreifen, auszuziehen und sich zu trennen. Ich weiß, ich habe die richtige Entscheidung getroffen, trotzdem fühle ich mich irgendwie schuldig.

Jedes Mal, wenn ich mich mit Edwin traf, zeigte er mir Fotos und Beschreibungen von Spitzbergen. Ich erinnere mich, in meiner Schulzeit von diesem merkwürdigen Land gehört zu haben. Aber ich habe immer gedacht, dass es im Norden Norwegens liegt und nicht weit nördlich von Norwegen! Als ich endlich im Atlas den Ort Longyearbyen gefunden hatte, gleich neben dem Nordpol, bekam ich einen regelrechten Schock. »Oooh, shit«, war meine erste Reaktion.

Warum in aller Welt hast du trotzdem beschlossen, dorthin zu gehen? So höre ich dich fragen. Spitzbergen faszinierte mich immer mehr, und ich lernte von Edwin innerhalb der nächsten Wochen viel über die Gegend. Die kalten Temperaturen von minus 30 Grad und die ständige Dunkelheit in den langen Wintermonaten konnten mich nicht abschrecken. Auch nicht die Gefahr, von einem Eisbären angegriffen zu werden, obwohl mir vor dem ersten Zusammentreffen schon ein bisschen gruselte. Die raue, steinige Landschaft, die Ruhe und der Frieden in der Natur, die wunderschönen Farben und die Erzählungen über die freundlichen Menschen in Longyearbyen haben mich sehr berührt. Und natürlich war meine wieder aufgelebte Freundschaft zu Edwin nach so langer Zeit eine spannende Herausforderung.

Ein Chaos von Gefühlen hatte mich überfallen. Ich war von zu Hause weg in eine kleine möblierte Bude auf ein Dorf gezogen, wusste irgendwie nicht mehr weiter und war auf der Flucht vor dem bisherigen Leben. Ich fühlte, dass die Entscheidung längst überfällig war, meinem Leben eine grundsätzlich neue Wende zu geben. Drei Monate lang grübelte ich darüber, was zu tun sei, und dann, kurz nach Weihnachten im Jahr 2000, verließ ich England und flog nach Spitzbergen – nur für ein Jahr, dachte ich damals.

Die Packerei vorher war ein Albtraum. Was sollte ich nach Spitzbergen mitnehmen? Ich packte viel zu viele Sachen zusammen, kaufte extra warme Pullover, Socken, Hemden und wollene Unterwäsche. Inzwischen weiß ich, dass das fast alles Quatsch war, auch die vielen hübschen Kleider, die ich bei besonderen Anlässen tragen wollte. Hier auf Spitzbergen läuft man jeden Tag in denselben Klamotten herum, überall, bei der Arbeit, zu Hause und im Pub.

So kam ich also mitten in der Nacht mit dem Flugzeug in Spitzbergen an – und es war mit minus drei Grad wärmer als bei meinem Abflug in England. Es war komisch, Edwin auf dem winzigen Flughafen von Longyearbyen zu treffen. Er schien sich kein bisschen zu freuen, vielleicht waren es ja seine Nerven oder aber auch die fortgeschrittene Nachtstunde. Am nächsten Morgen war es immer noch dunkel, und Edwin war noch genauso zurückhaltend.

Mir gefiel Longyearbyen von Anfang an, aber unser Zusammenleben war schwierig. Vielleicht hatten wir zu viel voneinander erwartet, und zwar sofort – ohne uns die Zeit für eine behutsame Annäherung zu nehmen. Ich weiß nicht, warum, aber nach genau sechs Monaten war es Schluss zwischen uns. Ich zog bei Edwin aus und hauste fortan in Longyearbyen in einem winzigen Stübchen mit kleiner Küche, Dusche und vor allem einer großartigen Aussicht über das Tal und den Adventfjord.

Glücklicherweise hat mir Edwin zuvor noch einen Job in »Randis Nähstube« oben im Tal am Rande von Longyearbyen besorgt. Randi mag mich wohl sehr. In den vergangenen anderthalb Jahren haben wir beide sehr gut zusammengearbeitet. Wir reparierten Winteranzüge, wechselten Reißverschlüsse aus, flickten riesige Zelte und Bootsplanen, nähten Hosen und Jacken und entwarfen Clownsanzüge für den Kindergarten-Zirkus. Randi gefiel meine Haltung, bei Schwierigkeiten immer nur zu sagen: »No problem, what do you want me to do?« und dann die Arbeit zu erledigen. Jedenfalls sind wir beide ganz traurig, dass ich jetzt aufhöre, bei ihr zu arbeiten. Neben meinem Job in der Nähstube habe ich jede Woche einige Stunden in einem kleinen Laden Getränke, Würstchen, Eiswaffeln und T-Shirts verkauft und außerdem noch in einem Modegeschäft Kleidung verhökert – aber das war schrecklich langweilig, weil eigentlich kaum Kundschaft kam.

Ein großer Vorteil bei diesen Jobs war, dass ich ziemlich rasch Norwegisch lernte. Und das wird hier gern gesehen. Zunächst redete zwar jeder Englisch mit mir – was allen sehr leicht fällt –, aber nach einem halben Jahr wird von einem »Neubürger« in Spitzbergen erwartet, dass er die norwegische Sprache beherrscht. Mir hat dabei ein Sprachkurs sehr geholfen. Zuerst wollte ich in die Anfängergruppe, aber dafür waren meine Sprachkenntnisse bereits zu gut, und außerdem – das hat mich sehr überrascht – war der Kursus bereits ausgebucht, und zwar von lauter Thailänderinnen! Es gibt eine ständig wachsende Zahl von Thaifrauen in Longyearbyen – inzwischen sind es bereits über 50 –, die mit norwegischen Kohlegrubenarbeitern verheiratet sind oder dieses zumindest anstreben.

Schließlich nahm ein pensionierter Schulmeister mich, zwei deutsche und ein belgisches Mädchen sowie vier Ukrainer unter seine Fittiche. Wir lernten in der kleinen Kirche von Longyearbyen Norwegisch. Die Mädchen waren Studenten an der internationalen Universität UNIS in Longyearbyen, die anderen arbeiteten in den norwegischen und in den russischen Kohlebergwerken. Es war für mich überraschend, dass die Russen wesentlich schneller lernten als ich, die ich immer noch zu sehr an der englischen Sprache klebe.

Neben meinem Sprachunterricht habe ich an einem Schießkursus teilgenommen. Mit 16 oder 17 Jahren lernte ich in England bereits mit einem Kleinkalibergewehr umzugehen, und ich habe mit Schrot auf Tontauben geschossen. Hier in Spitzbergen hat jeder eine Flinte, um sich gegen Eisbären zu verteidigen, einige jagen auch Rentiere und Robben. Inzwischen habe auch ich mir ein eigenes Gewehr gekauft, eine Ruger M77 aus rostfreiem Stahl. Das ist praktisch, weil ich viel mit dem Kajak unterwegs bin.

Es macht mir viel Freude, draußen mit dem Kajak auf dem Wasser zu sein, und es erinnert mich an meinen Lieblingssport in England, nämlich Rudern! Jetzt allerdings muss ich auf mein Ruderteam verzichten und bin meistens allein unterwegs. Außerdem habe ich hier auf Spitzbergen im Kajak statt Shorts und T-Shirt einen wasserdichten Gummianzug an für den Fall, dass ich bei Wassertemperaturen um den Gefrierpunkt kentere. In der letzten Saison wurde ich als das eifrigste Mitglied des Wassersportklubs von Longyearbyen ausgezeichnet. Neben den Kajakfahrern gibt es viele Windsurfer und sogar einen Katamaran-Segler, Stefan.

In Longyearbyen ist immer was los. Das Orchester des Ortes gibt Konzerte und spielt bei Tanzabenden, Theaterstücke und Kabaretts werden aufgeführt, es gibt Schwimmwettkämpfe im Hallenbad, Wanderungen, Partys und Ausflüge mit dem Schneemobil.

Natürlich habe ich mir sehr bald ein eigenes Schneemobil besorgt, das übrigens nicht schwieriger zu fahren ist als meine Motorräder in England. Trotzdem bin ich bei einer halsbrecherischen Schlitterpartie auf einem vereisten Bergkamm gestürzt und wurde unter meinem Schneemobil eingeklemmt. Glücklicherweise ist mir nichts weiter passiert, nur ein paar blaue Flecken und Verstauchungen. Schneemobile sind nicht gerade sichere Transportfahrzeuge. Hier auf Spitzbergen kommt es immer wieder vor, dass jemand mit seinem Schneemobil in einer Gletscherspalte verschwindet oder von einer Schneelawine verschüttet wird.

Am Wochenende geht man in den Pub, um dort Freunde zu treffen und dann weiter in die nächste Bar zu ziehen und alle möglichen

Pläne auszuhecken. Und so kam es auch, dass ich mich in das Abenteuer gestürzt habe, von dessen Anfang ich dir jetzt erzähle.

Gerade hatte ich mir im Pub des Radisson Hotels ein Bier einschenken lassen. Auf den ersten Blick konnte ich keinen Bekannten oder Freund entdecken. Nur so ein kleiner Kerl saß in der Ecke und blinzelte mir freundlich zu. Ich wanderte mit meinem Glas Bier ein wenig herum und schlenderte schließlich zu dem kleinen Souvenirladen in der Eingangshalle des Hotels. Keine zwei Minuten später erschien der kleine Bursche, ein bisschen wie der Ladenbesitzer in der englischen Kindersendung »Mr. Ben«. Er war nicht viel größer als ich, trug einen dicken Wollpullover und Lederhosen, hatte ein nettes Lächeln, kurze graublonde Haare und sehr blaue Augen! Na ja, wir standen also eine Weile herum, redeten miteinander, tranken unser Bier, ich immer noch in dem winzigen Souvenirladen, er draußen.

Er erzählte mir so ziemlich alles über sein Forschungsprojekt, erzählte, dass er eine Frau sucht, die mit ihm gehen soll, wiederholte immer wieder, wie entzückend es doch wäre, ein Jahr allein mit ihm in einer einsamen Hütte mitten im Eis zuzubringen. Und dann haute er einfach ab, zurück in die Kneipe und ließ mich stehen. Aber der Gedanke ließ mich nicht mehr los.

Bis jetzt hatte ich noch nichts von dem deutschen Professor Hauke Trinks in Longyearbyen gehört, aber wir haben uns von Anfang an gut verstanden und die ganze Zeit ununterbrochen miteinander geredet. Ein Freund fragte mich ein paar Wochen später, ob ich denn bei Hauke überhaupt zu Wort komme. Aber damit habe ich überhaupt kein Problem.

Nach diesem ersten Treffen fühlte ich mich ein bisschen überrumpelt, denn wir sind sehr schnell auf den Punkt gekommen. Er hat in mir viele neue Gedanken angeregt, und ich bin wahnsinnig neugierig geworden. In mein Tagebuch schrieb ich in dieser Nacht: »Soll ich es wagen???«

Ein paar Tage später trafen wir beim Einkaufen zufällig zusammen, und er wurde rot wie ein Schuljunge, der zum ersten Mal ein

Mädchen anspricht. Wir haben uns zu einer Pizza verabredet. Ich muss zugeben, dass ich danach – genauso wie er – sehr beschwipst war, aber das hat ihn jedenfalls nicht gestört. Wenn wir uns unter solchen Bedingungen gut vertragen, ist das eigentlich ein gutes Zeichen.

Was willst du sonst noch über ihn wissen? Er ist 15 Jahre älter als ich, aber das ist mir egal. Er ist – genauso wie ich – verheiratet, hat drei erwachsene Kinder und sieben Enkelkinder. Für einen Wissenschaftler ist er recht praktisch veranlagt, er erklärt seine Arbeit so anschaulich, dass sogar ich alles verstehen kann.

Es scheint, dass wir ähnliche Ansichten vom Leben haben, und wir beide lieben es, ein wenig verrückt zu sein. Wir haben darüber gesprochen, wie wir uns in schwierigen Lebenssituationen verhalten. Wir beide scheinen meistens positiv zu denken und grundsätzlich optimistisch zu sein.

Es ist schon merkwürdig, es gibt so viele zufällige Übereinstimmungen. Als wir uns zum ersten Mal trafen, war ich 43 Jahre alt, er ist 43 geboren. Ich bin 58 geboren, und er war 58 Jahre alt. Unsere Geburtstage sind nur drei Tage voneinander getrennt, und unsere Telefonnummern sind bis auf die letzte Zahl identisch. Ich liebe diese Art von Zahlenspielerei.

In den folgenden Wochen habe ich viel über Haukes Vorschlag nachgedacht, mit ihm nach Kinnvika zu gehen. Ich habe mich gezwungen, mir alle möglichen schwierigen Situationen vorzustellen und alles genau abzuwägen. Ein ganzes Jahr mit einem wildfremden Menschen in totaler Isolation zuzubringen, kann sehr, sehr schwierig werden, auch wenn man sich jetzt zu Anfang gut versteht. Aber der Reiz des Neuen verfliegt vielleicht rasch, und dann setzt der Alltag in Kälte und Finsternis ein.

Ich habe einige Menschen hier in Longyearbyen befragt, um mir das Leben während einer einsamen Überwinterung besser vorstellen zu können. So habe ich mich mit der Schwedin Karin unterhalten, die mit ihrem Mann Anders zwei Jahre in einer einsamen Jägerhütte auf Austfjordneset verbracht hat. Es seien die besten Jahre ihres Lebens gewesen, sagt Karin, und das macht mir Mut für Kinnvika.

Den australischen Filmmacher Jason habe ich über den Umgang mit Eisbären befragt. Er meint, Eisbären seien überhaupt kein Problem: erstens seien sie nicht weiß und zweitens nicht gefährlich.

Ich stöberte stundenlang in der kleinen Bibliothek und entdeckte das schöne Buch »High Latitudes«, in dem viel Wissenswertes über Kinnvika steht.

Armer Hauke, ich ließ ihn lange im Ungewissen. Er wartete sehnsüchtig auf eine Antwort. Ich wusste, dass er mich gern mitnehmen wollte. Aber ich vertröstete ihn, sagte, dass ich immer noch grübeln würde. Sobald die Entscheidung gefallen ist, gibt es kein Zurück mehr. Denn wir haben vereinbart, dass wir selbst bei größten Problemen nicht aufgeben und auf jeden Fall das Jahr zusammen verbringen würden.

Ein bisschen fühlen wir uns wie Versuchskaninchen, die sich während der Experimente selbst beobachten. Ich bin gespannt, ob das, was wir jeweils beim anderen wahrnehmen, mit den eigenen Gefühlen und Wahrnehmungen übereinstimmen wird. Und tagein, tagaus nur immer ein und dasselbe Gesicht zu sehen, wird mit der Zeit sicher auch ein bisschen nervig werden.

Zusätzlich müssen wir mit den Problemen des täglichen Lebens fertig werden. Ich kann mich nicht daran erinnern, wann ich zum letzten Mal Brot gebacken habe, aber das werden wir in Kinnvika wohl wenigstens einmal wöchentlich tun müssen. Und auf einem verrosteten, alten Holzofen zu kochen, wird bestimmt auch spannend. Noch wissen wir nicht, wo wir das Holz zum Heizen und Kochen hernehmen, aber Hauke ist ganz optimistisch. Er meint, dass am Strand von Kinnvika bestimmt genug Treibholz angeschwemmt wird. Auch ich bin ein ziemlich praktisch veranlagter Mensch und denke, dass wir alle Probleme schon irgendwie lösen werden.

Wir müssen für ein ganzes Jahr Essen mitnehmen, ein Albtraum, wenn ich nur daran denke! Weil Kinnvika im strengen Naturschutzgebiet liegt, werden wir wohl keine Rentiere jagen dürfen. Deshalb wird während des ganzen Jahres unser einziges frisches Essen aus selbst gebackenem Brot und Bohnensprösslingen bestehen, die ich züchten möchte. Ich hoffe, dass es klappt, eigentlich soll es ganz einfach sein. Ich liebe es, meinen eigenen kleinen Garten zu bestellen, und wenn es nur ein Blumentopf mit Bohnen in einer dunklen Hütte ist.

Stell dir vor: keine Geschäfte zum Einkaufen, kein Geld, keine Waschmaschine, keine Elektrizität (na ja, wir haben Sonnenzellen und einen kleinen Stromgenerator), kein Pub (aber wir haben uns gut mit Wein versorgt, und ich nehme mir meinen Sherry mit!), keine Verkehrsmittel (nur Ski), keine Warmwasserleitung, kein Telefon, keine Ärzte, keine frische Milch, Zeitungen, Bad oder Dusche (in Kinnvika soll es eine Sauna geben, aber ob die funktioniert?), kein Fernsehen, keine Toilette, keine Post und keine Besucher. Himmel oder Hölle?

Endlich, nach reiflicher Überlegung, beschloss ich, ja zu sagen, und ich glaube, Hauke hat sich darüber gefreut. Als allererste Frau nördlich von 80° Breite auf Spitzbergen zu überwintern, ist eine einmalige Chance.

Danach versuchten wir, uns besser kennen zu lernen und meine Fähigkeiten und Ausdauer in der Wildnis von Spitzbergen auszutesten. Wir verbrachten ganze Wochenenden in seiner Berghütte, probierten unsere Kochkünste aus, fuhren mit den Schneemobilen weite Touren in der winterlichen Einsamkeit.

Manchmal genehmigen wir uns am Sonntagmorgen Champagner zum Frühstück, wobei wir häufig, warm eingemummelt, draußen in der kalten Sonne sitzen. Wir sind in Gletscherhöhlen herumgekrabbelt und haben Feste gefeiert. Hauke beschaffte meine gesamte Ausrüstung für die Expedition: warme Jacken, Schneestiefel, Kamera und Schlafsack. Viele Menschen hier in Longyearbyen meinen, wir passen gut zueinander, das macht mich verlegen und freut mich zugleich. Aber natürlich kann das alles auch damit enden, dass wir nach dem Jahr froh sind, auseinander gehen zu können, und uns vielleicht sogar hassen. Aber das glaube ich eigentlich nicht.

Ein großer Vorteil bei unserem Abenteuer: Wir werden zwei Hunde mitnehmen, die wir bis jetzt allerdings noch gar nicht kennen. Sie sollen riesig sein und sehr wild und ungestüm. Wie du weißt, hatte ich immer Hunde und freue mich auf ihre Gesellschaft.

Ja, und nun ist der Zeitpunkt unserer Abreise von Longyearbyen schon ganz nah. Ich glaube, dass ich viel zu viel eingepackt habe. Neben dem Riesenberg von Wolle will ich Stickarbeiten, Adventskalender, Zeichenpapier, Bleistifte, Farben und vieles mehr mitnehmen. Ich möchte in Kinnvika mit der Seidenmalerei beginnen und habe Seide, Holzrahmen, Bürsten und Farben dabei. Außerdem werde ich versuchen, ausführlich Tagebuch zu schreiben – es wäre das erste Mal in meinem Leben! Vielleicht konzipiere ich auch ein Kinderbuch – ich bin voller Ideen und hoffe, dass ich ein paar davon in den langen Wintermonaten verwirklichen werde.

Und nach diesem Jahr, was soll dann werden? Ich habe keine Ahnung. Ich habe noch niemals weit in die Zukunft geplant. Hauke hat erzählt, dass sich durch den einsamen Winter in Mushamna seine Lebenseinstellung radikal verändert habe. Er meint, mir werde es ähnlich ergehen. Man setzt nach so einem Erlebnis andere Prioritäten.

Ich bin mir noch nicht sicher, was ich empfinden werde, wenn das Schiff am Kai von Longyearbyen ablegt, um uns nach Kinnvika zu bringen. Aber bestimmt wird es sehr ergreifend, meinen Freunden Lebewohl zu sagen und ihnen ein letztes Mal zuzuwinken. Ich weiß zwar, dass es am kommenden Sonntag losgeht, aber es ist immer noch wie ein wirrer Traum, eine solche Expedition zu beginnen, auch wenn ich jetzt inmitten des ganzen Gepäcks sitze.

Ich freue mich riesig auf das Jahr in der Wildnis, darauf, mit einem mir noch fremden Menschen auskommen zu müssen und in einem zumeist grässlich ungemütlichen Wetter zu überleben. Ich bin neugierig, wie ich denken und fühlen werde, wenn ich zurückkomme. Es kann eigentlich nur eine positive Erfahrung werden, die ich niemals mehr vergessen werde.

Also, liebste Carol, ich muss jetzt weiter einpacken. Ich hoffe, dir demnächst mehr zu berichten. Wir planen, zu Weihnachten Briefe mit dem Hubschrauber wegzuschicken, sodass du dich bis zum zweiten Teil meiner Erzählung noch ein wenig gedulden musst.

Viele liebe Grüße, vielleicht sehen wir uns nächstes Jahr!

Deine Marie

6 Abschied und Aufbruch
Eine Arche Noah auf dem Weg in das Eisparadies

Hinlopenstraße, 23. Juli 2002

Die Maschine des Eisbrechers *Polarsyssel* dröhnt pausenlos, Ladeluken, Eisengitter und Schotten scheppern und quietschen. Ich blicke von der Kommandobrücke auf die Hinlopenstraße, überall stürmen weiße Schaumkronen über das aufgewühlte, eiskalte Meer. Eis ist weit und breit nicht zu sehen. In den letzten Tagen hat ein starker Südwestwind die am Nordrand von Spitzbergen liegende Grenze des ewigen Polareises nach Norden zurückgedrängt. Ich bin erleichtert, weil sich die Landung in der Meeresbucht vor Kinnvika so sehr viel einfacher gestalten wird als bei Packeis. Nun kann also wirklich nicht mehr viel schief gehen, unserem Forschungsabenteuer auf Nordaustland steht nichts mehr im Wege.

Ich werfe noch einen Blick auf die Positionsanzeige – wir befinden uns inzwischen auf 80° 10' nördlicher Breite –, wünsche dem Steuermann einen guten Morgen und klettere die steilen Treppen hinunter auf das Schiffsdeck, um nach unseren Hunden zu sehen. Die fühlen sich offensichtlich überhaupt nicht wohl, zerren wie rasend an ihren Ketten, jaulen, bellen und machen im Übrigen pausenlos Dreck, den ich immer wieder geduldig wegputze, um nicht den Unwillen der Schiffsbesatzung zu erregen. Etwas verkatert, durchgefroren und übermüdet – es ist sechs Uhr morgens – finde ich schließlich in dem gemütlichen Schiffssalon mit einer Tasse Kaffee ein warmes Plätzchen. Gleich gibt's Frühstück.

Während der Schiffskoch in der Kombüse mit Töpfen, Tellern und Pfannen klappert und ein köstlicher Duft von Spiegeleiern zu mir herüberzieht, lasse ich die letzten Tage und Wochen Revue passieren …

Was war das in den vergangenen zwei Tagen während unserer Schiffsfahrt von Longyearbyen bis hierher für eine Hektik! Das

Theater mit den vielen Hunden – zeitweise waren 42 dieser kläffenden Energiebündel auf dem Schiffsdeck angekettet –, dann die Ausbootmanöver bei wild bewegter See mit kleinen Schlauchbooten, und das alles bei Sturm und Eiseskälte. Die *Polarsyssel* stampfte und schüttelte sich in der schweren See, und so mancher war seekrank und fand an dem guten Essen keinen Gefallen. Aber der Reihe nach.

Ende Juni habe ich mich endgültig von meiner Familie, von Kindern und Enkelkindern, Kollegen und Freunden verabschiedet, um für über ein Jahr in Einsamkeit, Kälte und Dunkelheit zu verschwinden. Manchmal war das lustig und herzlich, meistens aber verbunden mit Wehmut und ernsten Gedanken. Es tut mir gut, dass wenigstens meine erwachsenen Kinder Verständnis für ihren verrückten Alten aufbringen. Die vielen gut gemeinten Ratschläge und zweifelnden Fragen hingegen zerrten an meinen Nerven. »Hauke, warum bleibst du nicht einfach hier, wirst endlich vernünftig und machst ruhig deine Arbeit?« So wurde ich von einem guten Freund am letzten Abend gefragt. Mir wurde ganz unwohl zumute, und ich wusste keine Antwort. Jetzt bloß keine dummen Gedanken – mach, dass du endlich wegkommst, und fang nicht an zu grübeln! Ich war froh und erleichtert, aber auch ein bisschen traurig und ausgebrannt, als ich endlich alles hinter mir gelassen hatte und auf dem Weg nach Spitzbergen war.

In Longyearbyen stehen die letzten Vorbereitungen an: noch einige Absprachen mit dem Gouverneur, Überprüfen der bestellten und am Kai von Longyearbyen aufgestapelten Vorräte, ein letztes Aufladen sämtlicher Batterien, Pflege und Einölen der Waffen, Kontrolle der Munitionsvorräte, Besorgen von zusätzlichem Antennendraht, Erteilen einer Vollmacht an das Postamt von Longyearbyen zum Bezahlen aller eingehenden Rechnungen und schließlich aufmunternde Worte für Marie, damit sie mir nicht doch noch im letzten Moment abspringt.

Und dann die Hunde! Erst drei Tage vor unserer Abfahrt in Longyearbyen stand endlich fest, welche Tiere nach Kinnvika mitkommen sollten. Voller Spannung wanderte ich im kalten Nieselregen den schlammigen Weg hinaus zum Hof, wo Berit zusammen mit ihrer Familie inmitten ihrer jaulenden, kläffenden Meute von Schlittenhunden in einem gemütlichen kleinen Holzhaus lebt. Berit hatte mir zwei fabelhafte Hunde versprochen, die bis jetzt noch in einem Sommerlager englischer Studenten irgendwo in der Nähe von Longyearbyen ihren Dienst getan hatten.

Das wird schon gut gehen, ich bin mit den fremden Hunden in Mushamna auch gut zurechtgekommen, versuchte ich mich zu beruhigen. Berit kam mir freudestrahlend entgegen, als ich auf dem Hundehof eintraf: »Sieh mal, da sind sie!« Zwei riesige Ungetüme, beides Rüden, sprangen wie die Wilden in ihrem Zwinger herum und freuten sich wohl auf einen Ausflug. »Geh schon mal rein zu deinen Hunden und begrüße sie, ich hole schnell noch Futter. Aber pass auf, dass sie keinen anderen Hund zu fassen kriegen, die bringen alle anderen um.« Berit verschwand im Haus, ich näherte mich zaghaft dem Zwinger und versuchte, die Tür zu öffnen. Wie Berserker warfen sich die Bestien von innen gegen das Gitter und wollten nach draußen stürmen. Ich war von meinen possierlichen Begleitern sehr beeindruckt, solche Kraft hatte ich noch nicht erlebt.

Etwas eingeschüchtert, dachte ich über eine Taktik nach, wie ich mir Respekt verschaffen könnte. Da erschien Berit wieder auf der Bildfläche. Mir war schon klar, dass sie mich beobachtete. Kurz entschlossen brüllte ich ein paar Kommandos, öffnete energisch die Tür und quetschte mich in den Zwinger. War das ein Gejaule und Herumspringen! Die Köter hauten mir ihre Tatzen auf die Schultern, hin und wieder auch ins Gesicht und waren offensichtlich begeistert, mich kennen zu lernen. So etwas schmeichelt natürlich schon ein bisschen, trotzdem hatte ich große Mühe, mich auf den Beinen zu halten.

Berit schien zufrieden. Später erzählte sie mir, dass sie sich wegen dieser Hunde etwas Sorgen mache. Sie seien einfach zu groß, stark und wild, als dass bisher jemand mit ihnen fertig geworden wäre. Die Hunde – eine Kreuzung zwischen kanadischem Malamut und Grönländer Schlittenhund – seien auf ihrem Hundehof unbrauchbar, sie fräßen nur viel, aber keiner traue sich, die Biester mit auf eine Tour zu nehmen. »Das geht schon in Ordnung«, tat ich ganz selbstbewusst, »mir gefallen diese wunderschönen Tiere, und ich liebe die Herausforderung!« Ich legte den tobenden Hunden die Halsketten an, schlang mir ein Zugseil um die Hüfte, und dann ging's los. Halb tot vor Anstrengung von dem Gezerre dieser Kraftpakete kam ich nach zwei Stunden wieder zurück und sperrte die Tierchen in ihren Zwinger. Das kann ja heiter werden in Kinnvika, aber wartet nur ab, ihr werdet mich schon noch kennen lernen, dachte ich, während ich mir die schmerzenden Arme rieb.

Dann, endlich, kam der Tag der Abfahrt. Marie und ich packten die letzten Rucksäcke, schulterten die Gewehre und machten uns auf den Weg zum Kai. »Ich habe Schmetterlinge im Bauch«, gestand mir Marie. Die Stimmung war ein wenig gedämpft. Vielleicht lag es an der Kälte oder aber daran, dass einige Tage vorher nicht weit von Longyearbyen vier Eisbären erlegt worden waren. Der eine hatte versucht, eine junge Frau anzugreifen, die ihn in Notwehr hatte erschießen müssen. Die drei anderen hatten sich in den letzten Wochen zu wahren Einbruchsspezialisten entwickelt, Türen und Fenster unzähliger Häuser und Hütten eingeschlagen und drinnen alles verwüstet. Wir beide auf dem Weg zur *Polarsyssel* waren uns einig, dass es nicht ganz fair ist, die Herrscher im »Königreich der Eisbären«, wie Spitzbergen gerne genannt wird, einfach so zu töten.

Auf dem Kai von Longyearbyen hatten sich zum Abschied überraschend viele Freunde eingefunden. Da waren Lindy, der alte Weltumsegler und Spitzbergen-Veteran; Björn, der Jäger und Trapper, der in seiner Hütte Musikstücke probt und hofft, irgendwann damit groß rauszukommen; Karin und ihr Mann Anders, die zwei Jahre in der einsamen Hütte auf Austfjordneset gehaust hatten; Monika, eine Norwegerin schön wie aus dem Bilderbuch, die wohl auch ganz gerne mit nach Kinnvika gekommen wäre; Jakob, ein gutmütiger Ausrüster von Expeditionen, der uns einen besonders guten Freundschaftsrabatt eingeräumt hatte; und natürlich Randi, Maries Freundin und Arbeitgeberin, und viele, viele mehr.

Trotz des kalten Windes und des für den Sommer in Spitzbergen typischen Nieselregens herrschte eine sehr herzliche, fast liebevolle Stimmung. Marie war ganz gerührt und fühlte sich als erste Frau auf dem Weg zur Überwinterung in Nordaustland gewiss auch ein wenig als Hauptperson.

Der Gouverneur hatte entschieden, dass die *Polarsyssel* neben uns noch zwei weitere Gruppen mitsamt Proviant und Schlittenhunden in ihre Winterquartiere bringen sollte. Da war der alte ehemalige Grubenarbeiter Eero, der jetzt nach seiner Pensionierung ein Jahr als Jäger und Trapper in der Hütte von Mushamna zubringen wollte – ganz in der Nähe der kleinen Bucht, wo ich drei Jahre zuvor mit der *Mesuf* vor Anker gegangen war. Eero hatte zwei Hunde dabei, die neben unseren beiden riesigen Radaubrüdern geradezu winzig wirkten. Zu meiner großen Freude und Überraschung war einer dieser beiden Hunde mein geliebter alter Svarte, der mich in Mushamna immer so hervorragend vor den manchmal etwas aggressiven Eisbären beschützt hatte. Wir begrüßten uns lange und herzlich. Svarte rieb immer wieder seinen dicken Kopf an meinen Beinen, er erkannte mich ganz offensichtlich wieder. 13 Jahre hat der alte Bursche jetzt auf dem Buckel, vielleicht wird es sein letztes Jahr in der Hütte von Mushamna, wo er auch sein Hundeleben begonnen hatte.

Dann war da noch der in Norwegen bekannte Abenteurer und Schriftsteller Stein Asheim mit seiner dreizehnjährigen Tochter Elena sowie elf Schlittenhunden und vielen Proviantkisten. Zusammen mit seiner ganzen Familie wird Asheim in der Hütte von Austfjordneset überwintern. Seine Frau und ein weiteres Kind wollen in einem Monat nachkommen.

Es herrschte ein hektisches Gewimmel und Gedränge auf dem Kai. Die Umarmungen, Abschiedsfotos und scherzhaften Neckereien wollten kein Ende nehmen, bis endlich das Schiffshorn gebieterisch tutete und dabei sogar das ohrenbetäubende Kläffen und Jaulen der auf dem Oberdeck untergebrachten Hunde übertönte. Marie war ziemlich kleinlaut, sie wirkte fast ein wenig ängstlich, während der Abstand zu den winkenden Freunden immer größer wurde. Eisiger

Regen peitschte uns ins Gesicht. Unser Abenteuer hatte begonnen, es gab kein Zurück mehr.

Bei einer großen Kanne Kaffee kamen wir alle im Schiffssalon zusammen und machten uns miteinander bekannt. Jeder erzählte von seinen Plänen, die Stimmung war herzlich, und wir wurden schnell Freunde. So ähnlich muss es früher auf den Auswanderungsschiffen gewesen sein. Oder auf der Arche Noah. So jedenfalls habe ich mir das immer vorgestellt.

Die *Polarsyssel* hatte nach Verlassen des Isfjords mit schwerem Seegang und kräftigem Gegenwind zu kämpfen. Auf dem Oberdeck ließ ich mir den scharfen Wind um die Nase wehen, beobachtete die mit weißen Schaumkronen bedeckte See und war heilfroh, mit unserer ganzen Ausrüstung auf so einem starken schönen Schiff nach Kinnvika transportiert zu werden. Ich pries den Komfort auf der *Polarsyssel*, dankbar für die Unterstützung des Gouverneurs und die Hilfe der Schiffsbesatzung. Meine gute Laune heiterte auch Marie auf, wir beide schätzten uns glücklich, unser Abenteuer unter so günstigen Bedingungen beginnen zu dürfen.

Bereits nach 24 Stunden erreichte die *Polarsyssel* Mushamna im Woodfjord – ich hatte für dieselbe Strecke mit der *Mesuf* drei Tage gebraucht. Hier in Mushamna ging Eero von Bord. Wir luden seine Kisten und Säcke gemeinsam in kleine Gummiboote und halfen ihm, alles die steinige Uferböschung hinauf und zu seiner Hütte zu schleppen. Mit etwas wehmütigen Gefühlen wanderte ich danach in der mir so vertrauten Gegend herum und ließ den Blick über die nahe gelegene kleine Lagune schweifen. Hier hatte ich über ein Jahr im Eis gelebt und meine Hypothese über die Entstehung des Lebens ausgebrütet. Damals hätte ich nicht zu träumen gewagt, mein eisiges Paradies je wiederzusehen.

Einen Tag später erreichte die *Polarsyssel* bei schwerem Seegang Austfjordneset im Wijdefjord. Hier wurden Stein und Elena Asheim mit Sack und Pack ausgebootet und gleich darauf der Trapper Anton mit seiner finnischen Freundin Pettia zusammen mit ihren 40 Schlittenhunden an Bord geholt. Die ganze Aktion verlief bei den hohen Wellen dramatisch. Unter dem Gekläffe der aufgeregten Hunde fielen einige der Transportkisten ins Wasser, die kleinen Gummiboote drohten ständig zu kentern. Das junge Mädchen Elena wirkte dabei ziemlich skeptisch. Ihr Vater hatte sich gegen ihren heftigen Widerstand mit seiner Idee durchgesetzt, die Familie an diesen idyllischen Ort zu bringen. Wir alle haben vereinbart, uns während des bevorstehenden Jahres gegenseitig über Funk von unseren Erlebnissen zu berichten, das wird bestimmt ganz unterhaltsam.

Das Rumpeln der Schiffsmotoren wird plötzlich etwas leiser. Was hat das zu bedeuten? Sind wir etwa schon am Ziel? Ich beeile mich, nach draußen zu kommen. Tatsächlich, wir biegen bereits in den Murchisonfjord am Nordostrand der Hinlopenstraße ein. Das Wetter hat sich beruhigt, nur kleine Wellen laufen über den nebelverhangenen, mit vielen kleinen Inseln bedeckten Fjord. Ich hole schnell Marie nach oben, damit wir gemeinsam die Ankunft in unserem neuen Zuhause Kinnvika erleben können. Und da tauchen sie schon auf: kleine, verwitterte Holzhütten, zwischen dem grauen Gestein der zerklüfteten Mondlandschaft kaum zu erkennen. Kein Vogel, kein bisschen Grün, nur endlose Geröllhalden und flache, mit Schnee bedeckte Bergketten. Ein zaghafter Sonnenstrahl hat sich durch die Nebelschleier gemogelt und beleuchtet unsere Forschungsstation wie eine Theaterkulisse.

Die Ankerkette rasselt ohrenbetäubend, und danach herrscht atemlose Stille – sogar unsere Hunde schauen und staunen. Ist das schön, wir sind da!

7 Forschungsstation Kinnvika

Eindrücke von einer Mondlandschaft

Kinnvika, 18. August 2002

Jetzt sind wir – Marie und ich sowie unsere Hunde Balto und Sako – bereits seit vier Wochen in Kinnvika. Wir haben uns häuslich eingerichtet, ein bisschen die Umgebung erkundet, die ersten Begegnungen mit Eisbären heil überstanden und fühlen uns sehr wohl. Ich habe mit meinem Forschungsprogramm begonnen, viele Messgeräte sind bereits installiert, und ich bin jeden Tag emsig damit beschäftigt, Messdaten zu sammeln.

Unsere Landung am frühen Morgen des 23. Juli 2002, mit den voll beladenen Gummibooten unseres Transportschiffs *Polarsyssel*, verlief trotz der scharfen Geröllsteine am Ufer problemlos, denn wenigstens behinderten uns keine Eisbrocken. Die vielen Vorratskisten wurden am Strand aufgestapelt, und dann begann die mühselige Schlepperei zu unserer Hütte, der »Forschungsstation Kinnvika«. Bei den ersten Handgriffen half uns noch die freundliche Schiffsbesatzung, dann aber musste die *Polarsyssel* die Anker lichten. Wir ackerten bis zum Umfallen. Wegen der Eisbären sollten unsere Vorräte nicht länger als unbedingt notwendig ungeschützt in der Landschaft herumliegen. Dann endlich durften wir uns auf ein paar verwitterte Walknochen an der Sonnenseite unserer Hütte setzen, eine Flasche Sekt greifen und dem mit lautem Knall entschwirrenden Korken nachschauen – es war wie im Himmelreich.

Danach erkundeten wir unsere zukünftige Heimat. Kinnvika ist eine Ansammlung von einigen ziemlich großen und mehreren winzig kleinen Hütten, die weit verstreut auf einer flachen Geröllhalde am Ufer des Murchisonfjords stehen. Die schwedischen Wissenschaftler, die hier arbeiteten, haben damals ein regelrechtes kleines Kraftwerk errichtet, außerdem ein Wohnhaus sowie einige Vorratslager und Messhütten für die wissenschaftlichen Geräte. Die Häuschen, heute im Besitz Norwegens, wurden bisher für niemanden zur Überwinterung freigegeben. Aber jetzt sind wir hier und fühlen uns als einzige Menschen auf Nordaustland wie kleine Könige – mit großem Respekt vor den eigentlichen Königen dieser Region, den Eisbären.

Die im Licht der tief stehenden Sonne grausilbrig schimmernden Holzhütten sind in erstaunlich gutem Zustand. In hocharktischem Klima verändert sich das Baumaterial auch über viele Jahrzehnte praktisch nicht. Nachdem wir die schweren Holzbalken vor den Türen entriegelt hatten, tasteten wir uns mit klopfendem Herzen und nur im Licht unserer Taschenlampen in die dunklen Räumlichkeiten vor. Feuchte und etwas muffige Luft wehte uns an, wie aus einer Grabkammer. Überall lagen Reste vor vielen Jahren aufgegebener menschlicher Aktivitäten herum: alte Flaschen, verrostete Nägel, Tauwerk, Lampengläser, Batterien, Putzlappen, Essensvorräte, Petroleumkannen, elektrische Kabel, Werkzeug und Protokollhefte. Wir durchstöberten alle Häuschen und richteten uns schließlich in der kleinen, uns vom Gouverneur zugewiesenen Hütte ein.

Durch einen winzigen Vorraum, der auch als Küche dient, gelangt man in unser Wohnparadies: vier mal vier Meter groß, zwei Meter hoch, mit dem Charme einer Jägerhütte. Ich war jedenfalls gleich begeistert, insbesondere, nachdem wir den intakten kleinen Holzofen entdeckt hatten und durch die geöffneten Fensterläden Licht hereinkam. Von den leicht vergilbten Plakaten an den Wänden lächelten uns lebensgroße Bikini-Schönheiten an. Marie war »not amused«, aber hier hatte über längere Zeit eine ganze Gruppe rauer Männer ausharren müssen.

Nachdem wir unsere »Wohnung« in zwei gleich große Bereiche aufgeteilt und eine Kerze entzündet hatten, wurde es richtig gemütlich.

Die nächsten Tage waren ausgefüllt mit emsigem Herumgerenne: mit Säubern und Lüften, Sortieren von Küchengerät, Zusammennageln von Fensterläden und Regalen, dem Aufbau und Anschluss eines kleinen zusätzlichen Ölofens, der Installation von Solarzellen zum Aufladen unserer Batterien sowie einer 30 Meter langen und fünf Meter hohen Antenne für unser Funkgerät, dem Trocknen der in den Hütten gelagerten feuchten, aber noch brauchbaren Matratzen und Handtücher. Zwischendurch war Zeit für Entdeckungstouren durch die vielen Hütten. Wir freuten uns über den guten Zustand der Sauna und über ein ziemlich großes, gänzlich leeres Holzhaus. Hier bauten wir aus zwei alten Türen eine Tischtennisplatte zusammen und beschlossen, regelmäßige Sportveranstaltungen abzuhalten. Das erste Tennismatch ging mit 20 : 21 an Marie – ich habe Revanche gefordert.

Eigentlich hatten wir ausgemacht, die Haus- und Küchenarbeit gerecht zwischen uns aufzuteilen – schließlich leben wir im 21. Jahrhundert. Dann aber etablierte sich ziemlich rasch und gegen unseren Willen die traditionelle Arbeitsteilung: Marie backt Brot, kocht, holt eimerweise Wasser vom nahe gelegenen Tümpel, putzt die winzigen Fenster, verwaltet die Essensvorräte, flickt unsere zerrissenen Klamotten, schneidet mir die Haare, lüftet, wenn einmal die Sonne scheint, die Betten, schürt das Herdfeuer – wie in einem uralten Bilderbuch!

Und was mache ich? Typisch Mann, ein richtiger Macho? Es könnte fast so scheinen. Ich halte als Rudelführer Balto und Sako in Zaum. Montiere im grausig kalten Nordsturm die Antennen auf dem Hüttendach; habe das eiserne Schornsteinrohr für den zweiten Ofen in Gang gebracht. Wer, wenn nicht ich, soll die verklemmten Türen aufstemmen, Treibholzstämme vom Fjordufer hochschleppen und mit der Motorsäge zerkleinern, und wer schließlich soll todesmutig mit dem Gewehr im Anschlag auf angreifende Eisbären losstürmen und sie vertreiben?

Wir amüsieren uns selbst über die automatisch erfolgende Herausbildung dieser klassischen Rollenverteilung. Uns ist klar, dass dies nur unter den hier in Kinnvika herrschenden Lebensbedingungen funktioniert. Aber es war doch überraschend, wie schnell sich das Zusammenspiel zwischen uns beiden so entwickelte. Wir sind – bisher jedenfalls – mit unseren Rollen einverstanden, und es gibt keinerlei Konflikte. Ganz im Gegenteil, die Eindeutigkeit der Aufgaben schafft eine große Stabilität und tiefe Zufriedenheit in unserem Miteinander. Vielleicht zeichnet sich hier bereits die Entwicklung von Erkenntnissen ab, die wir im Verlauf unseres zwischenmenschlichen Experiments in der Zweisamkeit von Kinnvika zu gewinnen hoffen.

Unser trautes und geradezu steinzeitlich idyllisches Zusammenleben wurde in den Sommerwochen durch gelegentliche Besucher gestört. Dieses Jahr gibt es hier jenseits der Hinlopenstraße ungewöhnlich wenig Eis, sodass sich relativ viele Touristenschiffe bis in unseren entlegenen Murchisonfjord hineinwagen, um dann in Kinnvika eine Pause mit Landgang einzulegen. Einige dieser Menschen haben von unserer Forschungsstation gehört und wollen Fotos machen, sich mit uns unterhalten und ein bisschen an dem Abenteuer teilhaben.

Ich werde immer ziemlich grantig, wenn wieder ein Schiff auftaucht, fluche leise vor mich hin und versuche, vor den Touristen irgendwohin zu fliehen. Marie verspottet mich schon und meint, ich hätte in dieser Beziehung einen regelrechten Tick. Wahrscheinlich hat sie Recht. Aber mich ermüdet das Gerede der Menschen, die aus einer Welt und einem Leben kommen, das mit unserem Dasein in Kinnvika fast keine Gemeinsamkeiten hat. Es ist, als würde ein gerade so schön angelaufenes Experiment durch ins Labor stolpernde Ignoranten empfindlich gestört. Wenn die Touristendampfer endlich wieder hinter den Inselketten im Murchisonfjord verschwinden, fühle ich mich wie befreit von einer unheimlichen Gefahr.

Es dauert jedes Mal eine Weile, manchmal Tage, bis wir wieder unser seelisches Gleichgewicht erlangt haben und uns innerlich froh und ausgeglichen fühlen. Einzelne Bemerkungen der Besucher, Beobachtungen und Eindrücke erörtern wir oft unverhältnismäßig ausführlich. Wer in der Isolation lebt, so wie wir beide in Kinnvika, ist offensichtlich nicht mehr in der Lage, die im normalen Zusammenleben geltenden Schwerpunkte und Verhaltensmuster richtig einzuordnen und zu akzeptieren.

Vielleicht ist das aber gar kein Mangel oder Nachteil, sondern sogar ein Vorteil, um die Sinne frei und offen für ganz andere Eindrücke zu bekommen. So liegen wir beide manchmal stundenlang auf dem kargen Tundraboden und beobachten mit der Lupe winzige Spinnen und Fliegen, die in den mickrigen Moospolstern herumkrabbeln. Wie diese Tierchen wohl den ewig langen und eisigen Winter überleben? Oder ich beobachte von Woche zu Woche die Entwicklung von einzelnen, mir inzwischen persönlich bekannten kleinen Blüten und dokumentiere die Wachstumsphasen mit dem Fotoapparat. Im Uferwasser schauen wir kleinen Krebsen und Quallen zu, die sich in großen Scharen zwischen den flachen Steinen tummeln und den Algenbewuchs systematisch abgrasen.

Eine kleine, uns lieb gewordene Rentierfamilie – offensichtlich Mutter, Kind und Vater – zieht zur Verblüffung unserer Hunde jeden Mittwoch an unserer Station vorbei. Es ist beeindruckend, wie diese Tiere, irgendeiner tieferen Weisheit folgend, beim Grasen immer nur gezielt ein paar vereinzelte Blümchen fressen. Sie treten mit ihren weichen und breiten Hufen nur vorsichtig auf, hinterlassen auf dem sehr empfindlichen Boden praktisch keinerlei Trittspuren und zerstören nichts von der hochsensiblen Natur. Den Rentieren bekommt dieses rücksichtsvolle Verhalten gut, alle drei sehen, trotz der kärglichen Weiden, rund und wohlgenährt aus.

Wenn wir durch Besucher oder Schiffsgeräusche aufgeschreckt wurden, vermeinen wir noch Tage später und selbst bei atemloser Stille in der Ferne irgendwelchen durch Menschen verursachten Lärm zu vernehmen. Wir suchen dann mit dem Feldstecher sorgfältig das Meer und den Himmel ab, um vielleicht ein Flugzeug oder ein Schiff zu entdecken, immer vergebens.

Unser Gehirn scheint durch die Störung irgendwie in eine nur langsam abklingende Unruhe versetzt worden zu sein, ähnlich wie das Meer, auf dem noch Tage nach einem Sturm die Dünung zu sehen ist. Besonders deutlich haben wir diesen Effekt nach dem Verlassen der *Polarsyssel* mit ihren lärmenden und rumpelnden Schiffsmaschinen erlebt. Noch drei Tage nach Einzug in unsere Idylle glaubten wir, in der Ferne Hubschrauber oder Flugzeuge zu vernehmen. Nach von der Natur verursachtem Lärm verspüren wir ein solches Nachklingen merkwürdigerweise nie. Ohrenbetäubendes Hundegekläff oder auch stundenlang tosende Stürme hinterlassen nach ihrem Verschwinden nichts als wohltuende Stille.

Der August war für Nordaustland ungewöhnlich mild. Selten fiel die Temperatur auf 0 °C oder darunter, zumeist herrschte eine angenehme Wärme von +3° bis +5 ° C. Dabei schmelzen die Schnee- und Eismassen, insbesondere auf den riesigen Gletschern, die in allen Himmelsrichtungen sichtbar sind. Wenn wir uns bei einer Arbeitspause mit einem Becher Kaffee oder Tee an der Südseite unserer Hütte zu einem gemütlichen Plausch in der Sonne zusammenfinden, lässt uns gelegentlich ein fernes Grollen und Rumpeln, manchmal auch ein dumpfer Knall aufhorchen. Ich kenne das schon von Mushamna. Das sind die natürlichen Geräusche der Gletscher, die von neuen Spalten aufgerissen werden oder eines der imposanten Gletscherkälber in den dabei hoch aufbrandenden Meeresfjord entlassen.

Viel Arbeit bereitet uns das Herbeischleppen von Feuerholz für den bevorstehenden langen Winter. In den Uferzonen haben sich an einigen Stellen unzählige weiß gescheuerte Baumstämme angesammelt. Sie kommen zumeist aus den sibirischen Flüssen, wo sie von Menschen herabgeflößt wurden und dann ungewollt in das nordpolare Meer entwischten. Dort sind sie jahrzehnte-, manche sogar jahrhundertelang zwischen den knirschenden Treibeisfeldern herumgetrieben, wurden zerborsten und rund gescheuert, bis sie schließlich durch Stürme zu den Küsten von Spitzbergen gelangten.

Wir wandern mit unseren Hunden am Ufer entlang und schichten die Stämme zu kleinen Pyramiden auf. Nach einigen Wochen hat der ewige Wind sie dann getrocknet, und wir transportieren sie mithilfe der Hunde zur Hütte. Dort werden sie zersägt, in kleine Holzscheite gehackt und schließlich verfeuert. Nachdem wir einen ganzen Tag mit dieser Arbeit zugebracht haben, sind wir zwar müde und durchgefroren und haben Holzsplitter in den Händen, aber wir sind zufrieden, ja wunschlos glücklich.

Unsere Hunde entwickeln sich mehr und mehr zu ganz brauchbaren Herdenmitgliedern. Die ersten Ausflüge waren verbunden mit mühseligem Gezerre, Geschimpfe und für Marie mit halsbrecherischen Galoppsprüngen die steilen Schotterabhänge hinab, wenn ihr Hündchen gerade mal Lust hatte auszuscheren. Ich habe mir die Burschen mit ziemlich autoritärem Gehabe vorgeknöpft. Nur durch Brüllen und Fußtritte war Balto und Sako begreiflich zu machen, dass ich der Rudelführer bin und sie mir zu gehorchen haben. Schon nach wenigen Tagen waren beide Hunde fixiert auf meine Person. Wenn sie – manchmal sogar schon ohne Leine – herumrasen und ich nur einen urigen Schrei ausstoße, blicken sie sofort erwartungsvoll hoch, hören mit dem Herumalbern auf und stürmen zu mir. Seit einiger Zeit gewöhnen wir sie an eine geregelte Arbeit als »Zugpferde« für die schweren Holzstämme. Sie legen sich dabei mächtig ins Geschirr und sind danach häufig sehr müde. Diese Art der Erziehung bekommt ihnen anscheinend gut. Aus wilden Monstern werden angenehme Zeitgenossen, mit denen es richtig Spaß macht. Ob aus solchen schlichten Beobachtungen Rückschlüsse auf menschliche Verhaltensmuster abzuleiten sind?

Die Landschaft in der Umgebung um Kinnvika ist geprägt durch riesige flache Schutt- und Geröllhalden mit unzähligen scharfkantigen, manchmal senkrecht nach oben herausragenden Gesteinsbrocken. Hin und wieder türmen sich Hügel und kleine Berge von höchstens 300 Metern auf. Sie sind völlig vegetationslos und wirken besonders im Licht der Mitternachtssonne kalt, unwirklich und abweisend – wie auf dem Mond. Die mir vertrauten Landschaften weiter im Süden von Spitzbergen bei Mushamna und auch Longyearbyen machen dagegen geradezu einen fruchtbaren, ja idyllischen Eindruck.

Nordaustland entstand vor über einer Milliarde Jahren aus uralten Gesteinsformationen. Für Geologen sind die unterschiedlichen Schichten – rot, grün und gelb schimmernde Steine mit manchmal kristallinen Strukturen – eine wahre Fundgrube. Wir hoffen, nach der Lektüre der mitgenommenen Fachbücher mehr über die Geologie unserer derzeitigen Heimat zu erfahren; jetzt können wir nur staunen.

Auch die vielen Schottersteine wirken auf den ersten Blick trostlos und tot: keine Blumen, kein Moos, kein Vogel und kein Polarfuchs. Man muss schon genau hinsehen und geduldig nach einzelnen, rührend schutzlosen Blümchen suchen. Dann aber, am besten auf dem Bauch liegend in Augenhöhe mit den kleinen Sommergästen, offenbart sich die funkelnde Farbenpracht und Lebensfreude der winzigen Pflänzchen. Mit der Lupe ist die dichte Behaarung fast aller Stängel und Blättchen erkennbar – wie vor Wind und Kälte schützendes Fell am Kapuzenrand eines Anoraks. Der starke Wind lässt die Blumenstiele schwanken und zittern, die Blütenblättchen werden durch die Böen fast abgerissen.

Wir haben ein Büchlein über die Flora von Spitzbergen dabei, kriechen von einer Pflanze zur nächsten und freuen uns über jede neu entdeckte Blüte. Bisher konnten wir lediglich acht verschiedene Blumen identifizieren. Dagegen ist der Artenreichtum in der Gegend von Longyearbyen geradezu überwältigend.

Ich habe es eilig damit, weitere Messgeräte in der Landschaft aufzustellen, um einen möglichst vollständigen Jahresablauf dokumentieren zu können. Gleich zu Beginn habe ich die Wetterstation in der Nähe unserer Hütte installiert, sodass wir jetzt mehrfach täglich sämtliche Wetterdaten protokollieren können. Ich möchte meine Werte mit denen der schwedischen Wissenschaftler von 1957/58 vergleichen. Außerdem habe ich an einigen Stellen Temperatur-Datalogger ausgebracht, elektronisch gesteuerte Temperatursensoren, die ein ganzes Jahr lang automatisch alle sechs Stunden den genauen Temperaturwert messen und speichern. Auch in Longyearbyen und Ny-Ålesund habe ich in der Luft, im Boden und im Wasser Temperatur-Datalogger installiert. Nächstes Jahr, nach Abschluss der Expedition, werden die kleinen Geräte wieder eingesammelt und die gespeicherten Daten grafisch dargestellt. Auf diese Weise kann ich die Temperaturen an den unterschiedlichen Messorten genau vergleichen und Rückschlüsse auf die Besonderheiten hier auf Nordaustland ziehen.

Ich habe auch schon damit begonnen, Bakterien zu sammeln und zu züchten. Dazu werden in kleinen Teesieben viele winzige Quarzglaskugeln eingeschlossen, zwischen denen sich die »ortsansässigen« Bakterien ansiedeln und Kulturen bilden können. Das hört sich einfach an, ist aber in der praktischen Umsetzung durchaus problematisch. Wie die Teesiebe im dicken Eis wiederfinden und heil herausholen? Ich stecke sie in durchlöcherte Konservendosen und befestige diese Probenbehälter vor dem Einfrieren an Ketten. Entlang dieser Ketten kann ich das Eis dann später mühsam aufhacken und die Probenbehälter vorsichtig aus dem Eis schälen.

Wir erwarten in den nächsten Tagen den Besuch des Gouverneurs von Spitzbergen. Auf der *Polarsyssel* macht er seine traditionelle Herbstinspektion in den Gewässern um Spitzbergen. Bei dieser Gelegenheit werde ich erste Ergebnisse und Proben nach Hamburg senden können, wo einige Doktoranden bereits sehnsüchtig auf ihr Untersuchungsmaterial warten.

Danach werden wir vermutlich erst wieder zu Weihnachten Kontakt zur Zivilisation haben, sodass ich mich beeile, alle bisherigen Versuchsergebnisse sorgfältig zusammenzustellen.

Die geplanten Untersuchungen im Meereis konnte ich noch nicht beginnen, weil sich in unserer Gegend noch kein Eis hat sehen lassen. Darüber bin ich gar nicht betrübt. Das Aufstellen der vielen Messgeräte, das Gewinnen der Bakterienproben, das Einrichten unserer Forschungsstation sowie die Vorbereitungen für den bevorstehenden Winter haben uns beide so in Atem gehalten, dass ich zusätzliche Arbeiten im Eis nicht geschafft hätte.

Kinnvika – eine vor 45 Jahren verlassene Forschungsstation auf Nordaustland

Unsere kleine Holzhütte – Fluchtburg, Labor und gemütliches Zuhause

Proviantmeisterin Marie: Aus den Vorräten für ein ganzes Jahr wurde jeden Tag ein leckeres Essen zubereitet

Bootsfahrt zwischen Eisschollen – die Raubmöwe begleitet uns auf allen Ausflügen, ein Eisbär bewacht derweil die Hütten

Arbeiten im Forschungslabor – Eisbären gucken zu

Im August vereinzelte Blüten – Farbenpracht im Geröll

Überleben und Wachsen in Schnee und Eis –
»Knoppsildre« vermehrt sich durch winzige Knötchen

Nachbarschaftlicher Besuch – gibt es hier etwas zu fressen?

8 Im Königreich der Bären

Gratwanderung zwischen Harmonie und Aggression

Kinnvika, 2. September 2002

Draußen schneit und stürmt es, dunkle Wolken jagen über den Himmel – wenn sie überhaupt mal zu sehen sind in der ewigen Nebelsuppe. Ich bin durchgefroren, nass bis auf die Knochen, die Hände schmerzen.

In der Hütte ist es gemütlich warm, im Ofen knistern die Holzscheite, unsere Petroleumlampe verbreitet ein gelbes, sympathisches Licht. »Hello!«, begrüßt mich Marie, die gerade Brotteig knetet. »What's the matter?«, fragt sie, als sie meine düstere Miene sieht. Ich setze mich auf einen Holzschemel dicht am Ofen, knote mit klammen Fingern die Schuhbänder auf und streife die triefend nassen Stiefel ab. »So ein Schiet!«, beginne ich zu grummeln. »Unser Gummiboot ist hin! Dieser bescheuerte Bär hat ganze Arbeit geleistet. Mit seinen Tatzen ein paarmal rübergeratscht – und nun sind nur noch Gummifetzen übrig. Und weißt du, was in der Reparaturanleitung steht? Hör mal zu: Reparatur nur bei Wärme von wenigstens +24°C und Trockenheit durchführen. Außerdem können nur kleine Löcher geflickt werden. Bei größeren Rissen schicke man das beschädigte Boot zum Hersteller. Das ist doch lächerlich, was sollen wir bloß machen? Wir brauchen unser Boot doch ganz dringend!« Marie schiebt mir erst einmal einen Becher heißen Tee mit viel Rum und Honig zu und meint nur, dass wir schon eine Lösung finden würden. Na ja, eigentlich hat sie Recht. Wir leben im Bärenland, und hier herrschen eigene Gesetze.

Wir waren gerade mal zwei Tage in Kinnvika, da kam bei strahlendem Sonnenschein der erste Bär auf unsere Hütte zugeschlendert. Ich baute meine Filmkamera auf und freute mich schon auf ein paar schöne Aufnahmen. Das war für den Bären, ein prächtiges, wohlgenährtes

Männchen, ein bisschen zu viel an Aufmerksamkeit. Verschreckt bog er Richtung Norden ab und verschwand in unserem Mondgebirge. Marie war ganz aufgeregt. Ich erklärte ihr, dass dieses Verhalten eigentlich typisch für Eisbären ist, sie mögen keinerlei Aufregung.

Dann, zwei Wochen später – nachts um drei bei hellem Sonnenschein –, schreckt uns ein Riesenradau der Hunde aus dem Schlaf. Wir stürzen nach draußen und sehen, wie ein großer Bär, triefend nass, zwischen den Hunden herumstolpert und sich schließlich langsam ein paar Schritte wegbewegt. Ich gehe laut schimpfend auf den Bären los, springe und gestikuliere, spiele wilder Mann. Der Bär weicht zögernd zurück, als ich auch noch mit Steinen nach ihm werfe. Schließlich legt er sich kaum 50 m von unserer Hütte entfernt hin, guckt mich groß an und brummt. Freundschaftlich? Angriffslustig? Ich weiß nicht so recht, trete den Rückzug an, stolpere, schramme mir dabei die Hände auf, rappele mich auf. Der Bär springt auf, folgt mir ein paar Sätze weit, legt sich dann hin und starrt in meine Richtung. Ich greife mein Gewehr und schieße ein Stück neben dem Bären in den Boden. Der Bär steht auf, schüttelt den Kopf, schlendert im Zeitlupentempo ein kleines Stück den Berghang hinunter, um sich dort zum Schlafen niederzulegen.

Dieses Spielchen wiederholt sich eine Woche lang. Was ist das bloß für ein sonderbarer Bär? Oder ist es vielleicht eine uralte Bärin, die keine Jungen mehr bekommen kann und nun Anschluss bei unseren Hunden sucht? Wir taufen das Tier »Lady Franklin«, nach der Ehefrau des englischen Seehelden und Arktisforschers Sir John Franklin, der vor fast zweihundert Jahren einige Expeditionen unternahm, um den Nordpol und die Nordwestpassage als Seeweg nach Asien zu suchen. Es ranken sich Gerüchte und Mutmaßungen um sein Schicksal, denn er und seine Mannschaft sind mitsamt dem großen Segelschiff verschollen. Lady Franklin investierte ihr gesamtes Vermögen in Suchexpeditionen, verzweifelt durch die quälende Ungewissheit. Aber ihr Mann wurde nie gefunden und kehrte auch nie zurück. Ihr zu Ehren wurde ein Fjord im Norden von Nordaustland unweit von Kinnvika »Lady Franklin Fjord« benannt.

Könnte es nicht sein, dass Lady Franklin in Gestalt einer Bärin hier herumschleicht und uns eine Botschaft zukommen lassen will? Sollen wir vielleicht nach Sir Franklin suchen? Eines Tages stand Lady Franklin wieder dicht neben unserer Hütte, als wäre sie bekümmert, weil wir einfach nicht begreifen wollten, was sie auf dem Herzen hatte. Unsere Hunde wurden nervös, sie gebärdeten sich immer wütender, zerrten und rissen an ihren Leinen und kläfften. Ich überprüfte regelmäßig die Leinen, aber es war zu spät: Sako hatte sein starkes Bergsteigerseil durchgebissen und stürzte sich in kopfloser Wut auf den Bären. Die vorher so friedliche, geradezu philosophisch anmutende Stimmung schlug augenblicklich in Aggression um. Bär und Hund kämpften, brüllten und schlugen wie wild um sich – direkt vor unseren Augen. Ich nahm das Geschehen zunächst wie ein unbeteiligter Zuschauer auf und drehte sogar noch recht gelungene Filmszenen.

Aber dann versuchten Marie und ich, durch schrille Kommandos Ordnung in das wilde Chaos zu bringen. Ohne Erfolg. Unser Hund, völlig unerfahren im Kampf mit Bären, wollte Lady Franklin so elegant kaltmachen wie einen unterlegenen Hund: Er versuchte immer wieder, dem Bären an die Gurgel zu springen. Aber der Bär erwischte unseren quietschenden Sako mit einem gewaltigen Tatzenhieb und schlug seine Zähne in den zappelnden Hundekörper. Mir blieb fast das Herz stehen, während Marie mit ihrem Gewehr in die Luft ballerte.

Da geschah etwas Merkwürdiges. Lady Franklin unterbrach Sakos Hinrichtung, hielt ihn noch einen Augenblick unschlüssig fest und ließ ihn laufen. Dann flüchtete sie, von Sako wütend verfolgt, sie stürzte sich schließlich in den Meeresfjord und ward nicht mehr gesehen. Wir untersuchten unseren stolzen Sieger Sako nach irgendwelchen Wunden – nichts! Erst nach Tagen fanden wir die Bisslöcher der Bärenzähne in seinem Fell. Aber wer nun glaubt, dass wir damit unseren Hausbären endgültig losgeworden wären, der irrt. Eines Nachts ließ mich das unbestimmte Gefühl, dass wir Besuch hatten, aufwachen. Ich schlich zum Fenster – und stand Auge in Auge mit Lady Franklin. Die schlafenden Hunde hatten sie nicht bemerkt.

Marie, noch ganz verschlafen, griff automatisch zum Gewehr und wollte den Bären ein weiteres Mal verscheuchen. »Warte!«, hielt ich sie zurück. »Dieser Bär lässt sich nicht mit Gewalt verjagen. Wenn die Zeit gekommen ist, geht er freiwillig.« Wir standen frierend ganz leise zusammen, um die Hunde nicht aufzuwecken, und warteten. Lady Franklin sah uns lange regungslos an. Dann drehte sie sich um und trottete davon – sie kam nie wieder.

Die nächsten Erlebnisse mit Eisbären waren von ganz anderer Art. Fast zwei Wochen lang hatte ein stetiger und zuweilen recht starker Wind aus Südosten geweht. Das bedeutet hier am Rande der Hinlopenstraße nicht etwa warme Temperaturen, sondern ganz im Gegenteil: Eis! Eis, das aus dem Süden Nordaustlands und von den Packeisfeldern im Seegebiet um König Karls Land durch die Hinlopenstraße nach Norden getrieben wird.

Eines Morgens, während ich wie jeden Morgen vor dem Frühstück mit einem großen Becher heißen Kaffee in den Händen um unsere Hütte herumschlenderte, die Hunde begrüßte und nach Eisbären Ausschau hielt, traute ich meinen Augen nicht. Unsere ganze Bucht war weiß. Gewaltige, meterdicke Eisschollen drängten und schoben sich gegenseitig immer weiter, türmten sich unter Knirschen und Grollen zu bizarr geformten Gebirgen. Ich stürzte in die Hütte, um Marie, die morgens gerne ganz gemütlich aus dem Bett krabbelt, Bescheid zu sagen und mein Fernglas zu holen.

Wir waren begeistert, machten Pläne für die nächsten Ausflüge mit dem (damals noch intakten) Gummiboot und vergaßen darüber unser Frühstück. Die kräftigen Gezeitenströmungen schoben die Eismassen im Laufe der nächsten Tage hin und her. Mal war unsere Bucht wieder fast eisfrei, dann, wenige Stunden später, voller kleiner Eisberge und Eisschollen. Ich wanderte zur Hinlopenstraße, um möglichst große Eisschollen und Eisbrocken auszusuchen und mit den Messungen zu beginnen. Außerdem wollte ich mir die driftenden Eismassen aus der Nähe ansehen.

Als ich nach einigen Stunden zurückkam, erfüllt von Erlebnissen, die ich Marie erzählen wollte, war sie einfach nicht da. Schließlich entdeckte ich sie auf dem Dach einer Hütte, von wo aus sie aufgeregt gleich acht Eisbären beobachtete. Die Tiere waren praktisch direkt vor unserer Haustür auf Robbenjagd, sie fraßen oder lagen faul und dick herum und dösten. Wir liefen hinunter zu unserem Strand. An einigen Stellen im von Blut roten Eis waren noch Reste der Robben zu erkennen, umlagert von hungrigen Möwen.

Es schien uns, als schwelgten die Bären im Überfluss. Ein besonders prächtiger Bär mit einem unförmig dicken Bauch und blutverschmiertem Kopf betrachtete uns lange, schließlich trottete er gemütlich vom Eis und kletterte den steilen Geröllhang des Kinnberges hinauf, wo er sich mit freiem Blick über die mit Treibeis gefüllte Bucht zum Schlafen niederlegte. Dort blieb er zwei Tage lang, fast ohne jede Aktivität.

Müde und durchgefroren machten wir uns schließlich auf den Heimweg. In unserer Hütte wurde – wie jeden Abend – zunächst ein Glas Rotwein eingeschenkt, bevor wir uns gemeinsam an die Zubereitung unseres Essens machten. Es war spät geworden, heute gab es eine Fertigsuppe, angereichert mit ein bisschen Wurst und Eiern.

Am nächsten Morgen gleich wieder auf das Hüttendach, um »unsere« Bären auf dem Eis zu zählen. Jetzt waren es nur noch vier, die anderen waren wohl weitergewandert oder schliefen irgendwo hinter den Eis- und Felsbrocken.

Gerade nahmen wir uns vor, bei unseren nächsten Ausflügen nicht mehr so leichtsinnig zu sein, als unsere Hunde anschlugen. Das kann nur Bärenalarm heißen! Was machen die Hunde, in welche Richtung blicken sie? Aha, zum Eis. Die Hunde reißen an ihren Seilen, da muss irgendetwas Ungewöhnliches sein. Ich klettere mit dem Fernglas auf unser Dach, und da sehe ich schon, wie die Bärin zusammen mit ihrem Kleinen mein Gummiboot am Strand zerfetzt!

Ich greife mein Gewehr, so ein Mist, hoffentlich ist das Boot noch zu retten. Ein Schuss in die Luft, und die Bärin lässt vom Boot ab. Aber was ist denn das? Normalerweise flüchten Bären in solchen Situationen. Aber diese Bärenmama marschiert geradewegs auf unsere Hütte zu, dicht gefolgt von ihrem Jungen. Die Hunde sind zunächst sprachlos. Wenn unser Boot schon hin ist, dann will ich wenigstens einige schöne Filmszenen, denke ich mir und baue in aller Ruhe mein Filmstativ auf. »Hauke, sie kommt, sie kommt!«, warnt Marie. »Nee, lass nur, die traut sich nicht. Außerdem sind wir im Bärenland, und ich will doch nur filmen«, versuche ich, sie zu beruhigen. Doch da entdeckt die Bärin die Hunde und greift an. Geduckt stürmt sie auf die an ihren Leinen zerrenden, vor Wut und Angst schäumenden und wie rasend bellenden Tiere los. Marie steht hinter den Hunden und schlägt die Hundeblechnäpfe mit ohrenbetäubendem Lärm gegeneinander. Das Bärenkind macht kehrt und galoppiert zurück. Die ungewöhnlich kleine Bärin – Marie meinte später, dass das sicherlich eine unerfahrene Teenager-Mutter war – schnaubt wütend die fletschenden Hunde an und fuchtelt mit ihren Vordertatzen. Ich schieße mit dem Gewehr in die Luft. Die Bärin dreht endlich ab und rennt ihrem schon weit entfernten Jungen nach. So ein wildes Untier, was sollte das eigentlich? Die Bärin soll sich gefälligst um ihr Kind kümmern und Robben jagen und nicht harmlose Wesen wie uns belästigen!

Ein bisschen kleinlaut und verschüchtert sitze ich später in der warmen Hütte. Habe ich was falsch gemacht? Marie hatte Recht, die Bärin wollte uns eine Lektion erteilen. Glücklicherweise ist alles glimpflich ausgegangen, niemand wurde verletzt. Die Hunde wirken noch etwas verstört, zittern sogar, aber seit diesem Erlebnis sind sie exzellente Bärenwächter.

Erst am nächsten Morgen traue ich mich aus der Hütte an den Strand. Dunkles, kaltes Wetter, Nebenschwaden über den Eisschollen. Überall meine ich Bären zu sehen, und alle warten nur darauf, mich anzugreifen. »Alter Feigling, jetzt nimm dich zusammen. Und außerdem, von einem Eisbären im offenen Kampf erledigt zu werden, das wäre doch ein ehrenvoller Abgang!« So aufgemuntert, mache ich mich auf den Weg, ein paar Messungen im Eis vorzunehmen und außerdem das Gummiboot zu besichtigen. Vielleicht ist es ja gar nicht so schlimm, hoffe ich immer noch. So ein paar kleine Löcher werde ich schon wieder flicken können. Dann sehe ich die

Bescherung. Zerfetzt hängen die Gummieingeweide heraus, wie bei einer von Bären erlegten Robbe.

Ich muss also ein neues Boot bauen. Aber ein anständiges Holzboot soll es sein und nicht so ein neumodisches Sensibelchen aus Gummi. Schon am nächsten Morgen geht's an die Arbeit. Ich stöbere überall in den Hütten herum und finde hier ein paar Holzlatten und Nägel, dort eine alte Tür und einen verklebten Topf mit Teer. Marie schaut gelegentlich zu mir hin, grinst und denkt wohl, ich sei verrückt geworden. Das stachelt mich erst richtig an, und nach einem Tag Sägen, Messen, Nageln und Teeren ist das Wunderwerk vollbracht: Ein stabiles kleines Holzboot liegt vor der Hütte und wartet auf den Stapellauf. Zugegeben, das Ding sieht ein bisschen wie ein Sarg aus, aber die von den Fischern in Neufundland benutzten Dorys sind auch nicht eleganter.

Am nächsten Tag ziehen Marie und ich voller Vorfreude zum Strand. Zunächst ein bisschen Enttäuschung, in der Kälte der Nacht ist das Meerwasser am Uferrand zwischen den Treibeisbrocken zugefroren. Aber ich schubse und stoße mein hübsches Boot zwischen dem splitternden Eis in das offene Wasser – und es schwimmt! Ganz stolz rudere ich eine Ehrenrunde um ein bläulich schimmerndes Eisgebirge, da ruft mich Marie ängstlich zurück. Ein Bär ist im Anmarsch! Er scheint Appetit auf uns zu haben und eilt in unsere Richtung – wir flüchten zu der Hütte. Da kommt uns Sako entgegengestürzt, er hat das sich anbahnende Drama beobachtet, kurzerhand seine dreifache Leine durchgebissen, und nun prescht er voller Kampfeslust an uns vorbei, direkt auf den Bären zu. Der ist zunächst völlig verdutzt, so eine Reaktion hat er wohl nicht erwartet. Der Eisbär zieht sich schweigend auf das Eis zurück, von Scholle zu Scholle springend. Sako natürlich hinterher, er ist ja schließlich ein Held. Aber nach ein paar Sprüngen über die Wasserrinnen, auf schwankenden Eisschollen balancierend, verlässt ihn der Mut. Der Bär thront fast vor ihm auf einem Eisblock und guckt sich verwundert das lächerliche Treiben unseres schwarzen Möchtegern-Eisbären an.

Endlich sind wir alle wieder vereint und wandern kleinlaut und nachdenklich nach Hause. Diese Eisbären sind schon bemerkenswerte Wesen. Auf gewisse Weise sind sie den Menschen gar nicht so unähnlich. Aber wir müssen wohl noch viel lernen und uns an die hiesigen Sitten anpassen, um in ihrem Königreich Asyl gewährt zu bekommen.

9 Der Winter naht

Überlebenskünstler rüsten sich

Kinnvika, 26. September 2002

Im September kündigt sich der nahende Winter hier in Nordaustland unübersehbar an – eigentlich ist er schon da. Es stürmt und schneit, große Schneewehen türmen sich in der Nähe der Hütten auf, und es ist auch schon bitterkalt – bis zu -8 °C. Einen Tag später kann es dann wieder ganz freundlich sein. Die Sonne scheint, kaum Wind, und hin und wieder glaubt man sogar, ein paar Insekten vorbeifliegen zu sehen. Aber das ist vielleicht auch nur Einbildung, sozusagen eine Fata Morgana aus wärmeren Ländern – unsere Sehnsüchte sind schon ziemlich bescheiden geworden.

Neben meinem Stammplatz – einem Holzhocker am kleinen Tisch – habe ich eine Postkarte an die Hüttenwand geheftet. Sie zeigt ein sonnenvergoldetes Kornfeld mit Mohnblumen und Margeriten. Unsere Realität sieht anders aus: ein vereistes kleines Fenster, dahinter Eis und Schnee, ein vom Sturm aufgepeitschter Meeresfjord und alles in tiefblaues Licht getaucht. Der ferne, gewaltige Vestfonna-Gletscher am Rande unseres Fjordes schimmert gleißend weiß im Licht der tief stehenden Sonne. Ein paar Raubmöwen schwingen sich mit ihrem wehmütig klagenden Geschrei über die Wellen, auf denen ein paar vereinzelte Eisschollen tanzen – es ist geradezu unwirklich schön.

Ab Mitte September zieht die Sonne ihre flache Bahn am Tag gerade noch über den Horizont, aber die Nächte werden schon länger und dunkler. Mitte Oktober bricht die Polarnacht an, erst Ende Februar werden wir wieder Tageslicht haben. Ich spüre den Winter und habe dabei – genauso wie damals in Mushamna – wehmütige, vielleicht auch ängstliche Gefühle. Ich weiß, was noch auf uns zukommt. Die tosenden Winterstürme bei grimmiger Kälte, die Dunkelheit, die Sorge, irgendwann einen schwerwiegenden Fehler zu machen, das Gefühl von Alleinsein und Verlassenheit. Und diesmal zusätzlich die Verpflichtung, Marie gegenüber den starken, erfahrenen Mann zu markieren, dem das alles überhaupt nichts ausmacht und der sie natürlich vor allen Gefahren beschützen wird.

Bevor ich in Selbstmitleid verfalle, versetze ich mir im Geiste einige herzhafte Tritte: Ich habe das alles vorher gewusst und genau diese Herausforderung gewollt. Ich brauche den Aufenthalt hier auf Nordaustland für mein Forschungsprojekt, und außerdem bin ich nicht allein. Marie wird mein Schicksal teilen – wir werden noch mehr über uns selbst und übereinander erfahren. Und außerdem: So tot, wie es auf den ersten Blick scheint, ist es hier gar nicht. Im Gegenteil.

Es gibt kleine Blümchen, Moospolster und Grashälmchen, die tapfer dem rauen Klima und dem langen, dunklen Winter trotzen. Biologen aus der Arktis haben mich darüber aufgeklärt, wie raffiniert die Natur für ihren Fortbestand sorgt. In warmen Ländern schwirren im Sommer Insekten zwischen den Blüten herum und verteilen den Pollenstaub, der Wind hilft dabei. Tagelang bin ich mit Lupe und Kamera ausgerüstet in der Tundra herumgekrochen und habe nach Insekten gesucht, die hier in Nordaustland diese Aufgabe erfüllen könnten (zum Transport von Pollen geeignete Winde gibt es hier sowieso nicht, immer nur dieses ewige nasskalte, stürmische Wetter). Nur ganz vereinzelt, bei Windstille, Sonnenschein und Temperaturen über 0°C, konnte ich mal eine kleine Fliege, ein ameisenähnliches Insekt oder auch eine kaum sichtbare Spinne entdecken. Die meisten der wenigen hier vorkommenden Pflanzenarten befruchten sich deshalb selbst, oder aber sie produzieren überhaupt keinen Samen, sondern pflanzen sich fort, indem sie Ableger bilden. Für die Pflanzen von Nordaustland macht sich die Natur die Vorzüge des Klonens zu Eigen: Das Leben entsteht aus sich selbst statt durch die Kombination von Genen zweier Individuen. Die erzwungene »Enthaltsamkeit« der Pflanzen erklärt die überschaubare botanische Artenvielfalt hier. Und die Blütenstängel sehen tatsächlich ein bisschen wie alte Jungfern aus. Dieser Eindruck drängt sich mir besonders bei den trocken im kalten Schneetreiben zitternden Blümchen *Saxifraga cernia* auf, zu Norwegisch »Knoppsildre«: Kleine Knötchen haften an den behaarten Blütenstängeln, irgendwann fallen sie ab, und im nächsten Sommer sprießt ein neues Pflänzchen daraus hervor.

Das bescheidene Sexualleben der Blumen interessiert die Rentiere natürlich überhaupt nicht. Geduldig und in aller Seelenruhe stapfen sie über die öden Geröllhalden und pflücken einen einsamen Blütenstängel nach dem anderen, kauen stundenlang darauf herum und schaffen es auch noch, dick und fett zu werden. Ich laufe lange mit dem Feldstecher hinter einer Rentierfamilie her – ein prächtiger Bock und zwei Kühe mit ihren schon recht großen, dicken Kälbern. Ich habe beobachtet, dass die Jungen sogar noch im September hin und wieder an den Zitzen ihrer Mütter saugen, aber das ist wohl so spät im Jahr nur noch eine Art Liebkosung zwischen Mutter und Kind.

Der große und vor lauter Fett geradezu wabbelige Bock zeigt jetzt im September stolz sein frisch gewachsenes Geweih, an dem noch die Bastfetzen wie Wimpel im Wind flattern. Bereits zu Beginn des Winters wird er das Geweih abwerfen und damit einen niedrigen Rang unter den Weibchen einnehmen, die ihr Geweih erst im nächsten Juni verlieren. So stellt die Natur sicher, dass die im Winter tragenden Rentierkühe nicht durch die Böcke von den spärlichen Futterplätzen vertrieben werden können. Emanzipation und Gleichberechtigung auf Spitzbergen!

Jetzt im Herbst gilt es für die Rentiere, sich vor der hereinbrechenden Kälte noch möglichst viel Fett anzufressen. Das muss als Energiereserve und als Wärmeisolation bis zum nächsten Frühsommer reichen. Ein Rentier wiegt im Herbst um die 60 kg und im Frühjahr um die 40 kg. Viele Tiere verhungern im Spätwinter oder im Frühjahr – wir haben auf der Tundra viele Rentiergerippe gesehen. Ich werde die Rentierfamilien auch im Winter begleiten.

Polarfüchse gibt es in der Nähe von Kinnvika anscheinend nur ganz wenige. Ein einziges Mal habe ich die Spuren eines Füchsleins im Schnee gefunden und verfolgt – ohne Ergebnis. Aber nach meinen Beobachtungen in Mushamna kann ich mir gut vorstellen, wie dieses kleine, emsige Tierchen einer leichten Feder im Wind gleich über die Geröllhalden huscht. Der Pelz der Polarfüchse, luftig und federleicht, ist im Winter schneeweiß bis graublau und wird im Sommer entsprechend den Farben der Natur scheckig braun. Einmal konnte ich beobachten, wie ein Fuchs sich in einer Vogelkolonie einen Jungvogel nach dem anderen schnappte, die kleinen Körper vorläufig an einer Stelle aufhäufte und nach Abschluss seiner Jagd Stück für Stück irgendwo zwischen Geröllsteinen und in Bodenlöchern versteckte.

Im langen Winter kuschelt sich das Füchslein mit seiner lebenslangen Partnerin in einer geschützten Schneehöhlung zusammen und bewegt sich möglichst wenig, um Energie zu sparen. Nur selten macht er sich in die kalte Polarnacht auf, um einen der versteckten Leckerbissen zu holen. Die Polarfüchse überleben den Winter dank der hervorragenden Wärmeisolation ihres Pelzes, eines ruhigen Lebenswandels und insbesondere ihrer im Sommer angesammelten Vorräte.

Die Vögel Nordaustlands verfolgen eine ganz andere Strategie. Sie kommen von sehr weit angereist, ziehen im ganztägigen Licht des Sommers in wenigen Wochen ihre Jungen auf und schwelgen dabei in einem Überfluss an Nahrung.

Besonderen Spaß haben wir an den krakeelenden Küstenseeschwalben, die auf den zahlreichen kleinen Inseln im Murchisonfjord gleich bei Kinnvika in Kolonien leben. Hier legen sie ihre Nester an und brüten, fern von herumstreifenden hungrigen Füchsen. Hundertprozentige Sicherheit gibt es allerdings auch hier nicht, denn Eisbären schwimmen regelmäßig auch weite Strecken zu den Inseln und fressen dort alles, was noch nicht wegfliegen kann.

Marie und ich sind einige Male über den Fjord gefahren und haben die Inseln besucht. Das was jedes Mal ein kleines Abenteuer: Das Boot vom Strand nach draußen bugsieren, ohne dass allzu viel eiskaltes Wasser hereingeschwappt, dann den Außenbordmotor zum

Starten und zum gleichmäßigen Laufen überreden und schließlich über die mit weißem Schaum gekrönten Wellen holpern – das hat schon etwas Sportliches. Unterwegs trafen wir im offenen Wasser manchmal auf Walrosse, die bei Annäherung allerdings prustend verschwanden.

Die Inselrundgänge sind immer wieder spannend. Wir müssen die wütend angreifenden Seeschwalben abwehren und nach Bären Ausschau halten. Das scheint bei den vielen Bärenspuren am Strand ratsam zu sein. Wir machen noch ein paar Fotos, klettern zwischen den Eisschollen am Ufer herum und blicken immer wieder auf den Fjord hinaus, ob sich der Wind zu einem Sturm entwickelt oder eine Nebelwand näher kommt. Das würde unsere Rückfahrt gefährden.

Wenn das alles gut überstanden ist, sitzen wir zu Hause in der gemütlichen Hütte, trinken Tee mit Rum und tauschen unsere Beobachtungen aus.

Hast du die große Raubmöwe gesehen, die die Seeschwalbe zum Herauswürgen von Futter zwingen wollte? Und wie sofort ein Schwarm Seeschwalben den Angreifer mit halsbrecherischen Flugattacken in die Flucht schlug? Oder die vielen Jungen auf der schaukelnden Eisscholle, die um Futter bettelten? Die Seeschwalben stürzen sich ständig kopfüber in das glasklare Meerwasser, um gleich danach mit einem kleinen Fisch oder einer Nacktschnecke im spitzen Schnabel wieder aufzutauchen. Im Meer schwimmen zu manchen Zeiten zahllose schwarze, kugelige Schnecken, die sich mit kurzen Stummelflossen wie mit Hummelflügeln fortbewegen. Sie werden – im Unterschied zu den verwandten, graziös schwebenden »weißen Engeln« – »schwarze Teufelchen« genannt und stellen zeitweise die Hauptnahrung für die immer hungrigen Seeschwalben dar.

Mitte bis Ende September sammeln sich die Seeschwalben – ähnlich wie in Mitteleuropa die Schwalben – zu großen Scharen und brechen schließlich zu ihrem Winterquartier in der Antarktis auf. Diese Vögel sind ständig in Bewegung. Sie schwirren herum, zanken und lärmen pausenlos und scheinen immerzu auf der Suche nach einem Eindringling zu sein, der dann mit großem Geschrei und Schnabelhieben vertrieben werden kann. Offensichtlich sind die Seeschwalben alles andere als sparsam in ihrem Energieverbrauch. Schließlich gibt es ja Futter in Hülle und Fülle, und bei Winteranfang fliegen sie einfach fort und überlassen Nordaustland dem Elend der langen Polarnacht.

Einige der von der Hinlopenstraße in den Murchisonfjord geschwemmten riesigen Eisbrocken sind fast vor unserer Haustür gestrandet. Ich freue mich darüber, dass ich noch vor Wintereinbruch mit meinen Untersuchungen im Meereis beginnen konnte. Ich messe Temperaturen, Salzgehalt, pH-Werte, den Anteil von mitgeführtem Staub und Sand und wie stark das ins Eis eindringende Sonnenlicht adsorbiert wird. Jetzt im Herbst interessiert mich besonders das auf den Eisoberflächen unter dem Meeresspiegel angesiedelte reiche Leben von Mikroorganismen und Algen. Sie sind die Grundlage für das üppige Nahrungsangebot der Vögel im Sommer. Im Taucheranzug stolpere ich im brusttiefen eiskalten Meerwasser zwischen den schaukelnden Eisbrocken herum, filme und fotografiere unter Wasser, nehme Proben und friere mir dabei fast die Finger ab. Die Taucherhandschuhe haben im Vergleich zu Robbenspeck eine ganz jämmerliche Isolationswirkung. Ich sehe mich bibbernd und etwas hilflos nach den im gebührenden Abstand auf dem Eis liegenden Ringelrobben um. Ob ich nicht einen von diesen faulen Burschen zu meinem Assistenten machen könnte?

Aber auch ohne deren Hilfe habe ich für dieses Mal genug Interessantes beobachten können. An den Eisflächen haften unzählige winzige Krabben und grasen wie Bergziegen an steilen Berghängen den Algenbewuchs ab. Dazwischen turnen ein paar mehrere Zentimeter lange Artgenossen herum und paaren sich. Überall auf den Eisoberflächen unter Wasser wimmelt es von Organismen, welche die ruhigen Bedingungen im seichten Uferwasser genießen.

Eine Meeresbiologin in Longyearbyen erforscht im Rahmen ihrer Doktorarbeit die Besiedelung der Eismassen des Nordpolarmeers mit kleinen Krabben. Überwintern die Tierchen in der Polarnacht unter den Eisfeldern, weit vom Land entfernt? Oder erfolgt die

Besiedelung des Eises jeden Sommer aufs Neue von den Uferzonen aus? Die von mir beobachteten Eisbrocken, welche von Meeresströmungen aus dem fernen Nordpolarmeer hergespült wurden, scheinen sowohl die winzig kleinen Dauergäste als auch größere Ausflügler von den Ufersteinen zu beherbergen. Im Winter werde ich das Krabbenleben im Eis weiter beobachten.

Mir fällt auf, dass mit niedrigerer Meerestemperatur – Mitte September zwischen +0,3 und -0,5 °C – die Aktivitäten der kleinen Krabben und Krebse im Uferbereich spürbar abnehmen. Im Unterschied zu der wimmelnden Vielfalt im Sommer huschen jetzt nur vereinzelte Tierchen herum und suchen sehr schnell Zuflucht unter einem flachen Stein im Wasser. Dort werden von den wohlgenährten Krabben die Eier abgelegt, welche dann im nächsten Frühjahr bei Beginn des Algenwachstums im wiederkehrenden Tageslicht schlüpfen.

Das gehört zur Überlebensstrategie der Krabben. Die Jungen werden erst im Frühling das Licht der Welt erblicken und somit den Fortbestand der Art sichern, auch wenn die Alten die Polarnacht nicht überleben sollten. Und das steht zu befürchten. Ich beobachtete zum Beispiel die zigarrenförmigen Rippenquallen, die schon jetzt im Uferbereich herumdriften, um vor Winterbeginn noch möglichst viele kleine Krabben zu vertilgen und als Fettreserve im Körper einzulagern. Ich habe unter Wasser ein paar schöne Filmsequenzen von diesen merkwürdigen Wesen aufgenommen, wie sie Zeppelinen gleich durch das klare von Sonnenlicht durchflutete Wasser schweben. Im Winter werden sich durch die Gezeitenbewegung gewaltige Eisbarrieren auftürmen, der Uferkies wird mitsamt den Krabben geradezu umgepflügt werden.

Manche der beobachteten Überlebensstrategien, wie die Schaffung von Fettreserven oder eine zeitlich verzögerte Geburt der nächsten Generation, finden sich bei den differenzierteren Lebewesen wieder. Die Eisbären beispielsweise paaren sich im April, wenn es auf dem Eis von Robben und ihren Jungen geradezu wimmelt und die Bären einen reich gedeckten Tisch vorfinden. Erst im November, wenn die Bärinnen ausreichend gut genährt sind, beginnen die befruchteten Eier zu wachsen, und Anfang Januar kommen dann in einer Schneehöhle die Bärenjungen zur Welt.

Unsere treuen Wächter, die Hunde Sako und Balto, würden auf sich selbst angewiesen den Winter in Nordaustland wohl kaum überleben. Die Hunde haben zwar einen außerordentlich robusten und warmen Winterpelz, der im September täglich dichter und länger wird und Schutz gegen Bärentatzen und kalte Winternächte im eisigen Schneesturm bietet, aber die regelmäßige Beschaffung von Nahrung würde hier während der Polarnacht keinem Hund gelingen. Die Hunde haben deswegen mit den Menschen einen für beide Seiten nützlichen Vertrag abgeschlossen: Sie erhalten pro Tag und Schnauze ein halbes Kilo energiereiches Kraftfutter, dafür wachen sie Tag und Nacht vor unserer Hütte und stürzen sich bei Bedarf todesmutig in den Kampf mit einem Bären.

Und wir Menschen? Sind wir in der Natur von Spitzbergen, fernab der Zivilisation, hilflose, unnütze und jämmerliche Wesen? Wie meistern wir hier das Überleben und die Aufzucht unserer Nachkommen? Die Durchsicht historischer Tagebücher von Jägern und Fallenstellern auf Spitzbergen bringt mich zu einer ernüchternden Sichtweise: Wir mogeln uns durch, nutzen andere Wesen ziemlich rücksichtslos aus, spielen ein manchmal unfaires Spiel und fühlen uns dabei auch noch als Helden.

Nach meiner Kenntnis wurden in der langen Geschichte der norwegischen Jäger auf Spitzbergen lediglich zweimal in der winterlichen Wildnis Kinder geboren. Den jungen Müttern ist dies nicht gut bekommen. Aufgrund der extremen Eis- und Wetterverhältnisse musste eine der beiden Frauen ihr Kind ganz allein in ihrer sturmumtosten Hütte zur Welt bringen und sich danach monatelang selbst versorgen. Ihr Mann war kurz vor der Geburt des Kindes noch auf die Jagd gegangen, konnte dann aber nicht mehr über das inzwischen aufgebrochene Eis zurückkehren und musste seine Familie sich selbst überlassen. Die junge Frau hat zwar überlebt, sie soll allerdings nach diesen Ereignissen für den Rest ihres Lebens geistesgestört gewesen sein. Der zweiten Mutter ist es ähnlich schlecht ergangen. Was für Eisbären oder Rentiere selbstverständlich ist, funktioniert für den Menschen noch lange nicht.

Die Jäger konnten in den vergangenen Jahrzehnten auf Spitzbergen nur durch einen rücksichtslosen Vernichtungsfeldzug gegenüber den Tieren überleben: mit Fallen, Gewehren, vergifteten Ködern und anderen unfairen Jagdmethoden. Für das bisschen Geld, das sie zum Beispiel durch den Verkauf von Eisbärenfellen erwirtschaften konnten, haben sie alles umgebracht und nahezu gänzlich ausgerottet, was ihnen vor die Flinte kam.

Und ich selbst? Wie und mit welchen Hilfsmitteln versuche ich, zusammen mit Marie auf Nordaustland durch den Winter zu kommen? Ganz so brutal wie die Jäger den alten Zeiten führen wir uns nicht auf, schließlich befinden wir uns in einem streng geschützten Naturreservat. Im Vergleich zu den Pflanzen und Tieren sind wir allerdings ziemlich hilflos und auf die Unterstützung von außen angewiesen, auf Nahrung, Energie, Kleidung, Transport und Kommunikation.

Unsere Essensvorräte hätten weder für uns noch für die Hunde für ein ganzes Jahr ausgereicht, deshalb wurde ausgemacht, dass wir im Herbst bei der Inspektionsreise des Gouverneurs mit der *Polarsyssel* mit allem noch Notwendigen versorgt werden. Dazu gehören neben weiteren wissenschaftlichen Geräten Lebensmittelvorräte und Ausrüstungsgegenstände wie Ski, Hundeschlitten, ein Stromgenerator und Winterkleidung.

Am 1. September war es dann so weit, die *Polarsyssel* erschien im Murchisonfjord. Das Schiff konnte allerdings wegen der gewaltigen Eismassen nicht direkt nach Kinnvika gelangen. Mit dem Hubschrauber wurden deshalb die Transportkisten zu unserer Hütte geschafft. Wir waren erleichtert und ein bisschen beschämt über so viel technischen Aufwand nur für uns beide.

Als die *Polarsyssel* wieder hinter den Eisbergen verschwand und wir für viele Monate ganz allein auf uns gestellt waren, blickte Marie ernst und etwas wehmütig den Masten des Schiffes nach. Aber dann wurde emsig gearbeitet. Alle Vorräte mussten schleunigst in unserem Vorratshaus untergebracht werden. Ich vernagelte sorgfältig alle Fenster und Türen und machte die Hunde an ihren 10 m langen Leinen so fest, dass sie die Eingangstür gut im Blick hatten und gegen Eindringlinge wie Eisbären beschützen konnten.

Die Versorgung mit Trinkwasser machte uns zunächst etwas Sorgen. Seit Ende August nahmen die Temperaturen deutlich ab, alle kleinen Bäche in unserer Umgebung versiegten. Die Wassertümpel trockneten ein, und der zuvor sumpfige, feuchte Boden erstarrte im Frost. Dann aber setzten die ersten Schneestürme ein, und um unsere Hütte türmten sich hohe Schneewehen. Der Schnee ist mittlerweile durch den ewigen Wind hart und fest gepresst. Marie schaufelt täglich einen Einer voll Schnee, der dann in unserer geheizten Hütte zu den zehn Litern schmilzt, die wir täglich brauchen. Während meiner Überwinterung in Mushamna hatte ich nach dem monatelangen Konsum von geschmolzenem Schnee als Trinkwasser Mangelerscheinungen an Haaren und Fingernägeln. Diesmal haben wir uns mit Mineraltabletten versorgt, und Marie hofft, ihre seidigen Haare und glänzenden Fingernägel zu behalten. Wegen der demnächst einsetzenden Finsternis würde ich solche Details allerdings vermutlich ohnehin kaum bemerken.

Zur Aufhellung unseres dunklen Alltags haben wir fast pausenlos eine Aladin-Petroleumlampe im Einsatz. Sie verbreitet durch den glühenden Gasstrumpf Helligkeit und wärmt außerdem mit einer Leistung von etwa 800 Watt. Zusätzlich haben wir noch 300 Kerzen in unserem Vorrat, sodass wir voller Optimismus einer lichten Zukunft entgegensehen.

Zum Wohlbefinden in einem geregelten Leben gehört auch ein stilles Örtchen, dessen optimale Positionierung allerdings in einer von Eisbären, eiskalten Schneestürmen und Dunkelheit geprägten Umgebung nicht ganz einfach ist. Ich bin mit der derzeitigen Lösung noch nicht zufrieden. Das Häuschen befindet sich in gefährlich weiter Entfernung von unserer Hütte und ist nach unserer bisherigen Erfahrung ein beliebter Treffpunkt für Bären. Als vorläufige Lösung habe ich eines unserer drei Gewehre zur Selbstverteidigung in dem idyllischen Plätzchen deponiert. Aber ich denke bereits über eine andere Variante nach. Zunächst habe ich – im Permafrostboden etwas schwierig – eine brauchbare Grube ausgehoben.

Neben derartigen eher prosaischen Vorbereitungen für die Überwinterung denken wir an unser seelisches Wohlergehen. Womit werden wir uns während der langen Dunkelheit beschäftigen? Wie wollen wir aufkommende Missstimmungen und Streitigkeiten zwischen uns in den Griff kriegen? Was tun, wenn wir anfangen, uns gegenseitig auf die Nerven zu gehen? In Expeditionsberichten aus der Arktis und Antarktis ist immer wieder beschrieben, wie wichtig gute Stimmung zwischen isolierten und eingesperrten Expeditionsteilnehmern ist. In Mushamna, ganz allein, hatte ich damit keine Probleme. Natürlich hatte ich damals gelegentlich schlechte Laune, kam mir bedauernswert vor, ärgerte mich über die Hunde oder hatte Angst vor den Eisbären. Und dann die eiskalten Schneestürme, der salzige Schneematsch auf dem Eis, das ewige Jaulen des Windes im Schiffsrigg, das eintönige Essen, die halb erfrorene Nasenspitze … Aber sich selbst verzeiht man in solchen Situationen jede Dummheit, Ungeschicklichkeit oder Missstimmung sehr schnell, man genehmigt sich einen tröstenden Kognak, und die Welt ist wieder in Ordnung. Und zu zweit? Es ist bequem, dem anderen die Schuld an allem Unbill zuzuweisen. Was dann? Bisher sind derartige Ärgernisse zwischen uns noch nicht aufgetreten, aber wir reden darüber, was wir im Falle eines Falles tun können.

Vermutlich ist es nützlich, sich selbst und dem Partner möglichst viele Freiheiten einzuräumen und nicht alles gemeinsam unternehmen zu wollen. Zwischen uns hat sich bereits eine entsprechende Tagesroutine eingestellt. Morgens, so zwischen 7.00 und 8.00 Uhr, krabbele ich als Erster aus meinem Schlafsack, füttere die Hunde, halte nach Eisbären Ausschau, heize den Ofen in der Hütte, bereite heißes Wasser für den Tee und die morgendliche Wäsche und notiere die ersten Wetterdaten. Dann genieße ich draußen in der winterlichen Kälte splitternackt eine ausgiebige Morgenwäsche – danach fühle ich mich wie neugeboren. Nun wecke ich Marie, mit dem Entzünden einer Kerze, einer heißen Tasse Tee und klassischer Musik aus dem Kassettenrekorder. Und schließlich verschwinde ich für eine Stunde zu einem Rundgang, zumeist am Meeresfjord. Marie mag das Alleinsein am frühen Morgen genauso wie ich. Wenn ich etwas durchgefroren mit den Hunden zurückkomme, werde ich immer mit guter Laune und einem fertigen Frühstück empfangen – manchmal gibt es sogar Spiegeleier.

Im Verlaufe des Tages verbringe ich Stunden mit meinen Messungen. Ich nehme Proben auf dem Eis, arbeite mit den Mikroskopen in dem kleinen Labor in unserem Vorratshaus, oder aber die vom Strand herbeigeschleppten Treibholzstämme werden mit der Motorsäge zerlegt. Marie übernimmt weiterhin die klassischen Frauenaufgaben: das Kleinhacken der Holzscheite, das Wasserholen, das Verwalten der Essensvorräte und meistens auch das Kochen. Ich bin darüber etwas beschämt und wasche deshalb wenigstens nach dem Abendessen unser Geschirr ab. Danach sitzen wir – jeder in seiner privaten Zone – am gemeinsamen Tisch, schreiben, lesen, hören Radio oder diskutieren über Gott und die Welt.

Die täglichen Entdeckungen und kleinen Erlebnisse werden gründlich erörtert. So haben wir neulich ein Bärenlager entdeckt, eigentlich eine Schlaf- und Wohnkuhle im Schnee neben einem Felsbrocken kaum 200 m abseits unserer Hütte. Wir haben den Bären fast ständig mit dem Feldstecher beobachtet und uns gefragt, was er dort wohl will. Als unser Nachbar sein Quartier eines Morgens verlassen hatte, waren wir etwas betrübt und gleichzeitig erleichtert, weil nun wieder gefahrlos längere Ausflüge auch mit den Hunden unternommen werden konnten. Wir alle machten uns auf den Weg, um die Bärenwohnung zu inspizieren. Die Hunde haben mit Begeisterung den zurückgelassenen Mist verspeist, während Marie und ich das bärige Schneebett ausprobierten – wirklich komfortabel.

Wir vermuten, dass Eisbären keineswegs ständig durch die Landschaft eilen und versuchen, Beute zu machen. Vielmehr verweilen sie ab und zu an günstig gelegenen Orten, beobachten von diesen meist etwas erhöht gelegenen Ruheplätzen die Umgebung und wägen ihre Chancen ab, eine erfolgreiche Jagd zu unternehmen.

So verbringen wir zwei Menschen von Kinnvika die letzten hellen Tage vor dem Wintereinbruch. Wir fühlen uns geborgen in unserem kleinen Heim. Täglich werden wir aufs Neue daran erinnert, dass wir nicht zu den eingeborenen Bewohnern Nordaustlands gehören. Aber wir sind glücklich darüber, das Leben hier durch behutsames Beobachten immer besser verstehen zu lernen.

10 Jahresringe der Erdgeschichte

Boden und Wind erzählen

Kinnvika, 20. Oktober 2002

Blau und grün schimmernde Lichtbündel huschen über den Nachthimmel. Dann ist wieder alles ruhig. Bis nach einigen Minuten am Horizont ein zaghaftes Leuchten einsetzt, stärker wird und sich innerhalb von Sekunden zu einem Feuerwerk mit über den Himmel wabernden Lichtwellen entwickelt. Das Schauspiel entschädigt für alle bisher ertragenen Mühen, Ängste und Unbequemlichkeiten.

Bereits vor zwei Wochen konnten wir unser erstes Nordlicht bewundern. Ich war aus der Hütte nach draußen gegangen, um die Wetterdaten zu protokollieren und vor der Nachtruhe nach den Hunden zu sehen. Fast überall türmten sich die vom Sturm zerzausten Wolkengebirge, nur im Südwesten zeigte sich ein schmaler Streifen klarer Nachthimmel. Dort flackerten plötzlich Lichtstrahlen aus dem schwarzen Wolkenband, bläulich und gelb schossen sie über den Himmel senkrecht nach unten. Ich blieb wie angewurzelt stehen, staunte und freute mich – ja, das ist Spitzbergen! Schon lange wollte ich endlich mal wieder richtig schöne Nordlichter beobachten, das gehört einfach dazu. Ich tastete mich in der Dunkelheit nach drinnen, bereitete einen großen Becher heißen Kaffee mit viel Kakaopulver, einem Löffel Honig und einem Schuss Rum – und schon war ich wieder draußen. Marie kam dazu, aber sie bevorzugte die warme Hütte und verschwand wieder – ich war zufrieden. Manchmal will ich allein sein und Stimmungen in der großartigen Natur ohne jede Ablenkung nur für mich genießen. Ich mag es, im warmen Anorak mit dem Rücken an der Hüttenwand zu sitzen: die Hände am Kaffeebecher wärmen, meinen Gedanken nachhängen, auf keine Bemerkungen anderer Menschen reagieren müssen und nur das magische Licht am nächtlichen Himmel bewundern.

Seit unserer Ankunft in Nordaustland vor nun schon fast drei Monaten ist alles so gelaufen wie erhofft und gewünscht – und eigentlich sogar noch viel besser. Wenn ich morgens mit Balto und Sako am von Brandungswellen überspülten Strand zwischen Eis- und Schneehaufen spazieren gehe und beobachte, wie unser Hausberg, der Kinnberg, in der Morgenröte in Flammen zu stehen scheint und gegenüber der Himmel in bläulich grünen Farben strahlt, dann vergesse ich alles um mich herum. Den Hunden ist das nur recht, sie wühlen und schnüffeln im Tang und dem angespülten Seegras herum und fressen laut schmatzend. Ganz offensichtlich mögen sie diese vegetarische Naturkost als Ergänzung zu ihrem normalen Futter.

Es ist erstaunlich, was innerhalb so kurzer Zeit aus den zwei ungestümen, unerzogenen Kraftpaketen geworden ist – anhängliche, gehorsame Wesen, die auf meine gelegentlichen Unmutsäußerungen sofort reagieren, eilig angelaufen kommen, ihren Kopf an meinen Beinen reiben und mit treuem Blick meinen Willen zu erraten suchen. Balto, der Weiße, ist besonders folgsam und sensibel. Ihn lasse ich oft frei herumlaufen, sogar wenn sich Rentiere in der Nähe aufhalten. Bei Sako, dem großen Schwarzen, muss ich vorsichtiger sein. Er ist ein leidenschaftlicher Jäger und würde gar zu gerne mal so ein kleines Rentier anknabbern oder sich wenigstens wieder mit einem Bären raufen. Manchmal rennt er aggressiv bellend am Strand hin und her und würde sich am liebsten in die Wellen stürzen, um den neugierigen Robben an die Gurgel zu gehen.

Die Hunde bekommen regelmäßig ihr Futter, werden durch niemanden gestört oder nervös gemacht und spüren bei aller Freundschaft unsere Autorität. Das macht sie durch und durch zufrieden. Auch ich bin inzwischen auf Spitzbergen zu Hause. Das liegt in erster Linie daran, dass ich diesmal nicht allein den dunklen Winter durchstehen muss, sondern zusammen mit Marie lebe. Wir vertragen uns gut, bis jetzt jedenfalls, weil wir beide ein bisschen verrückt sind, gerne unsere Späße treiben und viel zusammen lachen. Im Übrigen wissen wir, dass diese Expedition eine zeitlich befristete Unternehmung ist. Sie wird uns reicher machen.

Ende September wütete vier Tage und Nächte lang ein ungemütlicher Schneesturm. Es wehten starke Winde aus Südost oder Nordwest. Das hängt mit dem Verlauf der Hinlopenstraße zusammen, die die Luft wie ein enger Kanal in diese Richtungen lenkt. Über den zurzeit noch eisfreien Meeresgebieten nördlich von Spitzbergen wird die Luft aufgewärmt und mit Feuchtigkeit gesättigt. Wenn sich dann Hoch- und Tiefdruckgebiete in rascher Folge abwechseln, kommt es zu lang anhaltenden starken Winden. Die feuchte Luft aus dem Norden wird über Nordaustland zum Aufsteigen gezwungen, kühlt sich dabei ab, und es entsteht ein unglaublich starkes Schneegestöber.

Ich registriere, wie die Barometerstände fast täglich rauf- und runtersausen, häufig mit mehr als 1 mb pro Stunde. In Deutschland wäre ein derartiger starker Abfall des Luftdrucks mit der Annäherung eines handfesten Sturmtiefs verbunden. Aber hier auf Nordaustland gelten offensichtlich andere Regeln. Meine elektronische Wettervorhersage irrt sich demzufolge sehr häufig. So werden Sturm und Wolken angekündigt, dabei herrscht klares und ruhiges Wetter. Oder aber wir warten gespannt auf den in Aussicht gestellten Sonnenschein, aber der Sturm nimmt kein Ende. Vermutlich hängt dies mit der Lage dicht am Nordpol zusammen. In gemäßigten Breiten entwickeln sich zwischen den großräumig platzierten Hoch- und Tiefdruckgebieten die durch die so genannten Coriolis-Kräfte geprägten, weiträumigen, spiralig verlaufenden Luftströmungen, verbunden mit den entsprechenden vorhersagbaren Winden. Dicht am Nordpol herrschen zwar dieselben physikalischen Gesetzmäßigkeiten, aber die Coriolis-Kräfte wirken viel stärker. Die von einem Hochdruckgebiet abströmende Luft kann bereits nach einer relativ kurzen Wegstrecke in ein Gebiet mit einer sehr unterschiedlichen Rotationsgeschwindigkeit der Erdoberfläche geraten. Demzufolge entwickelt sich statt einer weiträumigen Strömungsspirale ein lokal eng begrenzter Luftwirbel, dessen Bewegung schwer vorhersagbar ist. Es kommt daher gelegentlich zu einem hektisch verlaufenden Auf und Ab des Luftdrucks, verbunden mit stürmischen Winden, welche eben hier bei Kinnvika von der Hinlopenstraße im Wesentlichen in Nord-Süd-Richtungen gezwungen werden.

Ich habe während des tagelangen Sturms Schneekristalle unter dem Mikroskop betrachtet. Es zeigten sich die üblichen regelmäßigen sechsarmigen Sterne und Kristallmuster. Allerdings waren die Kristalloberflächen mit winzigen gefrorenen Wassertröpfchen wie von Tau benetzt. Ich führe das auf Kondensationsprozesse in der über Nordaustland aufsteigenden Luft zurück. Aufgrund dieser Kondensationsprozesse fühlte sich der im Sturm mitgeführte Schnee trotz der Kälte von bis zu -10 °C sehr feucht, nahezu wie Regen an.

Im Schneesturm kann es sehr ungemütlich werden, und ein Aufenthalt draußen, ohne ein schützendes Tuch vor dem Gesicht ist kaum möglich. Mein in den letzten Monaten gewachsener Bart vereist innerhalb von Minuten. Ich muss den kleinen Gletscher in meinem Gesicht nach den kurzen Rundgängen im wütenden Schneegestöber immer langsam auftauen lassen, um mir nicht die Barthaare auszureißen.

Der lang anhaltende Sturm war mir eigentlich ganz recht. Endlich hatte ich Zeit, um die vielen Wetterdaten sowie die in Eis und Schnee gewonnenen Messwerte zu ordnen und auszuwerten. Während unsere Hütte unter den anstürmenden Windböen zittert und knackt, blättere ich in meinen Aufzeichnungen, vergleiche die Zahlen mit früheren Messungen und berechne Mittelwerte.

Die klimatischen Verhältnisse in Spitzbergen scheinen sich von Jahr zu Jahr drastisch verändern zu können. Die Temperaturmittelwerte springen um etliche Grade. Ähnlich unberechenbar sind die Eisverhältnisse in den Meeresgebieten um Spitzbergen. Ich habe in den alten Aufzeichnungen der Walfänger vor 400 Jahren die Wetter- und Eisangaben studiert. Auch damals gab es drastische Schwankungen, wie ich sie heute erlebe und auch vor drei Jahren in Mushamna erfahren habe. Der langjährige Temperaturmittelwert hat sich allerdings, wie die Meteorologen von Spitzbergen bestätigen, seit über 100 Jahren nicht erhöht. Die vermutete Erwärmung der Erdatmosphäre ist jedenfalls in Spitzbergen nicht festzustellen. An dieser Tatsache ändern auch die angeblich so sensationellen Beobachtungen von gelegentlichen eisfreien Wassergebieten am Nordpol nichts. Auch das hat es schon immer gegeben. Das Nordpolgebiet um Spitzbergen ist eben im wahrsten Sinne des Wortes sehr wetterwendisch und nicht geeignet, um die sich angeblich nähernde Klimakatastrophe zu belegen.

Während ich an einer grafischen Darstellung der vielen Messwerte arbeite, erschüttert ein gewaltiger Schlag unser Häuschen. Marie guckt erschreckt von ihrem Strickzeug auf. Was war denn das? Sogar unser Petroleumlicht flackert. Zwar steht unsere Hütte seit 1957 und ist bisher noch nicht weggeflogen, aber trotzdem sind wir besorgt. Ich entschließe mich zu einem kleinen Kontrollgang. Die Hütte steht sicher, aber wo sind Balto und Sako? Ich muss sie aus den meterhoch aufgetürmten Schneewehen geradezu herausbuddeln. Der Sturm hat in kürzester Zeit riesige Schneemengen zwischen den Häuschen aufgetürmt. Die Hunde sind ganz verstört, sie können sich in dem tiefen Pulverschnee fast nicht mehr bewegen, ihr Pelz ist von einer dicken Eiskruste bedeckt. Die beiden sind kaum noch voneinander zu unterscheiden, sie wirken wie zwei etwas zu klein geratene Eisbären.

Ich verlagere den Lagerplatz unserer treuen Kameraden hin zu einer fast schneefreien Fläche zwischen den Schneegebirgen. Nach einigen Mühen mit den vereisten Hundeleinen und dem Befestigungsanker am neuen Lagerplatz komme ich ganz erschöpft und vereist wie ein Schneemann in die Hütte gestolpert. Man kann sich kaum vorstellen, wie viel Kraft und Energie solch eine kurze Aktion im Schneesturm kostet.

Nun kann ich mich endlich in Ruhe mit einer mir besonders wichtigen Beobachtung beschäftigen. Vor Ausbruch des Schneesturms hatten wir ganz angenehmes Wetter, einige Grade unter null, hin und wieder etwas Schneefall und natürlich der ewige Wind. Über die vereisten, von keinerlei Buschwerk oder gar Bäumen unterbrochenen Ebenen der Tundra wird der Schnee unablässig hinweggeblasen. Dabei bleiben selbst bei viel Schneefall große Flächen unbedeckt und heben sich als dunkle Konturen von dem weißen Schnee ab. Die Landschaft wirkt dann wie ein frisch angeschnittener Marmorkuchen, wie ihn meine Großmutter so hervorragend zubereiten konnte.

Beim Betrachten der schwarz-weiß konturierten Berghänge, welche unser flaches Tal von Kinnvika säumen, dachte ich zunächst nur an Kuchen, aber plötzlich fielen mir die vielen regelmäßig angeordneten schwarzen Linien auf, die sich kilometerlang an den Berghängen hinziehen. Diese Linien sehen aus wie die Jahresringe im Querschnitt eines Baumstammes – und um so etwas Ähnliches handelt es sich auch. Ich habe die Linien – tatsächlich sind es die Strandlinien längst vergangener Zeiten – genau untersucht. Stundenlang bin ich daran entlanggewandert, habe ihre Breite und Abstände gemessen und die Konturen bei verschiedenen Sonnenständen fotografiert. An einigen Stellen bin ich auf uralte, im Geröll verborgene Walknochen gestoßen, bis zu 50 m über dem heutigen Meeresspiegel. Auch ein paar verwitterte Holzreste und Muschelschalen habe ich entdeckt.

Die Strandlinien erlauben Rückschlüsse auf die Landhebung der vergangenen 10 000 Jahre. Nordaustland war während der letzten großen Eiszeit in Skandinavien von einem riesigen Eis- und Gletscherberg belastet und lag wie ein schwer beladenes Boot tief eingesunken in das verformbare Erdmagma. Dann sorgte eine Klimaänderung dafür, dass die Eismassen langsam abschmolzen. Der Meeresspiegel hob sich dadurch ein wenig. Die immer weiter entlastete Insel Nordaustland begann, Meter für Meter aus dem Eismeer aufzutauchen. Die ehemaligen Uferlinien wurden mit dem Land angehoben und hinterließen die noch heute an den Berghängen sichtbaren Streifen.

Ich habe ungefähr 40 deutlich voneinander getrennte Streifen unterscheiden können. Der oberste Streifen war vor ungefähr 10 000 Jahren die Uferlinie. Danach ist Nordaustland immer weiter nach oben gewachsen, es entstanden neue Fjorde und Strände. Die kleinen Täler, wo heute die Rentiere grasen, tauchten erst nach Jahrtausenden aus dem Meer auf.

Wenn sich Nordaustland während der Eisschmelze kontinuierlich angehoben hätte, müsste eigentlich nur eine einzige alte Uferlinie erkennbar sein. Vermutlich erfolgte die Landhebung diskontinuierlich, sei es durch Unregelmäßigkeiten während des Schmelzvorganges, sei es durch sprunghafte Veränderungen in der Erdkruste. Ich stelle mir das so vor wie beim ganz langsamen Öffnen einer alten Tür mit nicht geölten Scharnieren, die Tür knarrt und bewegt sich in winzig kleinen Rucken. Die 40 ehemaligen Uferlinien aus über 10 000 Jahren zeigen an, dass im Mittel alle 250 Jahre eine fast sprunghafte Anhebung um ca. 2,5 m erfolgte.

Damals gab es in den Gewässern um Spitzbergen viele Wale. Einige strandeten oder wurden tot angespült. Die Knochen blieben liegen, verwitterten in dem kalten Klima praktisch nicht und wurden während der Landhebung auf der damaligen Uferlinie mit nach oben transportiert. Heute kann mittels der C14-Methode deren Alter und damit der Zeitpunkt bestimmt werden, zu dem ein heute sichtbarer Streifen mit den Walknochen die Uferlinie darstellte.

Vor ein paar Wochen saß ich auf einem alten Walknochen, blickte den wunderbar geschwungenen Strandlinien nach und wurde bei der Vorstellung dieser andauernden spektakulären Prozesse ganz andächtig. Mein Blick fiel auf einen kleinen Troll, der nur aus einem flachen Kopf zu bestehen schien und mich verschmitzt angrinste. Zuerst war ich verblüfft, dann untersuchte ich das Wesen genauer. Es war ein ausgeblichener Knochenwirbel eines vielleicht 5000 Jahre alten Wals. Ich nahm den Troll behutsam aus den Geröllsteinen auf und trug ihn nach Hause. Nun sitzt er vor mir auf der Tischplatte und guckt mir beim Schreiben zu. Hin und wieder sehe ich bei dem bläulichen Dämmerlicht aus dem Hüttenfenster und kann den gewaltigen, grünlich schimmernden Vestfonna-Gletscher erkennen, der einen großen Teil Nordaustlands bedeckt. Es ist der letzte Rest der riesigen Eismasse, die Nordaustland so lange unter die Meeresoberfläche gedrückt hat.

Ich habe in den vergangenen Wochen in der weiteren Umgebung von Kinnvika drei Messstationen eingerichtet, um die dort herrschenden Umweltbedingungen aufzuzeichnen. An diesen Stationen – nämlich in einem Meeresfjord, einem kleinen Süßwassersee in einem Gebirgstal und einer windumtosten Stelle in der Tundra – versuche ich auch, Bakterienkolonien einzusammeln. Einmal in der Woche wandere ich zu den Messstationen, kontrolliere die ordnungsgemäße Funktion der Geräte und entnehme einige der Probenbehälter, um sie mitsamt den enthaltenen Bakterien in Alkohol zu konservieren.

Diese Tätigkeiten sind eigentlich recht simpel, erweisen sich jedoch zuweilen als mühsam. Schon die Wanderung zu den Messstationen, im Dämmerlicht durch Schnee und Geröll, wenn mal wieder frische Eisbärspuren erkennbar sind, ist nicht ohne. An den Stationen gilt es dann, die Hunde im Zaum zu halten, die Probenbehälter freizuhacken, ohne sie dabei zu zerstören, die Sensoren zu kontrollieren. Gelegentlich breche ich durch das dünne Eis und bekomme nasse Strümpfe oder muss Wutanfälle unterdrücken, wenn Sako das Bein hebt und die sterilen Quarzgläser anpinkelt.

Bei einem dieser Inspektionsgänge traf ich an der Messstation einen bereits emsig beschäftigten Assistenten: einen prächtigen Rentierhirsch, der sein frisch gewachsenes Geweih mit viel Schwung am Messstab sauber fegte. Die Sensoren mitsamt den Messkabeln wurden dabei rücksichtslos durch die Gegend gewirbelt. Eigentlich habe ich Verständnis für die Rentiere. Auf der flachen Tundra ist nirgends auch nur der allerkleinste Strauch oder Baum zu finden, an dem sie ihre Geweihe abwetzen könnten. Aber trotzdem, ein bisschen ärgerlich war ich schon und habe das Rentier mit Geschrei verjagt.

Meine Reaktion tat mir ein paar Tage später Leid. Eine Gruppe von fünf Rentieren näherte sich der Hütte. Schon von weitem erkannten wir an dem merkwürdigen Verhalten der Tiere, dass irgendetwas nicht stimmte. Sie kamen immer näher, und dann wurde klar, was los war. Zwei Rentiere waren durch ein leuchtend grünes Fischernetz, wie sie hier am Strand häufig angespült werden, über ihre Geweihe aneinander gefesselt. Offensichtlich hatten sie – ähnlich wie der von mir verjagte Rentierhirsch – ihre Geweihe an dem Netz fegen wollen und hatten sich miteinander verstrickt. Ob diese Tiere eine Überlebenschance haben? Wir hoffen, noch herauszubekommen, wie dieses Drama ausgegangen ist. Es deprimiert mich, dass durch uns Menschen einigen der hier lebenden Tiere ihr ohnehin schon so hartes Leben weiter erschwert wird.

Anfang Oktober brach nach einer langen Sturmperiode ein fast windstiller Tag an, mit zauberhaftem Licht. An solchen seltenen Tagen hält uns beide nichts mehr in der Hütte. Dann wollen wir raus, das letzte Tageslicht vor der Polarnacht genießen, frische Luft atmen und uns von dem Petroleumgeruch in unserer Hütte erholen. Die Rucksäcke werden gepackt. Marie brüht eine Thermoskanne frischen Tee und sucht ein paar Leckerbissen für eine Rast zusammen, während ich die Messgeräte, Foto- und Filmapparate sowie Munition und Gewehr vorbereite. Die Hunde sind in ihrer Freude über eine kleine Wanderung außer sich. Bevor wir losziehen, wird die Gegend sorgfältig mit dem Feldstecher nach Bären abgesucht, die uns möglicherweise angreifen könnten. Diesmal wollen wir an das Ufer der Hinlopenstraße, frischen Seewind direkt vom Nordpol schnuppern und mal sehen, was außerhalb unseres Dörfchens Kinnvika in der großen, weiten Welt los ist. Es macht Spaß, stundenlang über die gefrorene Tundra zu ziehen, sich durch tiefe Schneewehen hindurchzuwühlen, zwischendurch alte Walknochen zu begutachten und immer wieder Spuren von Eisbären und Rentieren im Schnee zu entdecken.

Wir kommen an der Zwillingsbucht vorbei, einem engen, lang gestreckten und sehr flachen Meeresfjord. Wenn ich nochmals auf die verrückte Idee käme, mit dem Segelschiff in Spitzbergen zu überwintern, dann würde ich hier einen Ankerplatz wählen. Es ist eine windgeschützte, sichere Stelle, ohne die Gefahr von hereindrückenden Packeismassen.

Jetzt ist die Zwillingsbucht bereits mit Eis bedeckt, auf dem wir sieben schlafende Robben neben ihren Atemlöchern zählen. Die Tiere warten im Herbst sehnsüchtig auf Eis, um sich endlich mal wieder richtig ausruhen und aufwärmen zu können. Auf dem noch dünnen Eis fühlen sie sich sicher vor Eisbären. Trotz ihres wärmeisolierenden Specks ist ein Aufenthalt in der kalten Luft Energie sparender als das Herumschwimmen im bis zu -2 °C kalten Meerwasser. Ich führe meine Routinemessungen durch, und weiter geht's zur Hinlopenstraße.

Im Sommer 1959 wurde Kinnvika von den schwedischen Wissenschaftlern verlassen. Da der Meeresfjord Kinnvika von Treibeis blockiert war, musste die Evakuierung der Station mittels eines Traktors über die aufgeweichte Tundra erfolgen. Auf unserer Wanderung heute folgen wir der Strecke, die die Fahrzeuge damals ans Ufer der eisfreien Hinlopenstraße fuhren. Die Reifenspuren sind noch so klar und deutlich erkennbar, als wären die Schweden erst gestern und nicht bereits vor 45 Jahren abgezogen. Die arktische Natur ist äußerst empfindlich gegenüber Störungen von außen und kann leicht aus dem Gleichgewicht geraten. Eine Verletzung des empfindlichen Tundrabodens benötigt zur Heilung viele Jahrzehnte.

Die Hinlopenstraße ist immer wieder beeindruckend. Unablässig rauschen Wellenberge aus dem Nordpolarmeer an das vereiste Ufer. In der Ferne erkennen wir driftende Packeisfelder und Eisberge. Am westlichen Ufer sind hinter einem Schleier von Eisnebel Verlegerhuken und die riesigen Gletschergebirge gerade noch erkennbar. Dort hat vor 130 Jahren Adolf Erik Nordenskiöld seine berühmte Expedition nach Nordaustland begonnen. Ich genieße es, zusammen mit Marie auf einem Treibholzstamm zu rasten, in die Ferne zu blicken und von den alten Zeiten zu träumen. Für die Jahreszeit tummeln sich erstaunlich viele Seevögel über der Hinlopenstraße. Küstenseeschwalben, Dreizehenmöwen und Eismöwen – alle fliegen emsig umher, stürzen sich in die Meereswellen und fühlen sich in dem schwindenden Tageslicht anscheinend sehr wohl. Eigentlich sollten die meisten dieser Sommergäste Spitzbergen bereits längst verlassen haben. Ob dies hier Nachzügler sind, die den Anschluss verpasst haben? Oder stimmt die allgemeine Annahme nicht, dass alle Vögel jedes Jahr in den Süden ziehen? Das vermute ich. Die

Regeln der Natur sind nicht so unumstößlich, wie wir Menschen häufig glauben, die wir so gerne Gesetzmäßigkeiten aufstellen, systematische Einteilungen vornehmen und Verhaltensmuster definieren. Mir ist bei den Beobachtungen hier in der arktischen Natur deutlich geworden, dass sich alle Bewohner – genauso wie wir Menschen – ganz individuell verhalten.

Als wir am Ufer der Hinlopenstraße weiterwanderten, fiel uns ein gewaltiger braungrauer, mit frischem Schnee bedeckter Stein auf, der etwas unnatürlich im Uferkies ruhte. Erst als wir ihn schon fast erreicht hatten, erkannten wir den riesigen Körper eines, wie ich vermutete, toten Walrosses. »Das Biest ist nicht tot, das schnauft doch«, warnte Marie, als ich mich ihm unbekümmert näherte. Es war ein alter Walrossbulle, ein mächtiger Koloss von gewiss über einer Tonne Gewicht. Seine mit Rissen, Runzeln und Falten überzogene Haut sah aus wie ein zerklüfteter Felsrücken.

Der Bursche nahm überhaupt keine Notiz von uns. Mit halb offenem Rachen schnarchte und schnaufte er vor sich hin. Seine gigantischen Zähne ragten dabei in die Luft. Ich ging näher, um zu fotografieren, wurde immer mutiger – das wäre beinahe schief gegangen. Plötzlich bemerkte mich das Tier. Mit einem wütenden, dumpfen Grunzen warf er sich auf die Seite, der gewaltige Schädel schnellte in meine Richtung. Ich war völlig verdattert angesichts der Dynamik des zuvor so phlegmatischen Muskelberges. Ich sprang zur Seite, stolperte, verlor die Kamera und versuchte, mich auf allen Vieren schleunigst aus der Reichweite dieses Ungeheuers zu bringen. Aber das hatte sich längst wieder auf den Rücken gedreht und schnarchte.

Ein bisschen fühlte ich mich wie eine lästige Fliege, welche gerade von dem Schweif eines Pferdes von seinem Hinterteil weggefegt worden war.

11 Geheimnisse im Eis
Suche nach einem Hauch von Leben

Kinnvika, 22. November 2002

Am Morgen des 2. November hat sich das erste neue Eis auf dem Meeresfjord bei Kinnvika gebildet. Tagelang war es bitterkalt und windstill gewesen, die Temperatur des Meerwassers dicht am Strand sank immer weiter, bis fast -2 °C erreicht waren. Dann wuchsen kleine Eiskristalle im stillen Wasser, die wie Schaumbläschen an der Oberfläche schwammen. Dort klumpten sie sich zusammen und formten schließlich einen zähen, dicken Eisbrei. Bei der niedrigen Lufttemperatur von -20 °C verdichtete sich die in der leichten Dünung träge schwappende Suppe immer weiter und wurde nach einigen Tagen fest. Noch trägt mich das Eis nicht. Bei den ersten zögernden Schritten versinken meine Stiefel wie in einem Sumpf. Ich springe zurück, zu spät, die Socken sind nass, und ich spüre das kalte Eiswasser an den Füßen.

Trotz dieses kleinen Missgeschicks bin ich begeistert. Endlich! Das herbeigesehnte Meereis wächst, direkt vor unserer Haustür. Im Dämmerlicht der letzten noch nicht ganz finsteren Tage vor Anbruch der Polarnacht stehe ich mit den Hunden im Schnee, stampfe mit den eiskalten Füßen und bestaune die über Nacht gezauberte Eislandschaft. Bei jedem Hochwasser gefriert am Strand ein weiterer Teil des Meerwassers, vermischt mit den vom Wind aufgetürmten Schneewehen. Ein weiß schimmernder Wall aus kleinen Grotten, Buchten und gewaltigen Eiszapfen wächst von Tag zu Tag. Dahinter das Meer – wo einst Wellen plätscherten, wogt jetzt eine zähe, dickflüssige graue Masse.

Ganz weit draußen, im fahlen Licht kaum erkennbar, blinken die Meereswellen, die hinten gegen den Eisrand branden. Dünungswellen laufen unter dem Eisbrei hindurch gen Strand. Die noch weiche Eisoberfläche wölbt sich, reißt an manchen Stellen auf, und sprudelndes Wasser tritt hervor, um sogleich zu gefrieren. Stöhnen und Ächzen ist zu hören, dazu das Beben und Knacken im Eis – in der zunehmenden Dunkelheit ein sehr unheimliches Geräusch.

Ich sehe mich nach allen Richtungen aufmerksam um, aber es ist kein Eisbär zu sehen. Dafür kommt mir das Eis vor wie ein gewaltiges atmendes Tier, das gleich seinen Rachen aufschnappen will, um uns zu verschlingen. Meereis entsteht, wächst, altert und vergeht wie ein Lebewesen. Aus einem schwammigen Zellbrei, der langsam fest wird, entstehen die ungewöhnlichsten Formen.

Der Unterschied zwischen Süßwassereis und Meereis liegt in den physikalischen Gesetzen. Das im Meer gelöste Salz, 35 Gramm pro Liter, verändert das Verhalten von Wasser ganz wesentlich.

Süßwassereis verhält sich geradezu langweilig einfach. Auf einem See oder einer Regenwasserpfütze entstandenes Eis ist sofort fest, durchsichtig wie eine Glasscheibe und verändert sich dann kaum noch. Die Oberfläche eines Süßwassersees kühlt sich im Winter bis auf +4 °C ab. Bei dieser Temperatur hat das Oberflächenwasser seine größte Dichte erreicht. Es sinkt nun langsam nach unten, bleibt dort und sorgt dafür, dass der See niemals bis zum Grund zufriert, sodass die Fische überleben können.

Gefrierendes Meerwasser verhält sich anders. Im Winter, bei kalten Lufttemperaturen, kühlt sich die Oberfläche zwar auch ab, aber die größte Dichte des salzigen Wassers wird erst kurz vor dem Gefrierpunkt, bei fast -2 °C, erreicht. Erst wenn das Wasser schon fast gefroren ist, sinkt es also ab und verdrängt dabei das weiter unten befindliche, noch warme Wasser nach oben. Bei einer Meerestiefe von einigen hundert Metern dauert es sehr lange, bis sich endlich Eis gebildet hat.

Wenn Salzwasser gefriert, bilden sich zunächst winzige feste Kristalle aus reinem salzfreien Wasser, welche nicht wie Schneeflocken nach unten rieseln, sondern wegen ihrer geringeren Dichte im umgebenden Salzwasser nach oben steigen und an der Oberfläche den beobachteten Eisbrei bilden. Dieser verfestigt sich bei anhaltender Kälte immer mehr und bildet schließlich eine Art Schwammschicht, in deren Ritzen, Kanälen und kleinen Löchern eine hochkonzentrierte Salzlösung rinnt. Durch die Gezeitenströmungen sowie Wind und Wellen sind die Bewegungen und somit die Eisbildung im Meer kaum vorhersagbar. Sogar am Nordpol kann deshalb durchaus auch einmal offenes, eisfreies Wasser beobachtet werden. Hier am Strand von Kinnvika bildet sich wegen der geringen Wassertiefe und der sehr kalten Lufttemperatur ziemlich rasch eine einigermaßen feste Eisschicht, die allerdings schwammig und feucht wirkt.

Während meiner letzten Expedition habe ich solche Eisschichten sorgfältig untersucht und mir die Strukturen unter dem Mikroskop angesehen: Meereis ist, ähnlich wie ein lebender Organismus, aus festen Zellen aufgebaut. Dazwischen rinnt und pulsiert Flüssigkeit. Die winzigen festen Bestandteile, mit 10 bis 100 µm um ein Vielfaches kleiner als ein Millimeter, bestehen aus reinem, salzfreiem, gefrorenem Wasser. Die Flüssigkeit ist eine hoch konzentrierte Salzlösung, die bei niedrigen Temperaturen von -10 °C fast fünfmal so salzig ist wie Meerwasser und fast bitter schmeckt. Meine Beobachtungen haben die Hypothese reifen lassen, dass diese so lebendig wirkende, quasi zellulär aufgebaute Substanz ein geeignetes Umfeld zur Entstehung des Lebens auf der Urerde vor vier Milliarden Jahren gewesen sein könnte. Aber wie genau könnte das abgelaufen sein?

Ich stehe am Rand der grunzenden Schollen und lausche, ob mir das Eis vielleicht sein Geheimnis verraten will. Inzwischen ist es schon recht dunkel geworden, weit hinten an der Eiskante ballen sich Nebelwolken zusammen und geistern über die lebende Eisfläche. Die fast erfrorenen Füße lassen mich aus meinen Gedanken aufschrecken. Ich rufe die Hunde und stolpere nach Hause.

Dann, die Füße dicht am heißen Ofen, eine Tasse Tee in den klammen Fingern, überlege ich weiter: Vor vier Milliarden Jahren war die Erde wüst und leblos. Gewaltige Meere und Gebirge existierten, an den Polen gab es vermutlich auch damals Eis. Es war noch kein Sauerstoff in der Atmosphäre, die im Wesentlichen aus dem heute so gefürchteten Klimagas Kohlendioxid sowie aus Stickstoff und Wasserdampf bestand. Unsere Sonne strahlte auch damals schon mit großer Kraft auf die Erde, aber es existierten noch keine Pflanzen oder Organismen, die diese Energie und das vorhandene Kohlendioxid zum Aufbau organischen Materials hätten aufnehmen und umwandeln können. Chlorophyll, das Blattgrün, gab es noch nicht, und die eingestrahlte Sonnenenergie verschwand gewissermaßen nutzlos im Wasser.

Wie soll in dieser Situation auf der Erde Leben entstanden sein? Man nimmt an, dass in den Urmeeren durch irgendwelche noch nicht ganz ergründeten Vorgänge – wie elektrische Entladungen, hoch energetische Sonneneinstrahlung und vielleicht auch Meteoriteneinschläge – einfache Bausteine des Lebens, wie z. B. Aminosäuren, gebildet wurden (vgl. die Übersicht auf S. 260). In der im Laufe von vielen Millionen Jahren mit solchen Bausteinen angereicherten Ursuppe sollen dann an Orten, wo besonders günstige Bedingungen herrschten, komplizierte organische Verbindungen entstanden sein, die sich schließlich zu lebenden Organismen weiterentwickelten. Wo und wie derartige Vorgänge abgelaufen sein könnten – das ist das große ungelöste Rätsel. Ungeklärt ist, wie genau die Lebensbausteine in die Ursuppe gelangten, wie und wann die für alles Leben unverzichtbaren Zellmembranen entstanden sind, und vor allem, welcher Prozess die für den Aufbau komplizierter Verbindungen notwendige chemische Energie geliefert haben könnte.

Während ich in das flackernde Licht im Ofen blicke und ein Sturm um die Hütte heult, kommt mir meine Hypothese, dass ausgerechnet im Eis Leben entstanden sein soll, abenteuerlich, ja unglaublich vor. Die alternative Theorie, nach der sich das Leben in kleinen, warmen Tümpeln entwickelt hat, erscheint mir viel wahrscheinlicher – aber daran sind wohl meine immer noch eiskalten Füße schuld. Ich versuche, mich innerlich wieder aufzurichten, und rufe mir die für das Meereis sprechenden Argumente in Erinnerung.

Im Meereis existieren aus physikalischen Gründen zelluläre Strukturen. Kleine, so genannte Kompartimente liegen vor, getrennt durch hauchdünne Grenzschichten, die an die Membranen von Zellen erinnern. Zwischen den Eiszellen rinnt eine hoch angereicherte wässrige Lösung. Das Umfeld im Eis ist kalt, was die Bildung komplizierter organischer Verbindungen verlangsamt. Allerdings wird durch die niedrigen Temperaturen auch verhindert, dass einmal entstandene Verbindungen sofort wieder zerfallen – ein gewaltiger Vorteil gegenüber den warmen Tümpeln. Auch heutzutage ist Meereis ein für primitives Leben geradezu paradiesisches Umfeld. Ich habe darin viele Bakterien, Wimpertierchen und winzige Krebse beobachtet. Alle diese Tierchen fühlen sich in dem Labyrinth der unzähligen kleinen Grotten und Kanäle im Eis sehr wohl, sie ernähren sich von den hoch konzentrierten Nährsalzen und Algenresten. Die kalten Temperaturen machen ihnen offensichtlich nichts aus.

Eine wichtige Frage bleibt allerdings noch offen. Wie könnte im Eis chemische Energie entstehen, um die Bildung der für das Leben wichtigen Verbindungen auszulösen? Durch das Meereis strömen gewaltige Energiemengen: einerseits durch die Einstrahlung der Sonnenenergie von bis zu 1000 Watt pro Quadratmeter, andererseits durch das Wachstum des Eises: Wenn Wasser gefriert, wird Kristallisationsenergie freigesetzt, die das Kristallgitter im Eis bzw. das umgebende Wasser aufnehmen. Während die Eisschicht entstand, habe ich auf der Oberfläche mit kleinen Wärmestromsensoren bis zu 700 Watt pro Quadratmeter messen können.

Diese Wärmemengen lösen allerdings nicht automatisch chemische Reaktionen aus. Dazu bedarf es kompliziert aufgebauter, trickreicher Einrichtungen: Die Chlorophyllkörper in grünen Pflanzen sind z.B. solche hochkomplizierten Gebilde, die Sonnenenergie gleichsam verwandeln und zum Wachstum nutzen. Könnten durch irgendwelche physikalisch-chemischen Gesetzmäßigkeiten ähnliche Prozesse im Eisgefüge ablaufen? Wenn es gelänge, im Eis solche Prozesse nachzuweisen, dann wäre das ein großer Erfolg.

Ich denke an das ächzende, knirschende Eis auf dem Meeresfjord hier draußen vor unserer Hütte. Was geht bloß in dem Eis vor? Was will es mir sagen? Warum schnauft es schon wieder wie ein auftauchendes Walross? Atmet es vielleicht sogar? Ich breche meine Grübelei ab, verschiebe eine Antwort auf diese Fragen auf später und biete Marie ein Glas Rotwein an. Es wurde ein gemütlicher Abend, sogar meine Füße erwärmten sich dabei wohlig.

Wenn mich ein Problem beschäftigt, denke ich tage- und wochenlang darüber nach. Ich bin dann kaum noch am Alltag interessiert und werde für meine Mitmenschen ziemlich langweilig. Immer wieder durchlaufe ich im Geiste die Argumentationsketten, meist erfolglos, ähnlich einem verwirrten Computer. Nachts träume ich sogar davon, wie diese verflixte Frage gelöst werden könnte. So erging es mir auch mit der Überlegung, auf welche Weise die Natur chemische Energie im Meereis aktivieren könnte.

Wieder einmal wandere ich mit den Hunden im tagsüber noch für ein bis zwei Stunden herrschenden Dämmerlicht am Strand entlang. Auf das Eis traue ich mich noch nicht, obwohl inzwischen nur noch vereinzeltes Knacken und leises Flüstern zu hören ist. Aus der Ferne, von der Hinlopenstraße, tönt ein dumpfes Grollen und Rumoren. Dort werden jetzt im Gezeitenstrom gewaltige Eismassen hin und her geschoben und gepresst. Das alles wird von der Sonne und ihrer Wärmestrahlung bewirkt. Im Sommer scheint die Sonne, das Eis schmilzt. Dann, in der Polarnacht, ist es kalt, die Sonneneinstrahlung fehlt, neues Eis entsteht. Dieses Spiel wiederholt sich seit Jahrmillionen immer wieder. Ist das nicht schon so eine Art von Leben, von Geborenwerden, Wachstum, Altern und schließlich Vergehen? Die flüsternden, knackenden und dröhnenden Eismassen scheinen sich über den einsamen, grübelnden Physiker dort in der Dämmerung lustig zu machen. Was weißt du schon, du einfältiger Mensch?

In der unbelebten Natur gleichen sich Gegensätze im Lauf der Zeit vollständig aus: So kühlt ein Topf mit heißem Wasser in der kalten Luft rasch ab, und eine schroffe Bergspitze wird im Laufe von Jahrtausenden abgerundet und zerbröselt schließlich. Ein lebender Organismus dagegen vermag es, seinen Körper strukturiert aufzubauen, zu erhalten und sogar zu wachsen. Die einzelnen Zellen, die Zellmembranen und komplizierte Funktionsgruppen wie die Chlorophyllkörper – sie alle wirken zusammen und verhindern den von der Natur angestrebten Gleichgewichtszustand. Erst wenn der Organismus tot ist, also wieder zu unbelebten Bestandteilen geworden ist, zerfallen die Zellen, alle Konturen verschwinden, und es herrscht wieder Gleichgewicht.

Kohlendioxid, einer der Hauptbestandteile der Atmosphäre auf der Urerde, spielt bei fast allen Lebensprozessen eine ganz wichtige Rolle. So bauen sich die Pflanzen unter Mithilfe der Sonne im Wesentlichen aus dem Kohlenstoff des Kohlendioxids und Wasser auf. Die Aminosäuren – wichtige Bausteine des Lebens – sind unter anderem aus Verbindungen zwischen Kohlendioxid und Wasser zusammengesetzt. Und schließlich hat Kohlendioxid bei der Atmung eine herausragende Bedeutung.

Kohlendioxid bildet zusammen mit Wasser unterschiedliche Ionen und Moleküle wie Kohlensäure, Bikarbonat und Karbonat. Die veränderliche Zusammensetzung dieses Gemisches ist abhängig von der Temperatur, dem Salzgehalt und anderen Parametern. Unter geeigneten Bedingungen werden auch Wasserstoffionen freigesetzt, welche ihrerseits bei der Einleitung von chemischen Reaktionen helfen. Kohlendioxid ist ein geheimnisvoller, trickreicher Stoff.

War die Botschaft des knirschenden und seufzenden Eises, dass ich mich um die Rolle des Atmungsgases Kohlendioxid im Eiskörper kümmern möge? Ich klettere die vereiste Böschung hinab zu der in der Dunkelheit kaum noch erkennbaren Eisoberfläche. Die Hunde beobachten etwas skeptisch meine Bemühungen. Sie trauen sich nicht, mir auf das Eis zu folgen, es ist noch zu unsicher. Mir ist das ganz recht, so können sie mich vom Ufer aus rechtzeitig vor Eisbären warnen.

Vorsichtig taste ich mich voran, schlage mit der kleinen Axt immer wieder Löcher in das Eis, um dessen Dicke zu prüfen. Wegen der unter dem Eis arbeitenden Gezeitenströmung herrscht im Wasser ein geringer Überdruck. Aus den aufgehackten Löchern sprudelt Meerwasser und reißt die kleinen Lebewesen mit, die an der Unterseite des Eises hausen. Kleine, zappelnde Krabben sind zu erkennen, und dann – nachdem die Taschenlampe ausgeschaltet ist – einige winzige grünlich und blau leuchtende Pünktchen. Sie sehen aus wie die von mir so intensiv gesuchten Energiepakete! Aber dieser Gedanke ist natürlich unsinnig. Die kleinen Funken werden von winzigen glühwürmchenartigen Krabben hervorgerufen. Ich sammele ein paar der Lichtpunkte zur späteren Untersuchung ein, wobei mir die ungeschützten Finger wieder einmal fast erfrieren. Nach solchen Einsätzen schmerzen meine Finger, es wird immer schlimmer. Ich muss in Zukunft vorsichtiger arbeiten.

Ich hacke ein großes Stück Eis heraus, klemme mir das triefende Fundstück unter den Arm und mache, dass ich nach Hause an den wärmenden Ofen komme. Auf dem Rückweg durch Schnee und Nacht, von meinen Hunden schwanzwedelnd begleitet, muss ich immerfort an die mögliche Rolle des Kohlendioxids im Eis denken. Ich nehme mir vor, umfangreiche Messreihen in der Luft, im Schnee und im Eis durchzuführen.

In der Atmosphäre von heute ist ungefähr ein drittel Promille Kohlendioxid nachgewiesen. Dieser scheinbar kleine Anteil spielt für den Wärmehaushalt der Erde eine große Rolle, und zwar wegen der Eigenschaft des Kohlendioxidmoleküls, die von der Erde in den Weltraum abgestrahlte Wärme in Form von Infrarotstrahlung aufzunehmen, gewissermaßen zu speichern und wieder an die Erde zurückzugeben. Wenn der Kohlendioxidanteil in der Atmosphäre durch Kraftwerke und Verbrennungsmotoren ansteigt, nimmt der wärmende Effekt zu, und die Temperaturen auf der Erde steigen an. Allerdings ist diese Theorie durchaus noch umstritten. Insbesondere ist die Genauigkeit der in den vergangenen hundert Jahren gemessenen Kohlendioxidwerte nicht zufrieden stellend. Auch aus diesem Grund scheint es mir hier in Kinnvika, fernab von Abgasen und Emissionen aller Art, reizvoll, den Kohlendioxidanteil zu messen. Vielleicht kann ich in dieser von menschlichen Einflüssen völlig unberührten Umgebung ein paar interessante Hinweise zu dem in der Atmosphäre vorhandenen Kohlendioxid gewinnen?

Wochenlang habe ich täglich über viele Stunden die Konzentration von Kohlendioxid in der Luft von Kinnvika gemessen. Gleichzeitig wurden die entsprechenden Werte im Schnee registriert. Dazu habe ich unzählige kleine Löcher in die vom Wind festgedrückten Schneewehen gebohrt und unter allen möglichen Wetterbedingungen das empfindliche Messgerät abgelesen. Das ist ein mühsames Geschäft. Die elektrischen Batterien geben in der Kälte sehr rasch ihren Geist auf, wegen der Dunkelheit brauche ich eine Taschenlampe, und dann beschlägt auch noch ständig meine Brille. Die Hunde heulen gelegentlich ängstlich oder wütend auf, weil sie einen Eisbären wittern.

Aber dann hatte ich endlich meine Messergebnisse und begann, in der Hütte beim Schein der Petroleumlampe mit der Auswertung – und das wurde ganz aufregend!

Die Kohlendioxidkonzentration in der Luft ist keineswegs konstant. Sie steigt bei Schneefall im Allgemeinen kräftig an und fällt an besonders kalten Tagen manchmal auf ungewöhnlich niedrige Werte. Es scheint, als würden die Schneewolken, welche über dem Meerwasser aufsteigen, sehr viel Kohlendioxid transportieren. Beim Schneefall wird ein Teil des in den Schneeflocken gespeicherten Gases abgegeben. Der Schnee wird in den Schneewehen zusammengepresst, und das dort gesammelte Kohlendioxidgas entweicht im Laufe von Tagen. Die Konzentration von Kohlendioxid ist im Schnee manchmal doppelt so hoch wie in der Luft darüber. Ich vermute, dass so weltweit gewaltige Mengen von Kohlendioxid transportiert und gespeichert werden, und nehme mir vor, diesen spannenden Effekt im Verlaufe der nächsten Monate weiter zu untersuchen.

Ich nehme mir mein Eisstück aus dem Meeresfjord vor und betrachte einige Eisbrocken unter dem Mikroskop bei verschiedenen Temperaturen zwischen -5 °C und -20 °C. Dabei mache ich eine aufregende Entdeckung: Bei 1000facher Vergrößerung brechen gerade noch erkennbare, winzige Gasbläschen aus den Eiszellen hervor, vereinigen sich zu größeren Bläschen und verschwinden wieder in der flüssigen Salzlake wie aufsteigende Kohlensäurebläschen in einem Glas Sprudelwasser. Wie bei den Schneeflocken wird auch in den Eiskristallen Kohlendioxid gespeichert, dann abgegeben und schließlich von der umgebenden Flüssigkeit wieder aufgenommen. Wie ist das zu erklären? Hat das vielleicht mit Austauschvorgängen zwischen verschiedenen Energiezuständen zu tun? Habe ich einen Hinweis auf die Existenz von chemischen Energiepaketen in der Eisstruktur erhalten? Wie kann ich hier mit meinen primitiven Hilfsmitteln das Geheimnis lüften?

Wieder grübele ich tagelang, wälze die klugen Bücher aus meiner bescheidenen wissenschaftlichen Bibliothek in der Hütte von Kinnvika, brüte über chemischen Formeln, verfolge Reaktionsgleichgewichte und berechne chemische Energieniveaus. Dann endlich habe ich eine Idee, wie ich weiterkommen kann. Ich vermute, dass die beobachteten dynamischen Veränderungen des im Meerwasser gelösten Kohlendioxidgases eine starke Variation des pH-Wertes bewirken. Der pH-Wert ist bei vielen chemischen Reaktionen ein wichtiger Parameter. Er gibt an, wie viele Wasserstoffatome als elektrisch geladene Ionen in der Lösung vorliegen. Wie kann ich aber nun in dem Gewirr von Eiszellen und winzigen Kanälen mit einer ausreichend hohen räumlichen Auflösung die Konzentration von Wasserstoffionen unter dem Mikroskop bestimmen? Da gibt es einen einfachen Trick. Bestimmte Farbstoffe, Lackmus und Phenolrot beispielsweise, verändern ihre Farbe sprunghaft bei einer Erhöhung oder Erniedrigung des pH-Wertes. Damit müsste es eigentlich klappen, die Energiedifferenzen im Eisgefüge sichtbar zu machen.

Am nächsten Tag, der eigentlich ja doch nur Nacht ist, hält mich nichts mehr. Heute will ich endlich herausbekommen, ob meine Überlegungen zutreffen. Vielleicht verrät mir das Eis eines seiner Geheimnisse? Ich beeilte mich, ein besonders großes und unberührtes Stück Eis aus dem Meeresfjord zu schlagen, laufe zurück zur Hütte und bringe das Farbpulver Phenolrot auf den Eiskörper. Nach vielen Versuchen mit den unterschiedlichsten Aggregatzuständen – von fest bis halb aufgetaut –, mühsam beim Schein der Taschenlampe hantierend, kann ich endlich meine Proben unter dem Mikroskop betrachten – und tatsächlich! Ich sehe leuchtend gelbe Eiszellen und die violettrot gefärbte Salzflüssigkeit, welche zwischen den

Zellen rinnt. Das ist es, was ich gesucht habe. In den Grenzflächen zu den Eiszellen herrscht ein pH-Wert von 5–6 mit einer entsprechend hohen Konzentration von Wasserstoffionen, in der Flüssigkeit dagegen Werte von 8–9 mit sehr viel weniger Wasserstoffionen. Das bedeutet – ähnlich wie in lebenden Zellen – starke und zeitlich veränderliche Spannungsdifferenzen an den Grenzflächen innerhalb sehr kurzer räumlicher Abstände von weniger als einem tausendstel Millimeter. Damit, so glaube ich, konnte eine wichtige Energiequelle für chemische Reaktionen im Eis sichtbar gemacht werden. Und für die Hypothese, dass Leben im Eis entstanden sein könnte, habe ich ein weiteres Argument.

Ich reibe mir die von der Arbeit am Mikroskop eiskalten Finger, mache zur Dokumentation noch ein paar schöne Fotos und stürme in die warme Hütte. »Marie, lass uns eine Flasche Sekt aufmachen!«

12 Eine Frau in der Wildnis

Zweiter Brief von Marie an ihre Freundin

Kinnvika, den 6. Dezember 2002

Liebste Carol,
würdest du mit mir tauschen und hier an meiner Stelle leben wollen? Im Augenblick tobt ein Sturm mit fürchterlichen Böen, sodass unsere Hütte bebt und ächzt. Es ist Mittag, stockdunkel draußen, kein Mondschein, Schneegestöber und -18 °C kalt. Aber den Eisbären wird das wohl nichts ausmachen. Sind denn Bären hier? Du könntest sie in dieser Finsternis genauso wenig sehen wie ich.

Aber trotzdem würde ich nicht mit dir tauschen mögen. Wir verbringen eine so schöne Zeit, dass ich bestimmt traurig sein werde, wenn ich im August nächsten Jahres Abschied nehmen muss. Ich gebe aber zu, dass die Aussicht auf grüne Wiesen und Bäume, blühende Blumen und den warmen Sonnenschein auf meiner Haut schon verlockend ist. Es ist jetzt fünf Monate her, dass ich dir kurz vor meinem Aufbruch aus Longyearbyen das letzte Mal geschrieben habe. Zu Weihnachten kommt vielleicht ein Hubschrauber bei uns vorbei, um Post zu bringen und abzuholen. Diese Gelegenheit will ich nutzen, dir ein bisschen von meinem Leben hier in Kinnvika zu erzählen.

Am Tag unserer Abreise von Longyearbyen am Sonntag, dem 21. Juli 2002 gab es noch viel zu tun: meine Wohnung ausräumen und sauber machen, die letzten Kleinigkeiten besorgen, meine Eltern anrufen ... Hauke holte die beiden Hunde ab, und dann wanderten wir mit unseren Rucksäcken zum Schiffsanleger der *Polarsyssel*, um an Bord zu gehen. Der arme Hauke war ganz kaputt, die riesigen Hunde zerrten mit aller Kraft an den Leinen und führten sich auf wie wild gewordene Bestien. Schließlich konnte Hauke sie auf den Hubschrauberlandeplatz der *Polarsyssel* bugsieren und dort anketten, wo sie während der Seereise zu bleiben hatten.

Zu unserer Verabschiedung war eine kleine, aber besonders nette Gruppe von Freunden gekommen. Ich war gerührt und wusste gar nicht, mit wem ich zuerst sprechen sollte. Natürlich war Randi da, sie schenkte mir zum Abschied und als Dank für unsere einjährige Zusammenarbeit in der Nähstube ein wunderschönes, selbst gemachtes Messer in einer Lederscheide. Dann waren Lindy, Leif, Monika, Jakob, Constance und andere Freunde gekommen. Einige werden wir wohl nie wieder sehen, weil sie Spitzbergen inzwischen verlassen haben. Zum Schluss wurden wir auch noch von Mark und Marina stürmisch verabschiedet, unseren holländischen Freunden, die mit ihrer Jacht *Jonathan* in einer Bucht nicht weit weg von Ny-Ålesund einige hundert Kilometer südlich von uns überwintern wollen. Wir haben inzwischen über Funk fast wöchentlich Kontakt mit den beiden und tauschen unsere Erlebnisse und Sorgen aus. Mein alter Freund Edwin fehlte, aber ich war eigentlich erleichtert darüber. Ein paar Kamerateams waren auch da, um unseren Aufbruch zu filmen.

Ich war überrascht, keine Traurigkeit zu empfinden. Es ist eine so aufregende und spannende Unternehmung, dass ich mich riesig darauf freute. Als die Trossen losgemacht wurden, drückte mich Randi nochmals ganz fest. Das rote Schiff legte ab, und ich begriff, dass ich von meinen Freunden und der mir lieb gewordenen Gemeinschaft in Longyearbyen nun für mehr als ein Jahr getrennt sein würde. Geweint habe ich nicht, aber tief durchatmen musste ich schon, als ich zusammen mit Hauke und den Hunden auf Deck stand und den winkenden Freunden nachschaute, bis alles im Dunst und hinter den Wellen verschwand.

Es war zur Abwechslung einigermaßen sonnig, als die *Polarsyssel* zwei Tage später von der Hinlopenstraße in den Murchisonfjord stampfte und sich schließlich Kinnvika näherte, unserem Zuhause für das nächste Jahr. Ich hatte vorher nur ein Foto der kleinen Forschungsstation gesehen und war sehr gespannt. Kein bisschen Grün war zu entdecken, und trotz des Sonnenscheins wirkte die graue Felsenlandschaft abweisend und feindlich. Die Häuschen von Kinnvika standen winzig klein und wie verloren in einem riesigen, flachen

Tal, an dessen östlichem, mit Schnee bedecktem Rand der schroffe Kinnberg thronte. Ich schluckte bei dem Gedanken, hier leben zu sollen, mir war zumute, als ob ich auf dem Mond gelandet wäre.

Dann fiel der Anker der *Polarsyssel.* Zusammen mit unseren Hunden, den Rucksäcken, Gewehren und einer Tasche mit Leckereien, die uns der Schiffskoch zugesteckt hatte, wurden wir ausgebootet und an Land gebracht. Wir folgten mit unserem Gepäck dem Polizeioffizier des Gouverneurs über eine Geröllhalde mit scharfkantigen Steinen in Richtung einer Hütte, die mir so klein vorkam wie ein Kaninchenstall. Dies sollte unsere Bleibe sein? Der Offizier entriegelte das Türchen und forderte uns freundlich zum Eintreten auf. Alle Fenster waren mit Holzbrettern gegen Eisbären verrammelt. Ich empfand nur deprimierende Enge, Hauke dagegen freute sich wie ein Schneekönig, wie groß und komfortabel die Hütte sei. Erst glaubte ich, er machte Spaß. Aber dann erinnerte ich mich daran, wie viele Jägerhütten Hauke auf Spitzbergen schon gesehen hatte und sah ein, dass er wohl wissen musste, wovon er sprach.

Nachdem uns die Hütte offiziell übergeben worden war, begann die mühsame Arbeit, unsere Säcke und Kisten vom Strand nach oben in unser Haus zu schaffen. Noch ein paar Abschiedsfotos, herzliche Umarmungen – und dann verschwand die Mannschaft der *Polarsyssel*, die uns noch beim Ausladen geholfen hatte. Hauke zauberte aus seinem unglaublich schweren Rucksack eine Flasche Sekt hervor, und wir tranken auf unsere Zukunft in Kinnvika. Den Rücken an der Hüttenwand, saßen wir auf ein paar alten Walknochen im warmen Sonnenschein. Mir war immer noch mulmig zumute, aber gleichzeitig war ich erfüllt von einem wie der Sekt in unseren Gläsern schäumenden Glücksgefühl.

Die *Polarsyssel* ließ zum Abschied das Schiffshorn tönen. Dann, als die Schiffsmasten hinter einer Insel auf dem Weg in die Hinlopenstraße verschwanden, waren wir wirklich allein. Unser Abenteuer konnte beginnen.

Nun ging es an die Arbeit. Zunächst einmal Werkzeug suchen und die Fensterläden aufschrauben, um Licht und Luft in das Häuschen zu lassen. Immer noch schien es mir winzig klein zu sein und ziemlich verdreckt, aber im Übrigen machte alles einen guten Eindruck. Die Eingangstür führt in einen kleinen Vorraum, der als Küche und Vorratskammer dient. Drei kleine Fenster lassen – wenn nicht gerade Polarnacht ist – viel Licht herein. Von dem Vorraum gelangt man in den einzigen kleinen Wohnraum, dessen Wände und sogar die Decke mit farbigen Bildern zugepflastert sind, zumeist von nackten Frauen, Tieren, vielen Eulen und Landschaften. Es sind sogar Bilder von Edward Heath, Winston Churchill und Adolf Hitler im Arm einer vollbusigen, nackten Schönheit dabei. Außerdem natürlich das obligatorische Foto von Roald Amundsen, dessen Anblick mir nächtliche Albträume beschert. Ich würde dem Kerl nicht weiter über den Weg trauen, als ich sein Bild schmeißen kann! In den Ecken zwischen den vergilbten Bildern wucherten schwarze und graue Schimmelpilze, die ich wild entschlossen hinausfegte.

Gegenüber der Tür ist ein Fenster, von dem aus wir auf die Meeresbucht nach Süden blicken können. Ein kleiner Ofen gleich in der Ecke neben der Tür, zwei schmale Bettgestelle und ein großer Holztisch dazwischen – das ist alles. Wir untersuchen, ob das Ofenrohr dicht ist. Feuer ist wohl die größte Gefahr, welche uns bedrohen könnte, zumal wir im Winter Kerzen und Petroleumlampen benutzen. Hauke überlässt mir die Wahl zwischen den Betten. Ich entscheide mich für das an der Ostseite der Hütte. Dann teilen wir den Tisch in zwei gleiche Hälften ein und markieren unser jeweiliges Revier – so bleibt wenigstens ein Minimum an Privatsphäre. Wir nageln noch einige Bretter an die Wände, um neben den bereits vorhandenen Regalen weiteren Platz zu schaffen für Radio, Bücher, Kameras, Schreibzeug, Kaffeebecher, Rumflasche, Karten, Vitaminpillen, Handschuhe, Funkgerät, Pfeife und Tabak, Messgeräte, Nähzeug und anderen Kram.

Nachdem alles seinen Platz gefunden hatte, fühlten wir uns schon wie zu Hause. Ein paar Tage später habe ich die Hütte ausgemessen: vier mal vier Meter und zwei Meter hoch. Aber je länger wir darin hausen, desto größer kommt sie uns vor. Es ist so gemütlich, wenn das Feuer im Ofen knistert, die Petroleumlampen ihren sanften Schein verbreiten und wir unsere Abendmahlzeit mit einem Glas Rotwein zelebrieren. »Romantik poor«, scherzt Hauke immer.

Unsere restliche Ausrüstung und der Proviant für ein ganzes Jahr wurden fünf Wochen später von der Polarsyssel gebracht. Ich teilte die Vorräte in Dreimonatsrationen ein, so kann ich besser den Verbrauch kontrollieren. Nachdem wir die Vorräte in einem leer stehenden Holzhaus sicher gegen Eisbären verstaut und aufgeteilt hatten, wirkte es ziemlich wenig. Hauke lachte nur über meine Sorgen und erzählte von der spartanischen Verpflegung während seiner Überwinterung in Mushamna. Einige Sachen wie Kohl, Zwiebeln und Äpfel muss ich regelmäßig nach Schimmel und faulen Stellen absuchen. Die 120 Kilo Kartoffeln hüte ich besonders gut. Als es im September manchmal schon richtig kalt war, haben wir sie vor unserer Haustür im Schnee eingebuddelt. Dort bleiben sie nun bis zum Kochen immer gefroren. Ich glaube, wir haben ausreichend Tee, Kaffee, Eipulver, Trockenmilch, Margarine und Marmelade, die ich teilweise selbst gekocht habe – unter Verwendung von reichlich Cointreau und Whiskey. 130 kg Mehl zum Brotbacken werden wohl auch reichen. Ich mische in den Brotteig je nach Lust und Laune ein paar Walnüsse, Gewürze und Trockenfrüchte, das schmeckt dann abwechslungsreicher. Das Backen mit dem kleinen Ofen ist etwas mühsam. Aber inzwischen habe ich herausgefunden, wie ich die Teigformen hin und her zu wenden habe und wie viel Feuerholz in das kleine Ofentürchen gestopft werden muss, um in etlichen Stunden schön knusprige Brote zu backen. Wir haben eine Menge Klippfisch mitgebracht, 22 getrocknete Dorsche hängen wie Holzscheite an einer Wäscheleine in unserer Vorratshütte. Selbst nach drei Tagen Einweichen in Wasser bleibt der Fisch zäh und schmeckt uns nicht besonders gut, was wiederum die Hunde begeistert. Ein paar Büchsen Fleisch, Wurst und Schinken sollen verhindern, dass wir hier in Kinnvika zu Vegetariern werden. Offiziell ist es nicht erlaubt, im Naturschutzgebiet Rentiere oder Robben zu jagen, betont Hauke immer wieder. Und blickt dabei zu seinem Gewehr.

Sonntags findet immer ein ausgiebiges und gemütliches Frühstück statt, manchmal zwei Stunden lang. Spiegeleier mit gebratenem Speck, geröstetes Brot und natürlich eine Flasche Sekt – das gehört einfach dazu. Wir unterhalten uns dabei und rücken uns die Welt zurecht. Hauke hält extra für mich Vorlesungen über Politik, Wissenschaft, Segeln und Astronomie. Manchmal lachen wir über unsere Überlegungen, wie einige nörgelnde, wehleidige und ewig unzufriedene Menschen unserer Heimatländer wohl im Eis zwischen hungrigen Eisbären zurechtkommen würden.

Meine Aufgabe ist es, Wasser zu holen. Als es noch wärmer war, schleppte ich die Eimer von einem nahe gelegenen Tümpel, der voller zappelnder, kleiner Würmchen und Algen war. Ab Mitte September war alles in Eis erstarrt, und jetzt schaufele ich täglich Schnee in einen großen Eimer und dann in einen Kessel, der gleich neben dem Ofen in unserem Wohnraum steht. Im Dunkeln muss ich aufpassen, draußen keinen gelben Schnee zu erwischen! Auf dem Ofen steht immer siedendes Wasser bereit. Wir trinken in der trockenen Luft sehr viel Tee.

Bisher konnte ich mich noch nicht daran gewöhnen, nach Jägerart – wie Hauke sagt – abzuwaschen. Das bedeutet nämlich, gebrauchtes Geschirr und Töpfe nur mit einem Stück Papier abzuwischen. Jeder hat seinen eigenen Teller, Löffel und Kaffeebecher und ist für deren Sauberkeit selbst verantwortlich. Ich bevorzuge es, nach dem Frühstück richtig abzuwaschen, Hauke übernimmt auf seine Art den abendlichen Abwasch. Dazu spült er Teller und Töpfe mit heißem Wasser in einem der großen Hundenäpfe ab und putzt mit einem Papier nach. Die Hunde freuen sich über das duftende Abwaschwasser, in dem dann ihr Trockenfutter eingeweicht wird.

Während Hauke sich morgens selbst bei grimmigster Kälte draußen wäscht, wobei seine Haare zu Eisstacheln erstarren, sodass er jedes Mal aussieht wie ein Kaktus, wasche ich mich lieber drinnen. Es ist erstaunlich, wie wohltuend es sein kann, in einer kleinen Schüssel mit warmem Wasser zu stehen, erst mit dem einen Fuß und dann mit dem anderen! Alle paar Wochen wasche ich auch meine langen Haare, aber dazu bereite ich mir vorher einen großen Kessel heißes Wasser. In gewisser Weise erinnert mich das alles an meine Kindheit. Ich bin in sehr bescheidenen Verhältnissen aufgewachsen.

Eigentlich habe ich es jetzt viel besser, weil Hauke am Morgen in der eiskalten Hütte als Erster aus dem Schlafsack kriecht, die Petroleumlampe oder eine Kerze anzündet und den Ofen heizt. Dann weckt er mich mit einer frischen Tasse Tee. Manchmal, wenn ich am Abend davor etwas traurig und niedergeschlagen war, hat er eine kleine Überraschung für mich. Mal ein niedliches, kleines Büchlein mit Anleitungen für Näharbeiten und Stickereien, mal ein Stück duftende Seife oder auch ein paar Süßigkeiten. Eines Morgens schenkte er mir die englische Version von Max und Moritz, ich wusste vorher gar nicht, dass es diese beiden Lausbuben gibt!

Wenn ich mal muss, suche ich mir ein geschütztes Plätzchen im Windschutz der Hütte, oder aber ich wandere zu dem 100 Meter entfernten Klohäuschen. In der winzigen Holzhütte steht ein roter Eimer unter einer mit einem Loch versehenen Bank. Ein altes Armeegewehr steht geladen in der Ecke. Hauke hat im Sommer eine Grube ausgehoben, darin entleert er alle paar Tage den Eimer. Diesen Job hat glücklicherweise er übernommen.

Im Dunkeln gehe ich nur sehr ungern zum Klo. Dann kann ich nicht einmal die eigene Hand vor Augen sehen. Vor einem solchen Gang ziehe ich meine gefütterte Jacke, Schneestiefel und Handschuhe an. Dann nehme ich Balto an die Leine und wandere durch den tiefen Schnee, klettere über hohe Schneewehen und knipse hin und wieder die Taschenlampe an. Alle möglichen Ungeheuer scheinen auf mich zu lauern, Pulverschnee weht mir in die Augen, und ich bin erleichtert, endlich das Häuschen erreicht zu haben. Ich binde Balto gleich neben der Tür fest und schlüpfe hinein. Einmal, als ich wieder rauskam, war der Hund verschwunden. Was habe ich mich auf dem Rückweg im Dunkeln gefürchtet. Ich dachte, Balto wäre mit einem Bären beschäftigt. Aber das war nicht so, er ist einfach zurückgelaufen und hat mich schwanzwedelnd begrüßt. Würdest du mit mir tauschen? Vermutlich nicht, aber glaube mir, man gewöhnt sich an alles!

Im Sommer hatten wir viel Spaß bei unseren Ausflügen in dem kleinen Gummiboot mit einem Außenbordmotor. Hinaus auf den Murchisonfjord gleich vor unserer Haustür oder auf die Hinlopenstraße zu einigen kleinen Felseninseln. Einmal schipperten wir ziemlich weit Richtung Norden, immer am Ostufer der Hinlopenstraße entlang. Wir landeten schließlich an einem flachen Sandstrand und zerrten das Boot weit hinauf bis an die Hochwassergrenze, wo wir es an riesigen Treibholzstämmen gut festmachten. Danach ging's los auf Entdeckungsreise mit Karte, Kompass und Gewehr. Es ist eine öde, gelb gefärbte Landschaft voller Schotter, scharfkantiger Steine und riesiger Mengen durch Sturm und Eis auf das Land geworfenen Treibholzes. Dazwischen lagern Plastikmüll und Fischernetze. Flache Tümpel voller grüner und orangeroter Algen breiten sich zwischen den manchmal wunderschön gefärbten Steinen aus. Grau, schwarz, weiß, cremefarben, rötlich und grün – so glänzen und funkeln die Steine, besonders wenn sie nass oder vereist sind. Wir wanderten am Strand entlang und fanden lauter Herrlichkeiten: einen kleinen Fuchsschädel mit noch allen Zähnen, ein paar Rippen von einem Eisbären, einen uralten abgebrochenen Skistock, bunt gesprenkelte Steine, Teile von einem alten, zerbrochenen Holzfass, Korkreste eines Rettungsrings, vielleicht von einem untergegangenen Schiff. Hauke meint, dass sich mit diesem Rettungsring Willem Barensz persönlich retten wollte, der Seefahrer aus dem 16. Jahrhundert. Die Zeit vergeht so schnell, wenn man am Strand spazieren geht.

Auf dem Rückweg machten wir einen Abstecher zum Claravågen, einem zwischen hohen Bergen gelegenen, stillen See, der durch einen schmalen Kanal mit der Hinlopenstraße verbunden ist. Zwei argwöhnische Eismöwenpärchen bewachten den Eingang und griffen mit wütendem Geschrei an, als wir uns gegen den heftigen Gezeitenstrom durch die enge Durchfahrt arbeiteten. Erst spät entdeckten wir fünf braune, ganz unscheinbare Jungvögel, die auf dem steilen Felshang herumkletterten und sich in kleinen Höhlen versteckten. Wir wollten ein paar Filmaufnahmen machen, drosselten den Motor und wehrten die angreifenden Alten ab. Der Gezeitenstrom riss das kleine Boot mit sich, und beinahe wären wir an einer scharfkantigen Klippe hängen geblieben. Der gurgelnde, glasklare Wasserstrom um uns herum, am Ufer Schnee und Eis und schwarze Felswände, dazu das Geschrei der Möwen – es war unglaublich schön. Dann, auf dem See, herrschte eine sagenhaft friedliche Stimmung. Gruppen von Entenmüttern mit ihren Jungen zogen über das spiegelblanke Wasser, und ein paar Sonnenstrahlen kamen zwischen den Wolken hervor. Wir machten an einem Felsvorsprung fest, tranken heißen Tee mit Rum aus der Thermoskanne und genossen die Ruhe.

Ein anderes Mal fuhren wir mit dem Boot von unserem Strand bei Kinnvika in südliche Richtung, wir wollten die Russeninsel besuchen. Auf dieser kleinen, felsigen Insel haben vor einigen hundert Jahren des Öfteren russische Pelzjäger und Walfänger ihr Lager aufgeschlagen und vielleicht auch den einen oder anderen Winter zugebracht. Zur Abwehr böser Geister und zum Gedenken an verstorbene Kameraden haben sie auf der Insel ein riesiges Holzkreuz errichtet. Mit dem Feldstecher hatten wir im Sommer das Kreuz gesehen und beschlossen, bei gutem Wetter eine Bootsfahrt über den Murchisonfjord zu wagen.

Dann aber zogen drohend schwarze Wolken auf, und große Brocken von Packeis versperrten uns den direkten Zugang. Vorsichtig schlängelten wir uns mit unserem Gummiboot zwischen den fantastisch geformten und farbigen Skulpturen aus Eis hindurch. Einige leuchteten türkisblau, gespickt mit weißen Eisnadeln und messerscharfen Kanten; andere schwappten in dem bewegten Wasser und stießen ein stöhnendes Grunzen aus, wenn eine Welle in einer der Eishöhlen schäumte. Zwischen den kleinen Eisbergen, die in dem flachen Wasser gestrandet waren, gurgelte und sprudelte der Angst einflößende Gezeitenstrom.

Hauke wollte das alles filmen und übergab mir das Steuer mit einer eiligen Einführung, was ich zu tun hatte. Ich habe vorher noch nie ein Boot mit Außenbordmotor bedient, und nun galt es, den Motor zu drosseln, gegen die kräftige Strömung anzuarbeiten und dabei zu verhindern, dass der empfindliche Motorpropeller an den glasharten Eisbrocken beschädigt wird. Hauke filmte ganz hingerissen von den wunderschönen Ausblicken und reagierte ziemlich ungehalten, wenn ich mal wieder den Vorwärts- mit dem Rückwärtsgang verwechselte und schwungvoll einen Eisberg rammte.

Schließlich gestand ich, dass das meine erste Erfahrung mit einem Gummiboot sei. Er schluckte seinen Ärger herunter und manövrierte uns mithilfe der Ruder schweigend aus dem Eislabyrinth. Die Aussicht, hier mitten auf dem Murchisonfjord mit einem aufgeschlitzten Gummiboot Schiffbruch zu erleiden, war wirklich gruselig.

Wir haben uns wieder vertragen, und schließlich landeten wir wohlbehalten auf einem winzigen Inselchen. Dort kletterten wir wie Kinder auf einem Abenteuerspielplatz zwischen den hoch aufgetürmten Eisschollen herum. Zwischendurch wurden wir von streitlustigen Küstenseeschwalben angegriffen, die hier auf der Insel ihre Jungen aufzogen. Hauke entdeckte zwei frische Bärenfährten am Strand – offensichtlich eine Mutter mit Kind – und blies nervös zum Rückzug. Er erzählte mir, dass eine Begegnung mit einer Bärenmutter auf so einer kleinen, unübersichtlichen Insel ungemütlich werden könne. Und hungrig waren die Bären bestimmt, denn die Vogeljungen waren bereits flügge und ließen sich vermutlich nicht mehr fangen. Wir flüchteten in unser Boot und strebten über das inzwischen sehr bewegte Meer nach Hause.

Ich muss gestehen, dass mir die Bären immer noch Angst einflößen und schlaflose Nächte bescheren. Ich habe inzwischen zwar schon viele Bären beobachten können – einmal waren es acht Bären gleichzeitig auf dem Treibeis in unserer Meeresbucht –, aber trotzdem, sie sind mir nicht geheuer. Wenn mal wieder ein Bär auftaucht, kriege ich wahnsinniges Herzklopfen und zittere so stark, dass ich meinen Feldstecher nicht mehr halten kann. Wenn es darauf ankommt, reagiere ich allerdings relativ gelassen. Ende August kam eine Bärenmutter mit ihrem Jungen zu unserer Hütte gestürmt, eindeutig in unfreundlicher Absicht. Voller Angst wollte ich Hauke warnen. Aber der stellte in aller Ruhe das Filmstativ auf und freute sich über schöne Motive. Dann, als die Bärin bereits die Hunde angreifen wollte, sprang ich todesmutig dazu und machte mit den Hundeblechnäpfen einen fürchterlichen Lärm. Übrigens erfolgreich, die Bärenmutter haute ab. Hauke versucht immer wieder, mir klar zu machen, dass Eisbären weder Hunde- noch Menschenfleisch mögen und deshalb überhaupt kein Grund zur Panik besteht. Hoffentlich sehen die Bären das ähnlich.

Ende Oktober haben wir in dem letzten Tageslicht vor Anbruch der finsteren Polarnacht eine wunderschöne Wanderung unternommen. Wir folgten mit den Hunden zunächst unserem Strand nach Osten und beobachteten in dem flachen, schon vereisten Uferbereich Tausende von winzigen Krabben, die in dem schwindenden Licht wie Glühwürmchen leuchteten. Der Vollmond stand hoch am samtenen Himmel, der in tiefblauen, rötlichen und violetten Farbtönen strahlte. Vom Meeresstrand aus wanderten wir durch eine enge, von Eis und Schnee beinahe zugewachsene Schlucht, die zu einem höher gelegenen kleinen Gebirgssee führte.

Bei dem Gedanken, hier einem herabkletternden Bären zu begegnen, hatte ich ein bisschen Herzklopfen. Besonders für die Hunde war es mühsam, die eisglatten Felsen hinaufzukrabbeln, manchmal versanken sie plötzlich in den riesigen Bergen von losem Pulverschnee. Der kleine See war zugefroren, umrahmt von flachen, schneebedeckten Berghängen, die in dem märchenhaften Licht grünlich und gelblich schimmerten. Es wurde immer dunkler, und wir kletterten auf den Kinnberg, um im Mondschein den fantastischen Rundblick zu genießen – über den von einzelnen Eisfeldern bedeckten Murchisonfjord und die Hinlopenstraße bis hin zu den viele Kilometer entfernten riesigen Gletscherfeldern.

Der Abstieg vom Kinnberg führte durch ein wahres Mondgebirge. Schroffe cremefarbene Felszacken werfen im Mondlicht harte Schlagschatten auf die Schneefelder, die von messerscharfen Schottersteinen durchbrochen werden. Und dann, noch weit in der Ferne, taucht zwischen den Mondhügeln unsere kleine Hütte auf, strahlend hell beleuchtet vom Vollmond. Wir kreuzen die frische Fährte eines Bären, riesig groß wirken seine Tatzen im Schnee. Dann schlüpfen wir hinein in das warme Häuschen und sind glücklich darüber, dass wir das hier alles erleben dürfen.

Seit dem Anbruch der vollständigen Dunkelheit Mitte November gehen wir nicht mehr weit weg von unserem Zuhause. Jetzt bleibt mir, wenn ich Bewegung brauche, nur noch die Möglichkeit auf einem engen Pfad im Schnee mehrmals um die Hütte zu joggen. Sehr gerne hacke ich im Mondschein Holz. Die Hunde sitzen dann daneben, halten nach Bären Ausschau und leisten mir Gesellschaft. Wenn mir der Rücken weh tut, richte ich mich auf, streichele die Hunde und blicke auf zu dem wunderbar klaren Himmel mit den unzähligen funkelnden Sternen und dem Polarstern fast senkrecht über mir. Einige der Sternbilder, die mir Hauke gezeigt hat, erkenne ich wieder. Da sind der große und der kleine Wagen, der Schwan in der Milchstraße, die nordische Krone, das Siebengestirn, Kassiopeia, Leier mit Wega, Castor und Pollux, Aldebaran und viele mehr. Ich freue mich, den Sternenhimmel schon so gut zu kennen. Die Stille ist manchmal atemberaubend, oft höre ich nur noch mein Herzklopfen und das Blut in meinen Ohren pulsieren.

Spätabends ist es wunderbar, sich in das Bett zu kuscheln und ein bisschen zu träumen. Ich denke an Weihnachten, daran, wie Freunde und Familie das traditionelle Truthahnessen genießen, sich mit Verwandten treffen und vielleicht auch darüber reden, wie es mir hier ergeht. Ich bin nicht traurig, nicht bei ihnen zu sein. Ich glaube sogar, dass viele Menschen froh wären, Weihnachten ihrer Familie zu entkommen. Und wir beide hier in Kinnvika werden bestimmt ein schönes Weihnachtsfest feiern!

Wenn ich mich ganz fest in die Decke gewickelt habe, lausche ich auf die Geräusche draußen vor unserer Hütte. Manchmal, in windstillen Nächten, glaube ich zu hören, wie ein Bär mit knirschenden Schritten im Schnee herumschleicht. Dann stelle ich mir vor, wie er die Hunde angreift und wir am nächsten Morgen den Schnee rot von Blut vorfinden.

Stürmische Nächte mag ich lieber, dann rütteln die Fensterläden, die Haltetrossen der Hütte schwingen, und Schnee und Eis klatschen an die Scheiben. Schnee stiebt durch alle Ritzen und überpudert den Tisch, legt sich auf die an der Tür aufgehängten Jacken, die Fensterbänke und sogar unsere Teller. Im Küchenraum habe ich in alle Ritzen und Löcher Toilettenpapier gestopft. Hauke hat die Türen mit Holzleisten abgedichtet. Danach wurde es etwas besser. Wenn mir die Haustür beim Öffnen aus der Hand gerissen wird, herrscht südlicher Sturm. Und wenn ich mich mit aller Kraft dagegenstemmen muss, um sie aufzudrücken, tobt es aus dem Norden. Häufig kleben meine Finger an der Türklinke fest, dann ist es kälter als -15 °C.

Ich fühle mich geborgen in meinem Bett. Ich kümmere mich nicht um die scheppernden Fensterläden und die draußen an der Hüttenwand befestigten Halterungsketten. Hinter den schwarzen Fensterscheiben kann ich nichts anderes als Dunkelheit und Schneeflocken erkennen – aber ich bin glücklich. Ich würde mit niemandem tauschen wollen.

Neulich Nacht hatte ich allerdings einen Traum, der mich immer noch ein wenig ängstigt. Ich war ganz allein, es war stockdunkel, der eiskalte Wind fegte über eine grauenvolle, mit Schnee bedeckte Ebene. Ich wollte weglaufen, irgendwohin, ein finsteres Ungeheuer verfolgte mich. Im letzten Moment tauchte Hauke auf, nahm mich in seine Arme, und wir retteten uns in einen warmen, hellen Raum. Ich wachte auf, zitterte ein bisschen und weinte wohl auch. Hauke war davon wach geworden, hatte sich aus seinem Schlafsack geschält und versuchte mich zu trösten.

Seitdem beschäftigt mich dieser Traum. Er führt mir vor Augen, dass ich hier in Kinnvika auf der Flucht bin – vor mir selbst, vor anderen oder vielleicht auch vor dem wirklichen Leben? Hier fühle ich mich so wohl, so geborgen, wie zurückgekehrt in ein längst vergessenes Paradies. Mir graut vor der Rückkehr in das normale Leben mit all seinen Schwierigkeiten, den Kränkungen und der Angst zu versagen. Nach außen wirke ich immer so lustig und optimistisch, aber das täuscht. Manchmal bin ich sehr verzagt und fühle mich allein gelassen und hilflos. Hier in Kinnvika ist das anders. Kann ich hier stark genug werden, um später wieder das Leben in England zu

Eis und Schnee fast das ganze Jahr – lange Wanderungen bis zur Hinlopenstraße

Schutz vor Erfrierungen – bei -40°C und eisigem Wind muss man die Nase schützen

Mühsame Messungen im kalten Wasser –
Eisbären zerstören immer wieder die Instrumente

Historischer Fund am Strand: Wrackteile alter Schiffe verwittern im arktischen Klima niemals

Eis – eine faszinierende Substanz voller Geheimnisse

Nachdenken, Zwiegespräche und Tagebuch schreiben – wir haben Zeit und Ruhe

Eisbären in Sicht? Über 1000 Könige der Arktis statteten uns einen Besuch ab

Das Klohäuschen – beliebter Treffpunkt für Eisbären

meistern? Will ich das überhaupt noch? Ich brauche zum Glücklichsein fast nichts mehr, eine winzige Hütte irgendwo, die warm und hell ist, so wie in meinem Traum. Und ich hoffe in meinem Herzen, dass zwischen Hauke und mir eine vertrauensvolle, tiefe Freundschaft bleibt. Ich habe das Gefühl, Hauke irgendwie zu brauchen, er ist so stark. Aber vielleicht täuscht das, und es geht ihm manchmal genauso wie mir.

So, liebste Carol, mach's gut und lass es dir zu Weihnachten und im neuen Jahr wohl ergehen. Grüße alle, die mich noch kennen. Ich freue mich darauf, dich im nächsten Jahr wiederzusehen.

Deine Marie

PS Wenn irgend möglich, schreibe ich dir nach Rückkehr des Lichts wieder!

13 Forschen in Kälte und Finsternis
Was kommt dabei heraus?

Kinnvika, 15. Dezember 2002

Vorweihnachtszeit, kleine Geheimnisse, Kerzenschein, Einpacken von Geschenken, Briefeschreiben, wehmütige Gedanken an die so ferne Familie, die drei Kinder und sieben Enkelkinder daheim in Deutschland. Die Kleinen werden mich wohl schon vergessen haben. Hin und wieder erzählt man ihnen vielleicht von ihrem verrückten Großvater, der weit, weit weg fast am Nordpol im Eis sitzt und sich vor Eisbären fürchtet. Der Nordpol, was ist das?, fragen sie vielleicht.

Ich würde ihnen dann antworten, dass die im hohen Norden lebenden Menschen, die Inuits, glauben, am Nordpol würde ein riesiger, uralter und rostiger Nagel in unserem Erdball stecken. Und um diesen Nagel dreht sich die Erde einmal am Tag um sich selbst. Eisbären schleichen im Dunkeln herum und bewachen ihn, damit kein naseweiser Mensch ihn herauszieht und unsere Erde stehen bleibt. Grüne, blaue und rote Polarlichter beleuchten den alten Nagel, damit sich die Bären zurechtfinden. Und der alte Großvater sitzt da irgendwo im Dunkeln ein Stück abseits, guckt sich alles genau an und schreibt darüber ein Buch. Ein bisschen gruselt es ihn, aber irgendwie macht es ihm auch Spaß. Wäre das nicht ein hübscher Anfang für eine Weihnachtsgeschichte?

Viel Zeit für traurige Gedanken an die Lieben daheim bleibt mir nicht. Die letzten Tage waren sehr hektisch, denn der Weihnachtsbesuch des Gouverneurs von Spitzbergen steht bevor. Über Funk wurde uns angekündigt, dass in wenigen Tagen, zur Vollmondzeit, von Longyearbyen aus sein traditioneller Rundflug zu den in finsterer Wildnis ausharrenden Menschen stattfinden soll. Mit dem Hubschrauber wird Eeros Jägerhütte in Mushamna angeflogen. Dann geht es weiter nach Austfjordneset zur Familie von Stein Asheim.

Schließlich ist auch noch ein Weihnachtsbesuch bei unseren im Segelboot *Jonathan* lebenden holländischen Freunden Mark und Marina geplant.

Kinnvika ist am weitesten entfernt, und Marie und ich hoffen inständig, dass das Wetter keinen Strich durch den Flugplan macht. Wenn nämlich wieder mal einer der üblichen Stürme tobt, weigern sich die Piloten, die weite Strecke über das gefährliche Gebirge zu fliegen und dann auch noch in einem weißen, wogenden Meer von wirbelndem Pulverschnee zu landen. Aber vorerst sind wir optimistisch und treffen die letzten Vorbereitungen, um dem fliegenden Weihnachtsmann unsere Briefe und Pakete mitgeben zu können.

In den vergangenen Wochen habe ich emsig gearbeitet, um einen ersten Bericht über die vorläufigen Expeditionsergebnisse fertig zu stellen. Der Gouverneur hatte mich gebeten, das ganze Jahr über möglichst sorgfältig Wetterbedingungen, Tierleben und Vegetation zu beobachten und zu dokumentieren. Jetzt vor Weihnachten habe ich wieder ganze Tage damit zugebracht, die vielen Daten auszuwerten, Mittelwerte zu berechnen und anschauliche grafische Darstellungen der wesentlichen Ergebnisse zu erstellen.

Über Funk verfolge ich regelmäßig die Wetterdurchsagen von Longyearbyen. Auf Nordaustland herrschen viel härtere klimatische Bedingungen als weiter südlich. Wenn in Longyearbyen von leichten Winden und mäßig kalter Luft berichtet wird, tobt hier häufig ein Sturm, und es ist um einige Grade kälter. Die vom norwegischen Meteorologischen Institut für Spitzbergen herausgegebenen Wettervorhersagen treffen häufig nicht zu. Nun könnte man meinen, dass dies wahrlich kein Unglück sei, wen interessiert schon das Wetter in dieser eisigen Einöde? Jetzt in der Polarnacht beobachten wir zuweilen die Lichter von Fischtrawlern auf der Hinlopenstraße ganz in unserer Nähe. Diese fangen, besonders im Winter, die begehrten nordischen Krabben und wären mit zutreffenden Wettervorhersagen bestimmt glücklicher. Außerdem könnten mit meinen über ein Jahr akribisch aufgezeichneten Wetterdaten die zurzeit benutzten Rechenprogramme für die Wettervorhersagen in Spitzbergen langfristig verbessert werden. Ich habe mit dem Meteorologischen Institut in Tromsø deshalb Kontakt aufgenommen und werde meine aufbereiteten Daten zur Verfügung stellen.

Die auf Spitzbergen und den benachbarten Eisfeldern lebenden Eisbären werden von Wissenschaftlern des norwegischen Polarinstitutes seit vielen Jahren mit großem technischen Aufwand beobachtet und gezählt. Dazu fliegen Helikopter aufwendige Suchkurse, und zahlreiche Tiere werden mit telemetrischen Signalgebern versehen. Das ist, abgesehen von den hohen Kosten, nicht ganz unproblematisch. Die Eisbären werden zumeist vom Hubschrauber aus durch gezielte Schüsse betäubt und mit großen Farbnummern auf ihrem Pelz markiert. Anschließend schnallt man ihnen ein Telemetrie-Halsband um. Ich habe ein Telemetrie-Halsband am Strand gefunden und untersucht: Der Sender mit Batterie ist ein relativ großes, hervorstehendes Bauelement. Männliche Eisbären mit ihren schlank geformten Köpfen streifen jedes Halsband ab, nur bei Eisbärenmüttern hält es. Allerdings glaube ich, dass die Tiere dadurch stark beeinträchtigt werden.

Wenn ein Eisbär versucht, eine Robbe an ihrem Atemluftloch im Eis zu erwischen, schlüpft er manchmal mit dem Schädel und den Vordertatzen hinein. Ich habe in Mushamna beobachtet, wie sich Bären fast wie Schlangen durch unwahrscheinlich enge Löcher im Eis winden. Mit einem Telemetrie-Halsband ist das kaum möglich, es könnte sogar lebensgefährlich sein. Außerdem stellen natürlich eine Jagd mit dem Hubschrauber und die anschließende Vollnarkose für die Bären eine erhebliche Stressbelastung dar. Und die leuchtenden Markierungen auf dem weißen Pelz dürften die Chancen des Bären bei der Pirsch auf schlafende Robben deutlich herabsetzen.

Ich möchte dem norwegischen Polarinstitut vorschlagen, etwas behutsamer vorzugehen. Ich habe während meiner Zeit in Mushamna und hier in Kinnvika bereits über 100 verschiedene Eisbären jeweils viele Stunden und Tage ganz ungestört und im harmonischen Miteinander beobachten können. Ich habe einzelne Tiere wiedererkannt, ihr Jagdverhalten, den Umgang mit ihresgleichen und ihre Begegnungen mit Menschen studiert und dokumentiert. Das ausführliche Bärentagebuch ist Teil meines Berichtes für den Gouverneur. Ich werde die Methode, einzelne Bären anhand ihres charakteristischen Fußabdruckes an bestimmten Sammelpunkten zu registrieren und wiederzuerkennen, mit Fachleuten diskutieren und vielleicht im Feldversuch erproben. In den alten Tagebüchern von Jägern auf Spitzbergen wird berichtet, wie Selbstschussanlagen in der Wildnis aufgebaut und mit einem Köder versehen wurden. Das war eine für die Jäger zwar erfolgreiche, aber für die Bären brutale und deswegen inzwischen verbotene Jagdmethode. Ich verfolge die Idee, gewissermaßen in moderner Abwandlung dieser Tötungsmethode, Bären mittels der im Straßenverkehr eingesetzten Radarfallen automatisch zu identifizieren und gleichzeitig zu fotografieren.

Die in Norwegen und Schweden üblichen Verkehrsradarmasten sind technisch ausgereift und den harten klimatischen Bedingungen angepasst. Könnten nicht einige dieser für alle Verkehrsteilnehmer ärgerlichen Exemplare statt an norwegischen Straßen an den bekannten Wanderrouten der Bären auf Spitzbergen installiert werden? Ein Duft von Robbenspeck würde die neugierigen Bären anlocken und in eine günstige Position für ein hübsches Porträt und vielleicht auch noch für einen automatischen »Fingerabdruck« bringen. Ich werde versuchen, für einen entsprechenden Feldversuch von einem der Hersteller eine Radarfalle als Spende zu ergattern. Wäre das nicht ein origineller Versuch, frustrierte Verkehrssünder versöhnlicher zu stimmen?

So interessant die auf Nordaustland gesammelten Daten über Wetter, Tiere und Pflanzen auch sein mögen, so ist doch das wesentliche Motiv für meine Expedition die Erforschung von Schnee und Eis sowie der darin lebenden primitiven Organismen. Die Beobachtungen der Eisbären, das Verfolgen von Rentieren, Zählen der Vögel, Robben, Walrosse und Füchse – das alles bereitet mir zwar eine große Freude, ist aber nur ein Nebenprodukt meiner eigentlichen Untersuchungen.

Nachdem in der Umgebung von Kinnvika ab September Eis und Schnee verfügbar waren, konnte ich mein Forschungsprogramm beginnen. Inzwischen liegen mir unzählige Messergebnisse über Temperaturverteilungen in Schnee, Eis, Luft und Wasser vor. Ich habe die entsprechenden pH-Werte, Salzgehalte, Kohlendioxidkonzentrationen und Lichtintensitäten registriert, und ich kenne das Mikroklima im Eis und im Schnee. Es wird interessant sein, ob und wie sich im Laufe eines ganzen Jahres diese Daten verändern. Meinem Ziel, eine Modellvorstellung zum Eis in der ungestörten Natur zu skizzieren, bin ich ein wesentliches Stück näher gekommen.

Unter meinen vielen inzwischen vorliegenden Ergebnissen scheinen mir die Kohlendioxidmessungen in Luft, Schnee und Eis sowie die starken Inhomogenitäten der pH-Werte im Meereis von besonderem Interesse zu sein. Ich könnte mir vorstellen, dass sich aus den von mir bisher nur vorläufig untersuchten Effekten spannende Konsequenzen ergeben. Wenn sich die starken Schwankungen der Kohlendioxidwerte tatsächlich als reproduzierbar erweisen, könnte dies ein nicht unbedeutender Beitrag zur aktuellen Diskussion um die Erwärmung der Erde sein.

Für meinen Kollegen Professor Garabed Antranikian an der Technischen Universität Hamburg-Harburg habe ich ein besonders schönes Weihnachtsgeschenk: Millionen von Kälte liebenden Bakterien, die ich in mühsamer Arbeit gesammelt habe.

Ein Kollege aus Berlin, Professor Edwin Fuhr, hatte von meiner Expedition nach Nordaustland gehört und mich gebeten, die Augen nach Schneealgen offen zu halten und ihm Proben zuzuschicken. Ende August haben wir während unserer Ausflüge mit dem Gummiboot im Süden rötlich oder auch braun und grünlich gefärbte Schneefelder gefunden. Das sind die von Professor Fuhr gesuchten Kolonien. Die Schneealgen sind rätselhafte, sehr anspruchslose Wesen, die auf dem Schnee leben und im Wesentlichen nur das in der Atmosphäre vorhandene Kohlendioxid nutzen, um daraus mithilfe der Sonne ihren Organismus aufzubauen und zu erhalten. Vielleicht bevorzugen sie auch deshalb den Schnee als Lebensraum, weil hier auf Nordaustland eine erhöhte Konzentration von Kohlendioxid gegeben ist? Schneealgen sind noch wenig erforscht, und es besteht Interesse, auch einige Arten im hocharktischen Umfeld von Nordaustland einzusammeln, zu identifizieren und vielleicht sogar zu züchten. Ich habe auf den verschiedenen Schneefeldern etliche Probengläser mit Schneealgen gefüllt, die kugeligen, winzigen Gebilde unter dem Mikroskop betrachtet, fotografiert und schließlich alle Proben fachgerecht konserviert und verpackt. Jetzt zu Weihnachten kann ich sie endlich an meinen Kollegen senden.

Die Fertigstellung meines Berichtes über den bisherigen Verlauf der Expedition für die Technische Universität sowie für den Gouverneur war etwas mühsam. Und das nicht so sehr wegen der Zusammenstellung der vielen Messwerte und der Formulierung der Beobachtungen – so etwas macht mir Spaß und gibt mir Gelegenheit, eine Zwischenbilanz zu ziehen. Vielmehr war die Herstellung eines formvollendeten Druckwerkes mit zahlreichen grafischen Darstellungen unter den hiesigen primitiven Bedingungen, im schummrigen Licht einer Petroleumlampe mit zunächst unüberwindlichen Schwierigkeiten verbunden. Allerdings hatte ich vorausschauend von meinen Mitarbeitern in Hamburg einen Computer mit Drucker und Bedienungsanleitungen aussuchen und im Expeditionsgepäck verstauen lassen. Ich selbst hasse die Arbeit am Computer, bin in dieser Beziehung völlig unfähig und sicherlich hoffnungslos altmodisch. Jetzt galt es, diese Herausforderung zu bewältigen. Ohne Erfahrung mit Computern und vor allem ohne jeden Enthusiasmus.

Mein rettender Engel war Marie. Sie ist zwar auch keine Expertin, aber sehr viel geduldiger und feinfühliger als ich, um aus dem störrischen Computer mit viel List und Tücke ordentliche Grafiken und leserliche Schriftstücke hervorzuzaubern. Außerdem brachte sie meinen holprigen englischen Text in eine sprachlich elegante Form. Wir saßen viele Tage zusammen, um das Werk zu vollenden. Ich diktierte den Text, nannte Zahlenkolonnen und versuchte hin und wieder, Marie die in deutscher Sprache verfassten Anleitungen für das

Computerprogramm zu übersetzen. Als dann endlich der kleine batteriebetriebene Drucker den fertigen Bericht mit 50 Seiten und vielen schönen Kurven ausspuckte, waren wir richtig stolz.

Wenn ich nachts, warm verpackt, in meinem Schlafsack liege – in unserer Hütte herrschen am Morgen frostige Temperaturen um die -8°C –, lasse ich mir vor dem Einschlafen die vergangenen Monate durch den Kopf gehen. Ich bin dankbar, dass ich wieder einmal eine Lebensphase voll spannender Erlebnisse in Ruhe und ganz ohne Hektik, ohne ehrgeizige Wünsche und verzehrendes Anspruchsdenken erleben darf. Ich kann Gedanken und Überlegungen ganz gemächlich entwickeln – bis zu einem erfolgreichen Abschluss oder aber zu der Erkenntnis, mich auf einen Irrweg begeben zu haben. Auch das schmerzt oder enttäuscht mich nicht sonderlich, schließlich habe ich viel Zeit und keinen unmittelbaren Erfolgszwang, keine wichtigen Telefonate zu führen, keine Sitzungen zu leiten oder Verwaltungsarbeiten zu leisten. So schön das alles ist, ich spüre dennoch, dass der hier praktizierte Arbeits- und Lebensstil langfristig wohl nicht als nachahmenswert oder gar vorbildlich für andere Menschen gelten kann. Der Gedankenaustausch und die Auseinandersetzung mit anderen Menschen scheinen mir auf Dauer unverzichtbar zu sein für gute wissenschaftliche Arbeit – und darüber hinaus für ein erfülltes Leben. Unser Leben hier in Kinnvika ist geprägt durch einfache, geradezu primitive Lebensbedingungen, durch das Bedürfnis nach warmen Füßen und nach einem heißen Topf mit fettiger Fleischbrühe, durch das mulmige Gefühl bei der Begegnung mit einem Eisbären auf dem Weg zum Klohäuschen und durch die gemütlichen Abende mit einer Flasche Rotwein. Ob mir das auf Dauer ausreicht, weiß ich nicht.

Das Zusammenleben zwischen zwei Menschen – Mann und Frau –, entfernt von jeder Zivilisation in der Einsamkeit und der harten, extremen Natur, hat einen ganz besonderen Charme. Die normalerweise in der Gesellschaft existierenden Reize und Störungen – Eifersucht, Einflüsterungen von guten Freunden oder Freundinnen, verletzte Eitelkeiten, Untreue, Partys, Klatsch und Benimmregeln,

Beziehungskrisen, Sinnfragen – spielen keine Rolle. Hier in Kinnvika ist alles ganz einfach und selbstverständlich. Jeder von uns hat seine kleinen täglichen Aufgaben übernommen. Wir tragen fast ununterbrochen dieselben praktischen und warmen Klamotten, freuen uns darauf, aus dem eisigen Schneesturm in die warme Hütte zu kommen, machen uns gemeinsam Sorgen, ob das Brennholz den langen Winter über reichen wird oder ob uns nicht doch einmal ein Eisbär erwischt.

Bei der Planung der Expedition habe ich – gewissermaßen als Nebeneffekt zu den erwarteten wissenschaftlichen Ergebnissen – gehofft, etwas zu lernen über das Miteinander von Menschen und über die dabei unterstützenden oder auch störenden äußeren Einflüsse. Diese Hoffnung war damals ein wesentliches Motiv dafür, die Expedition zusammen mit einer Frau durchzuführen. Jetzt weiß ich, dass ich mit Marie für dieses Experiment eine ideale Partnerin gefunden habe und dass wir beide im Laufe dieses Jahres die Chance haben herauszufinden, was im Leben zwischen Mann und Frau wirklich wichtig ist. Welche Konsequenzen wir daraus ziehen werden? Das ist uns beiden noch unklar, und jeder von uns macht sich da wohl seine eigenen Gedanken.

Nun werden die letzten Briefe versiegelt und die Hütte für unseren Weihnachtsbesuch aufgeräumt und festlich geschmückt. Und dann habe ich noch einige letzte Arbeiten draußen in einer bisher leeren Nachbarhütte in der Nähe unseres Wohnhäuschens in Kinnvika abzuschließen. Ich werde mich winterlich warm anziehen, einen Hund als Eisbärenwächter mitnehmen und dann durch die hohen Schneewehen nach drüben stapfen. Was ich dort vorhabe? Das ist bis jetzt noch ein Geheimnis und soll eine Weihnachtsüberraschung für den Gouverneur werden.

14 Dunkle Tage und Nächte
Bärenattacken und Tod eines Freundes

Kinnvika, 5. Januar 2003

Es ist kalt, -25 °C, stürmisch und finster. Solche Bedingungen herrschen hier eigentlich immer. Wir empfinden das als normal und haben es aufgegeben, uns deshalb zu bedauern oder auf eine Besserung zu hoffen. Meine Finger sind noch frostkalt und steif, der Bleistift beim Schreiben gehorcht nicht so ganz. Gerade bin ich von draußen hereingekommen, habe meine Schneestiefel ausgezogen und zum Trocknen über den kleinen Ofen auf eine Holzlatte gestellt, dann die Mütze und die Handschuhe neben die Stiefel gepackt und schließlich den Anorak und das Gewehr an einen Nagel gleich neben der Hüttentür gehängt. Zum Schluss bürste ich mit einem Handfeger den feinen Schneestaub von den Hosen. Nach jedem kleinen Ausflug in das ungemütliche Winterwetter ist diese Prozedur notwendig. Warme und trockene Kleidung ist hier ein absolutes Muss.

Ich hatte Marie zum Klohäuschen begleitet, als Leibwächter gegen Eisbären. Mit der Waffe über der Schulter und hin und wieder den Lichtkegel der Taschenlampe im Schneegestöber kreisen lassend, stand ich wie ein Wachmann vor seinem Schutzhäuschen und hoffte auf ein baldiges Ende. Ein bisschen fühle ich mich bei diesen täglichen Ausflügen wie in der Zeit als Soldat in Koblenz, wo ich vor 40 Jahren manchmal nachts Wache geschoben und meine Kameraden vor dem bösen Feind beschützt habe. Die Wahrscheinlichkeit, jetzt von einem Eisbären belästigt zu werden, scheint mir allerdings erheblich größer zu sein, als damals vor dem Kasernentor unerwünschten Besuch abwehren zu müssen.

Vor zwei Wochen schlich ein schlaksiger, magerer Bär zwischen den Hütten herum. Die Hunde passen bei Schneetreiben und Finsternis nicht gut auf, zumal der große Schwarze, Sako, seit vielen

Wochen krank war und immer teilnahmsloser wurde. Ich hatte das unbestimmte Gefühl, trotz des Windes etwas gehört zu haben, und ging nach draußen. Mit einem lichtstarken Scheinwerfer versuchte ich, den Bären in der Dunkelheit zu blenden. Das funktionierte auch ganz gut, der Bär unterließ es schließlich, an die herumhüpfenden Hunde Tatzenhiebe zu verteilen, und verzog sich zögernd und brummend hinter eine Schneewehe. Nach solchen Erlebnissen bin ich bei Marie natürlich als Wachmann vor dem Klohäuschen gefragt.

Wenn wir spätabends die Kerzen ausgepustet haben und in die Schlafsäcke in unseren Kojen kriechen können, fühlen wir uns geborgen und wohl. Wir lauschen auf das Heulen des Sturmes, die klappernden Fenster und das rüttelnde Ofenrohr. Manchmal dauert es Stunden, bis ich einschlafe. Aber das stört mich nicht, im Gegenteil, ich genieße es, meinen Gedanken nachzuhängen, an meine Familie zu denken und mir auszumalen, wie es bei meiner Rückkehr sein wird. Steht mein kleines Häuschen in Wesel noch unversehrt? Ob auch im nächsten Sommer und Herbst die in meiner Erinnerung immer bunter und schöner werdenden Blumen blühen, die Hagebutten rot leuchten und die Bienen im Heidekraut summen? Ich verziehe mich tiefer in den Schlafsack wie ein Bär oder ein Fuchs in seine Schneehöhle, schließe die Augen und träume. Es tut gut, in den Nachtstunden den Widrigkeiten des Schneesturmes und der Angst vor Eisbärenbesuchen wenigstens zeitweise zu entkommen.

Das Schlafbedürfnis – nicht nur von Menschen, sondern von allen Lebewesen – ist ein rätselhaftes Phänomen. Viele Wissenschaftler und besonders Mediziner haben herauszufinden versucht, warum ein Mensch schlafen muss, wie lange der Schlaf dauert und welche merkwürdigen Vorgänge dabei in unserem Körper und Gehirn ablaufen. Man glaubt zu wissen, dass der Schlaf in erster Linie der Erholung des Körpers, der Nerven und der Muskulatur dient. Das Gehirn braucht Abgeschiedenheit von äußeren Reizen, um das Übermaß der täglichen Wahrnehmungen zu verarbeiten. Um den Schlaf herbeizuführen, sendet das Zentrum des Wach-Schlaf-Rhythmus im Gehirn Nervensignale an die Großhirnrinde. Eine alternative Theorie besagt, dass chemische Substanzen, insbesondere schlafinduzierende Peptide, den Schlafzustand erzwingen.

Derartige Erklärungen helfen sicherlich zu verstehen, wie der technische Ablauf des Einschlafens abläuft, aber warum müssen wir überhaupt schlafen? Ist das nicht die reinste Zeitverschwendung? Die Natur ist doch sonst so auf Effizienz bedacht. Warum verlangt sie, dass wir jeden Tag acht Stunden gar nichts tun? Das erscheint mir – grübelnd in meinem dunklen Schlafsack liegend – irgendwie paradox zu sein.

Das Schlafbedürfnis hat mit der Stärke der Lichteinwirkung zu tun. Während der viermonatigen ununterbrochenen Helligkeit im Sommer konnte ich an den frei lebenden Tieren, den Vögeln, Füchsen, Bären, Rentieren und auch an meinen Hunden beobachten, dass wenig oder gar nicht geschlafen wird. Die körperlichen und geistigen Aktivitäten sind in diesen hellen Sommermonaten viel lebhafter als im Winter. Es wird gesungen, gejagt, gefüttert, herumgerannt, gebalzt und krakeelt – und das alles fast ohne Schlaf. Wir Menschen kennen das auch aus den nordischen Ländern. Kein Schwede oder Norweger schläft in den hellen Sommernächten mehr als nur wenige Stunden. Dafür schläft man im dunklen Winter nachts umso länger.

Mir ist aufgefallen, dass nur solche Lebewesen ein Schlafbedürfnis zu haben scheinen, die Licht benötigen, um sich zu orientieren, Beute zu machen oder auch vor Feinden zu fliehen und sich zu verstecken. Kurz gesagt: Jedes Wesen, das Augen hat, wird im Dunkeln müde und muss schlafen. Kleine Wimpertierchen, die sich in irgendeiner Eisspalte oder an einem Pflanzenstängel im Wasser festgesetzt haben und sich mit ihren rhythmisch schwingenden Wimpern pausenlos Nährstoffe in den Schlund strudeln, schlafen anscheinend nie. Bakterien schlafen meines Wissens ebenfalls nicht, sondern fressen und vermehren sich unermüdlich – im wahrsten Sinne des Wortes.

Ich lasse mir diese Beobachtungen in meinem warmen Schlafsack durch den Kopf gehen, und plötzlich lässt mich ein Gedanke hellwach werden: Jetzt glaube ich zu verstehen, warum die Natur uns sehenden Wesen täglich acht Stunden Schlaf verordnet! Als vor vielen Millionen Jahren einige privilegierte Lebewesen durch die Evolution mit lichtempfindlichen Organen – den späteren Augen – ausgestattet wurden, war das ein riesiger Vorteil. Dank der Sensoren für die vom Licht gelieferten Informationen wurde das sehende Wesen in die Lage versetzt, sich aktiv in seiner Umgebung zu bewegen.

Aber so positiv dieser Umstand für das Überleben auch ist, er hat eine Kehrseite: In der Dunkelheit nützen die Augen nichts. Im Gegenteil. Wer Augen hat, irrt orientierungslos herum, stößt sich an unsichtbaren Gegenständen, verletzt sich dabei vielleicht sogar, macht unnötig Lärm, lenkt die Aufmerksamkeit seiner Feinde auf sich, fühlt sich im Übrigen ziemlich unsicher, verschwendet Energie, macht sich Sorgen und ist hilflos. Was ist in dieser misslichen Lage zu tun? Ganz einfach: schlafen! Und zwar so lange, bis es wieder hell genug ist, um zu sehen. Das ist auf unserer Erde – allerdings nicht in der Arktis und Antarktis – nach ungefähr acht Stunden der Fall. In diesen acht dunklen Stunden wird das sehende Wesen von der Natur mit der Droge »Schlaf« ruhig gestellt, sei es durch ein Kontrollzentrum im Gehirn oder durch Schlafpeptide. Während des Schlafs werden keine Energien vergeudet, keine unnötigen Bewegungen gemacht, keine Feinde angelockt und auch keine zwecklosen Angstzustände erlitten. So ganz nebenher werden auch noch Erholungs- und Reparaturarbeiten in Muskeln und Gehirn durchgeführt. Ich versinke in einem süßen Traum von lachenden Enkelkindern und warmem Sonnenschein, ganz ohne Angst, Schneesturm, Dunkelheit und Kälte.

Die Vorweihnachtszeit stand im Zeichen des bevorstehenden Besuches des Gouverneurs. Jeden Abend verfolgten wir am Funkgerät voller Spannung den Wetterbericht. Nähert sich ein Sturmtief? Wird die Sicht für den Flug gut genug sein? Oder wird ein Schneegestöber die sichere Landung verhindern? Am frühen Morgen des geplanten Besuchstages am 18. Dezember gebe ich per Funk die neuesten Wetterdaten an die Hubschrauberpiloten durch, und dann warten wir voller Spannung. Endlich! Dröhnender Lärm, gleißend helle Suchscheinwerfer huschen herum und suchen unsere winzige Hütte in der verschneiten Einöde. Dann das ersterbende Jaulen der abgestellten Triebwerke. Eine Karawane von neun Weihnachtsmännern in dicken, gefütterten Overalls kämpft sich durch die hohen Schneewehen heran: herzliche Begrüßungen, Umarmungen, Berge von Paketen in unserer kleinen, sonst so stillen Hütte. Draußen ist es bitterkalt, und unsere Gäste beschweren sich über den scharfen Nordwind – dabei ist es nach unserem Gefühl fast windstill.

Wir Einsiedler sind ein bisschen aufgeregt. Marie bietet Kaffee und heißen Punsch an, und ich versuche in der Kürze der Zeit, dem Gouverneur Odd Olsen Ingerør – einem sehr freundlichen, interessierten und geradezu liebenswürdigen Herrn – die ersten Ergebnisse der Expedition zu erläutern. Eile ist geboten, die Piloten haben Sorge, dass ihr Hubschrauber nicht mehr starten kann, wenn er zu stark abkühlt. Es bleibt nur eine halbe Stunde Zeit, um miteinander zu reden, Neuigkeiten zu besprechen, gute Wünsche an Freunde zu übermitteln und Postsäcke auszutauschen. Der Gouverneur scheint von meinem kleinen Vortrag und der feierlichen Aushändigung des ersten Expeditionsberichtes beeindruckt zu sein. Er hört sich die Vorschläge für weitere Aktivitäten, insbesondere hinsichtlich der Beobachtung von Eisbären, aufmerksam an und verspricht, mit seinen Spezialisten darüber zu diskutieren und mich über seine Entscheidungen zu informieren. Zum Abschluss besteht der mit angereiste Pfarrer Svein Raddum traditionsgemäß darauf, das Weihnachtslied »Stille Nacht« auf Norwegisch zu singen. Svein erzählt noch, wie stark ihn während seines Weihnachtsbesuches vor drei Jahren meine kümmerliche, einsame Behausung in dem eingefrorenen Schiff *Mesuf* beeindruckte – und dann ist der ganze Spuk auch schon vorüber. Die Triebwerke heulen auf, ein furchtbar kalter Schneewirbel fegt uns beinahe fort, ein paar Lichtpunkte verschwinden am stockdunklen Himmel, und wir beide stehen ein wenig verlassen da. Das war's wohl, brumme ich aufgewühlt und erschöpft, und wir stapfen nach Hause.

Unser Weihnachtsfest verlief zunächst sehr ruhig. Wir beide hingen unseren Gedanken an die so weit entfernten Familien nach. Ich stellte mir die staunenden und strahlenden Enkelkinder am erleuchteten Weihnachtsbaum vor – und fühlte mich dabei, hier in dieser entsetzlichen Einöde, verlassen und ein bisschen traurig. Wir öffneten einige der vielen liebevoll gepackten Päckchen und Briefe und waren gerührt, wie viele flüchtige Bekannte aus aller Welt an uns gedacht hatten und uns eine kleine Freude machen wollten. Ein bisschen schwingt bei solchen Grüßen die Sehnsucht nach einem ähnlichen Abenteuer mit oder vielleicht auch Wehmut darüber, die entsprechenden Chancen nicht genutzt zu haben, als das Leben sie bot. Ich hatte selbst viele Briefchen und Päckchen auf den Weg gebracht, und nun war ich beschämt, einige dieser aufmerksamen Menschen nicht mit einem Gruß aus Kinnvika bedacht zu haben.

Zu spät, der Hubschrauber ist fort und wird erst in vielen Monaten wieder hierher finden. Ein wütender, eiskalter Sturm tobt um die Hütte. Wir wollen es zu Weihnachten gemütlich warm haben und schichten in den kleinen Ofen viele Holzscheite, dazu kommt das ganze Geschenkpapier. Bei einem Glas des Rotweins aus dem Weihnachtspaket meines Freundes Dietmar habe ich mir eines der vielen neuen Bücher vorgenommen, stopfe die Pfeife mit Weihnachtstabak und fühle mich richtig wohl neben dem bullernden Öfchen. Aber nach kurzer Zeit plagt mich das schlechte Gewissen – wie wird es unseren armen Hunden gehen, die im kalten Schneegestöber ausharren müssen? Ich rappele mich auf, verpacke mich winterfest, nehme zwei Wurstzipfel für die Hunde mit und stoße die Hüttentür auf.

Der Sturm reißt mir die Tür aus der Hand, Schnee peitscht mir ins Gesicht, und ich versuche nach Kräften, die Hüttentür möglichst schnell wieder zu schließen. Mit dem Rücken gegen den Wind streichele ich die Hunde und sehe mich um. Aber was ist denn das, dort hinten im finsteren Schneegestöber auf der Hinlopenstraße? Lauter Lichter tanzen auf und ab, das muss eine ganze Gruppe von Fischerbooten sein. Eigentlich komisch, heute am Weihnachtsabend so viel Aktivität? Die Lichter schwirren weiter, manchmal wirken sie rot, wie Rücklichter von wegrasenden Motorrädern. Verwundert blicke ich zurück zur Hütte, und mir stockt der Atem: Ein ganzes Feuerwerk von Funken quillt aus dem Schornstein, wirbelt gefährlich nahe um die Kanister mit Petroleum und saust ungestüm über die Schneefelder bis zur Hinlopenstraße. Offensichtlich hat sich durch unser übertriebenes Heizen ein Schornsteinbrand entwickelt. Ich stürze nach drinnen. Schnee wirbelt hinein, Marie schaut erschrocken auf. Schnell, alle Luftklappen am Ofen schließen, die glühenden Holzscheite aus dem Ofen ziehen, das Feuer ersticken! Angstvoll beobachten wir danach draußen, zitternd vor Kälte, den abnehmenden Funkenflug. Ich schleppe die Petroleumvorräte weit weg und klettere auf das Hüttendach – der Sturm reißt mir dabei immer wieder die Leiter aus den Händen. Der Schornstein ist heiß, aber es brennt nichts mehr, die Gefahr scheint vorerst gebannt zu sein.

Was machen wir nun? Wieder Feuer im Ofen entfachen, damit es nicht zu kalt wird? Aber vorher muss der Schornstein gereinigt werden, am besten sofort, in wenigen Stunden wird unsere Hütte eiskalt sein. Auf dem Dach zerrt der Sturm wütend an mir herum, während ich mich abmühe, die fest verschraubte Schornsteinklappe abzumontieren. Natürlich ist alles verrostet und verzundert. Mühsam, mit erfrorenen Fingern, löse ich die Schrauben, Marie leuchtet mir von unten mit der Taschenlampe. Ich muss mich während der Sturmböen am Dach festkrallen, um nicht weggeweht zu werden. Dann versuche ich, mit einer Stange aus eilig zusammengenagelten Holzlatten das Schornsteinrohr von Ruß zu befreien. Marie beginnt zu lachen, nach wenigen Sekunden sehe ich wie ein Schornsteinfeger aus. Gesicht und Hände kohlrabenschwarz, im vereisten Bart hängen Rußflocken, meine Augen brennen und sind rot. Aber irgendwie schaffe ich es. Der Schornstein ist gefegt, die Schrauben wieder dort, wo sie hingehören, ich wasche mir Gesicht und Hände, entzünde vorsichtig ein neues, kleines Feuerchen im Ofen und ärgere mich nur, dass mein schöner Rotwein inzwischen kalt geworden ist.

Das stürmische und sehr kalte Wetter hielt viele Tage an. Riesige Schneewehen türmten sich innerhalb weniger Stunden um die

Hütte. Wie Wanderdünen formten sie immer neue, hügelige Landschaften. Wir machen uns Sorge um Sako, unseren großen schwarzen Hund. Seit Wochen hat er ein stark geschwollenes Vorderbein, er wird immer magerer und fühlt sich nicht wohl. Ob er vielleicht doch bei seinen Bärenkämpfen etwas Ernsthaftes abbekommen hat? Einige Nächte holen wir ihn in die Hütte, um ihn vor dem kalten Wind zu schützen. Ich bestrahle sein Bein mit einer Infrarotlampe. Er scheint das gern zu haben, aber das Bein wird nicht besser. Wir plündern unsere Hausapotheke. Ich probiere es mit Antibiotika, Penicillin und schmerzstillenden Mitteln. Marie steuert Arnikapillen bei, mit denen sie gelegentlich ihre Kopfschmerzen wirksam bekämpft. Ich hole mir über Funk Rat bei erfahrenen Hundeführern in Longyearbyen und nehme mehrfach Verbindung zu einer Tierklinik in Tromsø auf. Die Aussichten, die merkwürdige Krankheit zu heilen, scheinen nicht gut zu sein. Möglicherweise leidet unser Hund an einer chronischen Knochenhautentzündung, ausgelöst durch eine zunächst harmlos erscheinende innere Verletzung. Sako genießt es, bei uns drinnen zu schlafen. Mehrfach versucht dieser riesige Hund, in meinen Schlafsack zu kriechen, und lässt sich daraus nur sehr ungern vertreiben. Unsere Nächte sind entsprechend unruhig. Immer wieder krabbele ich aus dem Schlafsack, versuche Sako zum ruhigen Liegen zu überreden und Balto draußen in seiner Einsamkeit zu trösten. Danach schlafe ich wieder ein und lausche noch im Schlaf auf die tapsenden Schritte des kranken Hundes gleich neben meiner Koje. In unserer Hütte riecht es inzwischen wie in einem Raubtierkäfig.

Ein großer Bär wandert auf dem Eis über den Fjord. Er ist alt, erfahren und beherrscht alle Tricks, während des dunklen Winters in dieser toten Einöde zu überleben. In den vergangenen Wochen hat ihm das allerdings nicht geholfen. Er ist sehr hungrig, und sein Pelz schlottert wie ein zu großer Mantel um seinen knochigen, riesigen Körper. Das Eis verfestigte sich in diesem Herbst erst spät. Die Robben zogen es deshalb vor, in anderen Regionen den Winter zu verbringen. Jetzt fegt ständig ein eiskalter Wind über den Fjord, sodass selbst zurückgebliebene einzelne Robben keine Lust verspüren, neben ihren Atemlöchern auf dem Eis zu liegen und damit dem Bären eine Chance zu geben, sich mit Robbenspeck voll zu fressen.

Unschlüssig steht der einsame Bär da, blinzelt hinauf zu den unablässig flackernden Nordlichtern und weiß nicht so recht, ob er sich vielleicht doch noch auf den Weg machen sollte, hin zu den anderen Eisbären auf der Bäreninsel in der südlichen Barentssee. Dort gibt es wahrscheinlich genug Robben, um mal wieder eine ordentliche Mahlzeit zwischen die Tatzen zu bekommen. Aber sicher ist das auch nicht, und der Weg über die unendlichen Eisfelder ist weit. Es ist trotz des Nordlichts so dunkel, dass der Bär auch eine vereinzelte Robbe kaum erkennen würde.

Aufmerksam späht er in alle Richtungen und prüft die Witterung. Dort, ganz weit hinten auf dem Fjordeis, ist da nicht ein dunkler Schatten? Eine Unebenheit auf der sonst so glatten, mit Schnee bedeckten Eisfläche? Das könnte ein Atemloch einer Robbe sein. Der Bär wendet seinen mächtigen Körper in diese Richtung, zieht die Luft ein und schleicht vorsichtig voran. Es enttäuscht ihn, dass kein Robbenduft heranweht. Wenn schon, dieses ungewöhnliche Hindernis mitten auf dem Eis hat seine Neugierde erregt und soll näher untersucht werden. Der Bär erreicht eine aufragende Holzlatte, mit merkwürdigen Sensoren und elektrischen Kabeln, eingefroren im Eis. Ein Prankenhieb, und das Holz ist zersplittert. Das am Boden liegende Messgerät in einem Plastikgehäuse wird kurz beschnuppert, der Bär wendet sich ab. Während er danach den Spuren von Mensch und Hund folgt, die von dem Holzpfahl wegführen, schleicht in der Finsternis ein kleiner Polarfuchs herbei.

Die Füchse auf Spitzbergen folgen in den dunklen Wintermonaten gern den ruhelos herumwandernden Bären. Vielleicht gibt es ja mal ein paar Reste von einer erfolgreichen Bärenjagd zu erhaschen, und der eine oder andere Bissen von gefrorenem Bärenmist ist auch nicht zu verachten. Diesmal ist allerdings nichts dergleichen zu erbeuten. Das Füchslein schnüffelt enttäuscht an dem zerbrochenen Holzpfahl mit dem Sensor. Schließlich zerbeißt es die elektrischen

Kabel in viele kleine Stücke und kaut ein wenig an dem Messgerät herum. Dann trollt es sich und eilt dem im Dunkeln längst verschwundenen Bären nach.

Der halb verhungerte Eisbär nähert sich gegen den Wind der kleinen Hütte. Es ist zwei Uhr nachts. Endlich nimmt er einen viel versprechenden Duft wahr, es riecht nach Rauch und Fressen, nach Hunden, nach einer Mahlzeit, die ihm das Leben retten könnte. Aber der alte Bär ist vorsichtig, niemals würde er direkt zu einem ihm unbekannten Wesen oder zu einer verdächtig riechenden Hütte stürmen. Im guten Abstand schleicht er vorbei und bemerkt dabei den großen Hund Balto, der etwas verschüchtert an der Hüttenwand hockt und Schutz vor dem eiskalten Wind sucht. Dieser Hund erscheint dem Bären als nicht sehr gefährlich oder aggressiv, der bellt noch nicht einmal, vielleicht wäre es einen Versuch wert.

Dort hinter der Hütte im Schnee, was sind das für große Kisten? Der nächtliche Besucher nähert sich den mit Kohle gefüllten Containern. Kurz dagegen gedrückt, ein paar Hiebe mit den Pranken, und schon kullern die Kohlestücke aus den zerborstenen Holzkisten in den Schnee. Der Bär wühlt darin herum, wieder nichts! Er blickt zu unserer etwas abseits liegenden Vorratshütte und stapft durch den hohen Schnee zu den mit Läden verschlossenen Fenstern. Auf den Hintertatzen stehend, versucht er, mit seinen Vorderkrallen die schützenden Holzbretter abzureißen. Es riecht durch die Ritzen in der Hüttenwand gar zu verführerisch nach Hundefutter, getrockneten Fischen, Mehl und Fett. Aber die Nägel und Bretter halten den Einbruchsversuchen des Bären stand. Frustriert sitzt er neben der Vorratshütte und beobachtet den unruhig an seiner Kette zerrenden Hund.

Plötzlich springt der Bär auf und stürmt in der Dunkelheit durch die Schneewehen hindurch zu dem ängstlich und geschickt ausweichenden Balto. Ein großer, tapsiger Eisbär hat gegenüber einem gesunden Schlittenhund keine Chance. Der Hund springt und wirbelt viel zu schnell herum, selbst an seiner 20 m langen Kette entkommt er immer wieder den Tatzenhieben. Die rasselnde Kette irritiert den

Bären, er gibt auf. Balto macht bei dem dramatischen Angriffsversuch keinen Mucks. Wir schlafen währenddessen und rekonstruieren die Ereignisse später anhand der Spuren im Schnee.

Mit gesenktem Kopf schleicht der Eisbär mehrfach um unsere Wohnhütte und schnuppert dabei ausgiebig an allen Ritzen und Fensteröffnungen. Gleich neben dem Bett von Marie drückt er von außen seine Schnauze an die dünne Hüttenwand und lauscht den leisen Schnarchgeräuschen. Dann presst er den Kopf an das Hüttenfenster und versucht, etwas da drinnen in der Dunkelheit zu erkennen. Der Bär bemerkt den unruhig umherlaufenden Sako, er saugt die Witterung gierig ein und bereitet seinen Angriff vor. Mit der Vordertatze tastet er zunächst vorsichtig die Scheibe ab, dann schlägt er plötzlich mit einem gewaltigen Prankenhieb zu.

Ich war gerade eingeschlafen, mit einem Ohr auf die Bewegungen des kranken Hundes lauschend, als uns ein gewaltiger Donnerschlag, gefolgt vom Geprassel der unzähligen herabfallenden Glassplitter aufschreckte. Verwirrt und orientierungslos versuchte ich, mich möglichst schnell aus meinem Schlafsack herauszuwinden. Dann beim Licht der Taschenlampe ein unglaublicher Anblick: Der Hüttenboden ist übersät mit Scherben, durch die schwarze Fensteröffnung weht eiskaltes Schneegestöber herein, draußen verschwindet ein großer Schatten. Zunächst kapieren Marie und ich überhaupt nicht, was los ist. Schlaftrunken verdächtige ich den mit hängenden Ohren dastehenden Sako, dieses Chaos verursacht zu haben. Vorsichtig über die Glasscherben balancierend, taste ich mich zur Hüttentür und schmeiße den unschuldigen Hund hinaus. Danach, mit Anorak und Taschenlampe ausgerüstet, will ich den Schaden von außen besichtigen und entdecke dabei im Schnee die Spuren von riesigen Bärentatzen, rot gefärbt von Blutstropfen. Ungläubig starre ich in die Finsternis und lasse den Lichtkegel der Taschenlampe über die Schneehügel huschen. Gerade noch sehe ich den mächtigen Bären langsam hinter einer Schneewehe verschwinden. Ich hole vorsichtshalber das Gewehr, beruhige die Hunde und mache mich an die Arbeit, die gähnend große Fensteröffnung mit Brettern zu vernageln.

Am nächsten Tag sammele ich die Reste meiner zerstörten Messeinrichtung vom Eis.

Durch das nächtliche Erlebnis oder aber – viel wahrscheinlicher – durch den unaufhaltsamen Fortschritt seiner Krankheit wurde unser Hund Sako immer schwächer. Mager, mit struppigem Fell und traurigen Augen sah er mich an. Ein weiteres Mal versuchte ich, mir über Funk Rat zu holen bei Berit, die uns die Hunde für die Expedition anvertraut hatte. »Hauke, ich glaube, das hat keinen Zweck, lass ihn ziehen.« Ich war bedrückt, wollte es nicht wahrhaben, suchte nach einem Ausweg.

Ein paar Tage später kam ich morgens aus Finsternis und Kälte in die Hütte gestolpert, verzog mich in meine Sitzecke und fühlte mich scheußlich. »Was ist los?« Marie sah mich fragend an. »I shot him.« Marie kauerte sich zu mir und weinte. Wir haben unseren Freund mit dem Schlitten in das »Mondgebirge«, einen Kilometer von unserer Hütte entfernt, gebracht. Es war ein trauriger und auch ein bisschen feierlicher Zug. Balto zog den Schlitten, er schien zu begreifen und wirkte sehr niedergeschlagen. In dem losen Geröll hob ich ein Grab aus, mit einem wunderschönen Blick über den Meeresfjord und die Hütten von Kinnvika. Auf unserem Heimweg schien der Mond.

15 Strandgut

Zeugnisse der Geschichte Spitzbergens

Kinnvika, 10. Februar 2003

Ende Januar wagte sich das Licht zurück. Nicht mit strahlendem Sonnenschein und Helligkeit, noch nicht, sondern zunächst nur mit einem ganz zarten, grünlich orangefarbenen Streifen am Südhimmel – und das auch nur für ein bis zwei Stunden am Vormittag. Es ist einfach wunderbar, dieses zaghafte Leuchten, das verstohlene Hervortreten der Umrisse unserer Hütten und der Konturen des fernen Kinnberges gegen den klaren, bläulich schimmernden Himmel. Am Morgen, nachdem ich im Ofen ein Feuerchen entfacht, den morgendlichen Tee zubereitet und eine Kerze entzündet habe, kann ich es kaum erwarten, aus unserer engen, verräucherten Hütte zu kommen – hinaus in die klare Morgenluft, um die tägliche Zunahme des zurückkehrenden Lichtes zu bewundern.

Nach der langen, finsteren Polarnacht, in der uns die Erinnerung an das Licht verloren gegangen war, hat das Hervorglimmen des wiedergeborenen Tages eine unbeschreiblich beglückende, fast mystische Wirkung. Ich verstehe die große Bedeutung von Sonne und Licht in den alten Legenden und Göttersagen von Naturvölkern. Licht ist – vielleicht noch mehr als Wärme und Nahrung – das Lebenselixier schlechthin. Wir beide fühlen uns wie befreit von einer drückenden Last, erwacht aus einem bedrängenden, quälenden Albtraum. Erst jetzt wird mir bewusst, wie sehr uns das Licht in den vergangenen Monaten gefehlt hat. Vielleicht aus einer unbestimmten Sorge heraus, dass dieses Eingeständnis zu einer tiefen Depression führen könnte, haben wir in der hinter uns liegenden Dunkelheit gegenseitig immerfort Optimismus zur Schau gestellt und unsere privilegierte Lage gepriesen, das alles erleben zu dürfen. Aber jetzt ist die Finsternis vorbei und das Ende des langen Tunnels erreicht!

Wir strecken wohlig unsere Glieder, saugen begierig die klare, eiskalte Luft ein, blinzeln zum leuchtenden Südhimmel und freuen uns zu leben.

Jeden Tag, sofern nicht der häufige, unbarmherzig kalte Wind über die Schneefelder fegt, machen wir uns zu kleinen Wanderungen auf. Warm verpackt in Anorak, winddichte Schneehosen und Schneestiefeln – angeblich in den eisigen Stürmen Alaskas erprobt –, ziehen wir mit Balto los. Der ist jedes Mal begeistert, tollt voller Lebenslust herum, wirft sich immer wieder vor meinen Füßen auf den Rücken in den Schnee und lässt sich den Bauch kraulen. Nach dem Tod seines Kumpels und Bruders Sako, mit dem er sein ganzes sechsjähriges Leben verbracht hat, beobachten wir eine auffällige Veränderung seines Verhaltens. Er wird uns gegenüber immer freundlicher und liebevoller. Gleichzeitig ist er voller Selbstbewusstsein, trifft auf unseren Wanderungen sicher die richtigen Entscheidungen, wenn er in der Ferne einen Eisbären entdeckt hat, ist immer ausgelassen und hat sogar seine unbeherrschbare Jagdlust aufgegeben. Mich lässt sein durch den Tod des überlegenen Freundes verändertes Wesen an manche aufblühenden, älteren Witwen denken, die nach dem Dahinscheiden ihres lebenslangen Partners einen ganz neuen, optimistischen Lebensstil pflegen.

Wir wandern gerne im aufkeimenden Tageslicht am Strand des Fjordes entlang – fast sind wir in Sorge, es durch unsere intensiven Blicke und allzu offene Freude wieder zu vertreiben. Die etwas erhöhte Uferkante des Fjordes ist kaum noch als solche zu erkennen, überall türmen sich von Schnee überdeckte Eisschollen. Wir mögen diesen Weg, denn abgesehen davon, dass ich die Messstellen für meine Untersuchungen kontrollieren kann, lassen wir uns gern daran erinnern, dass irgendwann in vielen Monaten hier wieder offenes Meer sein wird, dass Wellen an den Strand plätschern und Möwen emsig nach Futter suchen werden. Und das wird paradiesisch schön.

Im vergangenen Sommer und Herbst haben wir bei unseren Strandwanderungen, dort, wo jetzt alles unter Eis und Schnee versteckt ist, nach Strandgut Ausschau gehalten. Im Gewirr von kreuz und quer liegenden, weiß gescheuerten Baumstämmen, zwischen alten Fischernetzen, Autoreifen, Plastikbehältern und Schiffstrossen haben wir hin und wieder vor langer Zeit bearbeitete Holzteile entdeckt: alte abgebrochene Holzruder, Teile von zerborstenen Fässern, merkwürdige Gebilde aus Kork, die durch große Holznägel zusammengehalten werden, Wrackteile von alten Segelschiffen, aber auch Jagdutensilien von Trappern und Jägern aus neuerer Zeit. Wir haben Reste von primitiven kleinen Booten und Teile von großen Hundeschlitten entdeckt und angespülte Treibstofffässer aus der Zeit des Zweiten Weltkrieges gefunden. Bei der Suche nach den Zeugnissen längst vergangener, teilweise dramatischer Ereignisse wurden wir immer aufmerksamer. Schließlich entging unseren Blicken kaum noch ein interessantes Fundstück, und wir beschlossen, diese spannende Sammlung historischer Objekte systematisch zu untersuchen und zu dokumentieren. Mir erscheinen die zahlreichen am Ufer abgelagerten Fragmente wie lose, ungeordnete Seiten eines vom Winde verwehten alten Geschichtsbuches. Jetzt gilt es, diese behutsam einzusammeln, zu sortieren, den richtigen Jahreszahlen zuzuordnen und nach Möglichkeit eine Verbindung zu geschichtlichen Ereignissen herzustellen.

Diese Idee hat uns begeistert. Emsig suchten wir im Sommer und Herbst jede von uns erreichbare Strandregion ab. Wir sammelten die Teile ein und schleppten so manches Mal schwer beladene Rucksäcke zurück nach Kinnvika. Einige besonders eindrucksvolle und gewaltig große Teile zerborstener Segelschiffe mit langen, vom Rost zerfressenen Eisennägeln schafften wir in tagelangen Mühen mithilfe unserer Hunde nach Hause. Dort stapelten sich die Fundstücke.

Der Winter nahte mit Frost und Stürmen, und unsere so liebevoll herbeigeschleppten Herrlichkeiten drohten unter Eis und Schnee zu verschwinden. In einem meiner seltenen Anfälle von Schaffensfreude wollte ich unsere Kostbarkeiten vor dem unnachgiebig heranrückenden Winter in Sicherheit bringen. Kurz entschlossen räumte ich eines der unbenutzten kleinen Holzhäuser aus, fegte Staub, Sand und Unrat vergangener Jahrzehnte weg und hievte tagelang in bitterem

Frost, Schneestürmen und Dunkelheit unsere Schätze in das Häuschen. Danach war ich lange Zeit für Marie nicht zu sprechen, sortierte, räumte, ordnete immer wieder um und befestigte die eindrucksvollen Schiffsplanken, Schlitten- und Bootsfragmente mit gewagten Konstruktionen an den Wänden und unter dem Dach meines »Museums«. Schließlich war es so weit. Mit Petroleumlampen ausgerüstet, lud ich Marie zur Vernissage ein. Sie war sichtlich beeindruckt, und wir beide feierten mit einer Flasche Sekt die Eröffnung des nördlichsten Museums der Welt. Im flackernden Licht tanzten die Schatten der Ruder sowie der Dauben von Fässern für Waltran über die Wände der kleinen Hütte. Liebevoll streichelten wir über die rissigen Planken der untergegangenen Segelschiffe.

Über 120 Fundstücke sind der 400-jährigen geschichtlichen Entwicklung Spitzbergens folgend in den verschiedenen Abschnitten des winzigen Museums untergebracht. In den vergangenen dunklen Wintermonaten war es mir bei den fast ständig herrschenden Schneestürmen und den herumschleichenden Eisbären zu ungemütlich, um mich ausführlich mit den Exponaten zu beschäftigen, aber ich nutzte die dunklen Tage, um in meinen Geschichtsbüchern, den zahlreichen Tagebüchern alter Kapitäne und Jäger, vergilbten Seekarten, alten Bildern und Stichen und schließlich den Berichten vergangener Expeditionen herumzustöbern und den längst vergangenen Ereignissen in den Gewässern um Nordaustland nachzuspüren. Jetzt, nach der Wiederkehr des Tageslichts, freue ich mich darauf, mein Museum wieder zu besuchen und die Ausstellungsstücke vor dem Hintergrund der historischen Erzählungen nach ihrem jahrhundertelangen Schlaf am Strand des Fjordes zu neuem Leben zu erwecken.

Am 18. Mai 1596 verließen zwei holländische Schiffe Vlieland, einen kleinen Hafen bei Amsterdam. Die holländische Regierung und einige Kaufleute hatten mehrfach versucht, die vermutete Nordostpassage nach China zu finden, um das damals herrschende Handelsmonopol der Portugiesen zu brechen, und nun wurde ein letzter Versuch gewagt, um nördlich von Nowaja Semlja in den fernen Osten zu segeln. Der ehrgeizige Expeditionsleiter eines der beiden Schiffe war Willem Barendszoon, in späteren Berichten Willem Barentsz genannt. Am 9. Juni erreichten die Schiffe die Bäreninsel, wo es zu einem dramatischen Kampf zwischen der Schiffsbesatzung und einem Eisbären kam. Die Bäreninsel, auf dem halben Weg zwischen dem Nordkap Norwegens und dem Südkap Spitzbergens gelegen, ist im Winter von riesigen Treibeisfeldern umgeben. Viele Eisbären wandern von Spitzbergen über das Eis hierher, um Robben zu jagen. Im Sommer ziehen die Bären mit dem Eis wieder gen Norden, bis auf einzelne Tiere, welche den Anschluss verpasst haben. Dann, ohne Eis und Robben auf der Insel mitten im offenen Meer gefangen, schleichen die Bären mit knurrenden Mägen herum und freuen sich über jeden Besucher, das ist übrigens auch heute noch so. Willem Barentsz gab dieser Insel deshalb ihren Namen: Bäreninsel.

Wenig später sichteten die Segelschiffe Land. Barentsz berichtete: »Es war zerklüftet mit ziemlich hohen Bergen und schroffen Felswänden, weshalb wir es Spitzbergen nannten.« Im Verlauf der weiteren Reise kam es zur Uneinigkeit zwischen den beiden Schiffen, welcher Weg gewählt werden solle. Barentsz war vom Wunsch besessen, als erfolgreicher Entdecker der Nordostpassage nach Amsterdam zurückzukehren, und wollte unbedingt trotz Eis und Nebel weiter in den Osten vorstoßen. Er segelte mit seinem Schiff südlich von Spitzbergen nach Nowaja Semlja.

Die Seefahrer jener Zeit waren hervorragende Navigatoren. Mit Kompass, Sextant und Log fanden sie ihren Weg, selbst über unbekannte Meere mit vielen Gefahren. Das Log spielte dabei eine wichtige Rolle: Ein schweres Rundholz, befestigt an einer langen, mit Knoten markierten dünnen Leine, wurde vom Heck des Schiffs über Bord geworfen. Während das Schiff von dem ruhig im Meerwasser liegenden Holz wegsegelte, zählte man die Knoten der auslaufenden Leine innerhalb eines mit der Sanduhr bestimmten Zeitabschnitts. Daraus wurde die Geschwindigkeit des Schiffs genau bestimmt. Ein »Knoten« bedeutet die Geschwindigkeit von einer Seemeile pro Stunde. Besonders in Gewässern mit Eisschollen konnte es passieren, dass das als Log verwendete Rundholz während der Messung abriss und verloren ging. Ein derartiges Log betrachte ich jetzt im Museum von Kinnvika. Es ist sauber gearbeitet, mit einer Bohrung für die Leine mit den Knoten versehen und mit den eingekerbten Buchstaben »KK« markiert. Vielleicht stammt dieses Log vom Schiff des Willem Barentsz?

Auf dem weiteren Weg nach Nowaja Semlja durch das Treibeis östlich von Nordaustland stieß Willem Barentsz auf einen Eisbären. Im 400 Jahre alten Schiffstagebuch ist zu lesen: »Mit einem kleinen Boot ruderten wir dem wegschwimmenden Bären nach, um ihm eine Schlinge über den Kopf zu werfen. Als wir näher kamen, erschien uns der Bär so riesig, dass wir es nicht wagten. Wir ruderten zurück zu unserem Segelschiff, um mehr Männer, Gewehre, Hellebarden, Spieße und Äxte zu holen. John Cornellyson folgte uns mit seinen Männern in einem weiteren Boot. So ausgerüstet, kämpften wir mit dem Bären wohl zwei Stunden lang. Unsere Waffen schienen ihm nicht viel auszumachen. Zusätzlich zu den vielen Hieben und Stichen schlug ein Mann seine Axt in den Rücken des Bären. Die Axt blieb im Bären stecken, und er schwamm davon. Zu guter Letzt spalteten wir ihm den Schädel mit einem gewaltigen Axthieb.« Bei diesem Kampfgetümmel ging einer der Männer über Bord. Ein Rettungsring aus Kork wurde ihm vom Segelschiff aus zugeworfen, der dann im Wind abtrieb und verloren ging.

Wir haben im Sommer am Strand ein gut erhaltenes Fragment dieses (oder eines anderen?) Rettungsrings gefunden. Ganz andächtig bewunderten wir den mit dünnen Holzstiften aus Korkstücken zusammengesteckten Teilring. Zur Verstärkung waren die Korkstücke mit Streifen alter Segelleinwand bandagiert, vernäht und schließlich an den Enden mit Wachs versiegelt. Aufgrund der Strömungen werden fast alle im Meer in der weiten Umgebung von Nordaustland treibenden Gegenstände irgendwann am Strand angespült. Dort überstehen sie wegen des kalten Klimas und der keimfreien frischen Luft Jahrhunderte schadlos – bis wir Glückspilze so ein schönes Stück finden und in unserem Museum ausstellen.

Willem Barentsz geriet mit seinem Schiff Ende Juli 1596 am Nordrand von Nowaja Semlja in unbezwingbares Packeis. Er musste mit seiner Mannschaft an Land überwintern und starb schließlich im nächsten Sommer an Erschöpfung. Danach gelangte die Kunde vom neu entdeckten Spitzbergen und dem unerhörten Reichtum an Walen und Walrossen an seinen Küsten nach Europa. Es begann ein gewaltiges Gemetzel. Wie im Goldrausch strömten zunächst Hunderte, später sogar Tausende von Segelschiffen mit Walfängern aus Holland, England, Frankreich, Deutschland und Dänemark jeden Sommer nach Spitzbergen, um ihren Anteil der Schätze zu ergattern.

Am 15. April 1671 heuerte der Hamburger Frederick Martens auf dem Walfänger *Jonah im Wal* als Schiffsarzt an. Er beschloss aus wissenschaftlicher Neugier, an dieser mit Gefahren und Unbequemlichkeiten verbundenen Reise über Jan Mayen nach Spitzbergen teilzunehmen (solche Menschen hat es wohl schon immer gegeben). Aufgrund seiner genauen Beobachtungen und farbigen Schilderungen von Spitzbergen gilt Martens auch heute noch als eine Kapazität.

Als Martens 1671 mit dem Walfängerschiff nach Smeerenburg kam, war das pulsierende Leben in dieser kleinen Siedlung im Nordwesten Spitzbergens merklich abgeklungen. Der von 1620 bis 1640 außerordentlich intensiv betriebene Walfang hatte viele der Riesensäuger vertrieben. Martens schreibt 1675 in seiner Reisebeschreibung: »Die vielen von den Holländern erbauten Häuser sind zu Ruinen zerfallen oder niedergebrannt. Es sind die Reste von großen Lager- und Wohnhäusern zu erkennen. Viele zerborstene Holzfässer liegen herum. Die großen Öfen zum Gewinnen des Trans aus dem Walspeck stehen noch wie in ihren besten Zeiten da. Amboss, Schmiedewerkzeuge und andere Ausrüstungsgegenstände sind fast in Eis und Schnee verschwunden.« Die Bretter und Spunde der zerborstenen Fässer wurden von Wellen, Wind und Eis ins Meer getragen. Dort vagabundierten sie vielleicht Jahrzehnte zwischen den Treibeisfeldern, bis einige davon schließlich an den Strand von Kinnvika gespült wurden. Und nun zaubern sie, an langen Drähten kunstvoll aufgehängt, in unserem Museum Schattenspiele an die Wände.

Die Wale lernten die Walfängerflotten schnell fürchten und wichen in die mit Treibeis besetzten Fjorde weiter im Osten von Nordspitzbergen aus. Dort war die Arbeit für Walfänger viel gefährlicher und mühsamer. 1720 berichtet Cornelius Gisbert Zorgdrager, ein glückloser Kapitän mehrerer Walfangschiffe, von denen er zwei im Eis verlor, über die Missgeschicke seiner Kollegen: »Im Jahre 1678 führte Cornelius Claas Bille ein neues Schiff. Und als er in Spitzbergen beim Fang war, und bereits zween Fische hatte, lag er an einem Eis-Feld vest, und so nahe bei dem Schiffe De Roode Vos, dass die Achtersteven kaum einen Faden voneinander lagen. Auf den Schiffen, welche so nahe beisammen sich keiner Gefahr versahen, vernahm man, dass sehr urplötzlich, weil man wegen eines dicken Nebels nicht weit um sich sehen konnte, einige Schotsen [Eisschollen] und hernach ein Eis-Feld angedrungen, wodurch das Schiff De Roode Vos, das über dieses beinahe leer ging und daher hoch aus dem Wasser lag, ganz und ungebrochen unter das Eis-Feld, daran es vest lag, geschoben wurde, mit allem, was darinnen war, sodass man weder Masten noch Rahen davon sah, noch jemals davon gesehen hat; und das in einer so kurzen Zeit, dass das Volk, welches eben oben war, genug zu tun hatte, seine Erhaltung zu suchen. Als sie das Eis-Feld so gewaltig andringen sahen, sprangen sie alle aus dem Schiff auf das Feld, daran sie lagen, um zu entkommen. Das neue Schiff des Cornelius Bille wurde zweimal dermaßen geklemmt, dass die Balken bald zur Seite heraus stunden, und das Volk rettete sich auch auf dem besagten Eis-Feld.« Vielleicht irrt Zorgdrager mit seiner Behauptung, dass man weder Masten noch Rahen des unter dem Eisfeld verschwundenen Schiffs *De Roode Vos* jemals wieder gesehen habe. Die von uns am Strand gefundenen Schiffsspanten und -planken – könnten sie nicht von dem Unglücksschiff stammen?

Die Walfänger aus alten Zeiten hatten nicht nur die Gefahren im Eis zu bestehen. Ihre eigentliche Aufgabe bestand im Jagen, Töten und Verarbeiten riesiger Wale. Das schildert der Hamburger Frederick Martens 1675 so: »Hierbey ist die größte Gefahr, denn die am ersten die Harpunen auff den Fisch werffen, werden vom Wallfische fortgerissen und seynd ferne von ihm; und die ihn mit Lantzen stechen, seynd so woll auff seinem Leibe als von der Seite bey ihm – wie sich der Wallfisch keret und wendet – und bekommen manchen harten Schlag; das sie sonst wohl nicht leiden sollten, wenn's ihnen von Menschen geschehe … Denn wenn der Wallfisch sich aus dem Wasser hebet, schlägt er gemeiniglich mit dem Schwantz und Floßfedern von sich, dass das Wasser staubet. Eine Schluppe achtet er wie Staub, den er schlägt sie zu kleinen Splittern.« Ich befühle in dem Museum einige dieser kleinen Splitter, eingesammelt am Strand von Kinnvika. In einem alten Bericht über die Walfänger von Spitzbergen fesselt mich besonders eine Radierung von 1820: Der riesige Walkörper taucht unter einem kleinen Ruderboot auf. Dieses wird hoch in die Luft geschleudert, Besatzung und Ausrüstung wirbeln heraus. Und was entdecke ich da? Ein ganz schmales, langes Ruderblatt, das von dem Steuermann im kleinen Boot bei der Jagd auf den Wal gebraucht wird. Und so ein Ruderblatt halte ich jetzt in den Händen!

Später, als die Wale immer weiter auf das offene Meer auswichen und die Jagd mit kleinen Booten schwieriger wurde, kamen Harpunenkanonen in Gebrauch, durch die die schweren geschmiedeten Harpunen mit den Widerhaken aus einer größeren Entfernung in den Rücken der Wale geschossen wurden. Ich habe mir diese ziemlich primitiven Waffen im Museum von Tromsø angesehen. Die Kanonen mussten – besonders in den von Eis und Schneetreiben heimgesuchten Gewässern um Spitzbergen – vor dem Abfeuern sorgfältig gereinigt werden. Dazu verwendeten die Seeleute eine mit einem Lederbüschel versehene Stange, das Gerät ähnelte einem gewaltigen Pfeifenputzer. Manchmal ging im Eifer des Gefechts das Putzgerät über Bord – und trieb am Strand von Nordaustland an. Jetzt steht so eines in meinem Museum.

Beim Begutachten der Fundstücke am Ufer der Hinlopenstraße fielen uns einige gut erhaltene Schiffsspanten aus hartem Eichholz auf, die an den Enden schwarz verkohlt und etwas angebrannt waren. Zunächst mochte ich diese Stücke nicht in meiner Sammlung aufnehmen. Reste eines Lagerfeuers moderner Touristen schienen mir nicht würdig für einen Platz im Museum zu sein. Beim Lesen der alten Berichte wurde ich eines Besseren belehrt.

Es geschah 1693. Bereits seit einigen Jahren war es immer wieder zu kriegerischen Auseinandersetzungen zwischen Frankreich und England gekommen, wodurch die bis dahin relativ friedlich verlaufenden Walfangaktivitäten empfindlich gestört wurden. Der baskische Offizier Ensign d'Elchebehere auf dem französischen Kriegsschiff *Favory* berichtet in seinem Tagebuch: »Am 28. Juli 1693 kamen die sechs schwer bewaffneten französischen Fregatten in Sicht von Spitzbergen. Sie hatten – wie bei früheren ähnlichen Unternehmungen – den Auftrag, alle englischen, holländischen und Hamburger Walfangschiffe ausfindig zu machen und zu verbrennen oder zu versenken. Das französische Geschwader folgte der Westküste nach Norden und umrundete schließlich die Nordwestküste von Spitzbergen, ohne größeren Ansammlungen von Walfängern zu begegnen. Nur vereinzelte Segler konnten überfallen, geplündert und versenkt werden. Die französischen Schiffe segelten längs der Nordküste weiter gen Osten, wo sie auf immer mehr Eis trafen. Schließlich entdeckten sie mehr als 50 Walfängerschiffe im nördlichen Eingang der Hinlopenstraße und in einer Meeresbucht, die später aufgrund der folgenden Ereignisse »Sorgfjord« genannt wurde. Die Franzosen sandten in einem kleinen Boot einen Botschafter zu den Walfängern und forderten sie zur Kapitulation auf. Die holländischen Kapitäne ließen höhnisch antworten, dass man über diese Anmaßung der Franzosen doch etwas überrascht sei. Darauf eröffneten die Walfängerschiffe aus allen Rohren das Feuer. Jedes Schiff hatte 40 bis 45 Mann und bis zu 18 Kanonen an Bord. Die sechs französischen Kriegsschiffe schossen zurück. Sie hatten wesentlich bessere Geschütze als die Walfänger. Nach vier Stunden wilder Schießerei versuchten die Holländer zu fliehen. Wegen einer Flaute spannten sie viele kleine Ruderboote vor ihre großen Segler und konnten tatsächlich in großer Zahl zwischen den Eisfeldern im Nebel entkommen. Den siegreichen, wenn auch schwer beschädigten französischen Fregatten gelang es lediglich, 13 der Walfängerschiffe zu besetzen. Zwei dieser Schiffe wurden entladen und in Brand gesetzt. Sie gingen unter.«

Die angekohlten Wrackteile dieser großen Segler dümpelten auf der Hinlopenstraße. Es ist wahrscheinlich, dass einige der angebrannten Holzteile auch am Ostufer, also ganz in unserer Nähe, angetrieben wurden. Der Sorgfjord liegt gleich gegenüber von Kinnvika.

Solche dramatischen Ereignisse und empfindlichen Verluste haben das gut organisierte Walfängergeschäft nicht nachhaltig gestört. Die Schiffe waren versichert – übrigens mit einer unglaublich niedrigen Versicherungsprämie von lediglich 2% –, und sie brachten im Erfolgsfall große Gewinne ein. Es wird berichtet, dass zwischen 1693 und 1697 jeden Sommer allein von Holland aus über 100 Walfängerschiffe nach Spitzbergen ausliefen. Die Werften in Amsterdam bauten die Schiffe mit standardisierten Halbfertigteilen sozusagen am Fließband. Beim Betrachten der Wrackteile im Museum werde ich an moderne Kaufhäuser mit Möbeln zum Selberbauen erinnert.

Neben dem professionell betriebenen Walfang etablierte sich auf Spitzbergen die weniger auffällige und von Walfängern kaum beachtete Aktivität russischer Pelztierjäger und Trapper. Daraus entwickelte sich bis zur Mitte des 18. Jahrhunderts eine regelrechte Industrie. Die entsprechenden Expeditionen wurden von privaten Abenteurern oder Kaufleuten der »White Sea Fishing Company« betrieben. Sie rüsteten robuste Schiffe aus, die besonders für die Fahrt in eisgefährdeten Seegebieten geeignet waren. Solche so genannten Lodjas oder Kochis waren bis zu 30 m lang, hatten 2 m Tiefgang und einen nach oben gebogenen Bug. Sie konnten bei Gefahr von der Besatzung mit Flaschenzügen auf ein Eisfeld gezogen werden. So manches Mal war es allerdings zu spät, wie der Russe Charitonow berichtet: »Einige hundert Werst vor der Ostküste Spitzbergens wurde das Schiff von Eis eingeschlossen. Die Besatzung hatte bereits alle Hoffnung aufgegeben, als sich mit einem gewaltigen Knall eine breite Eisspalte vor dem Bug auftat. Die Männer manövrierten das Schiff vorwärts, bis sich die Spalte wieder verengte und die Lodja mit fürchterlichem Krachen zerbarst. Die Mannschaft sprang über Bord. Vier Männer schafften es nicht mehr und wurden mit dem Wrack unter das Eis gedrückt.«

Wir haben am Strand Wrackteile gefunden, die von einer solchen Lodja stammen könnten. Die Lodjas waren, wie wir im russischen Museum in Barentsburg sehen konnten, robuster und schlichter als die holländischen Walfängerschiffe. Besonders ein alter rissiger Bootskiel mit zahlreichen Bohrungen und handgefertigten Holzzapfen lässt mich an das beschriebene Unglücksschiff denken. Ich bewege ein von mir aufgehängtes, großes Schiffsruder hin und her und denke dabei an den russischen Steuermann bei seinem verzweifelten Kampf gegen Eis und Sturm.

Die russischen Boote setzten ihre Mannschaften mitsamt Baumaterial für primitive Schutzhütten in immer neuen Jagd- und Fanggebieten aus, auch auf Nordaustland. Dort überwinterten die Männer und versuchten, möglichst viele Rentier-, Fuchs- und Bärenpelze zu erbeuten. Den russischen Jägern erging es zumeist viel schlechter als uns. In einem alten Bericht von Charitonow heißt es: »Die kümmerlichen Hütten erbeben bei jedem Windstoß. Rentierfleisch und Walrossfett verbreiten auf dem offenen Feuer Gestank. Viele Pelze hängen zum Trocknen in der Hütte. Der eiskalte Boden ist bedeckt mit Rentierfellen. Während der Polarnacht verbreitet eine Tranlampe ihr kümmerliches Licht. Es ist unter solchen Bedingungen nicht überraschend, dass im Winter viele Jäger an Skorbut sterben. Zu ihrer Beschäftigung knüpfen die Männer während der dunklen Zeit stumpfsinnig Knoten um Knoten in eine Schnur, nur um sie danach wieder mühsam aufzulösen. Manchmal schnitzen sie auch an Holzteilen.« Im nächsten Sommer, wenn die Schiffe die Mannschaften und ihre Beute wieder nach Russland zurückbringen wollten, wurden oft nur noch tiefgefrorene, von Bären angefressene Leichen gefunden.

In meinem Museum betrachte ich grübelnd einen mit vielen Kerben versehenen Holzstab. Vielleicht ein Spielzeug unserer Nachbarn von der Russeninsel?

In der zweiten Hälfte des 18. Jahrhunderts begann das Zeitalter der wissenschaftlichen Expeditionen nach Spitzbergen. Das internationale Interesse richtete sich verstärkt auf die arktischen Regionen. Nicht nur die traditionellen Walfängernationen erhofften sich Prestigegewinn oder wirtschaftliche Vorteile. Besonders der Nordpol entfaltete eine geradezu mystische Anziehungskraft. Der patriotische Wunsch, dieses völlig unbekannte Ende der Welt erstmalig zu betreten, dort die eigene Flagge aufzupflanzen und vielleicht eine bahnbrechende Entdeckung zu machen, trieb Abenteurer, Wissenschaftler und sogar Könige dazu an, in teils aberwitzigen Versuchen das ewige Packeis zu bezwingen, Leben, Ehre und viel Geld aufs Spiel zu setzen. Angeheizt wurde der Wettlauf zum Nordpol durch die ebenso fantastische wie verworrene Theorie, dass sich im Nordpolbereich ein wunderbares warmes Gewässer mit paradiesischen Inseln erstrecke. Um dorthin zu gelangen, so hieß es, müsse man lediglich einen schmalen Gürtel von Treibeis durchdringen. Der Nordrand von Spitzbergen wurde als idealer Ausgangspunkt für Expeditionen in diese Terra incognita angesehen.

Am 2. Juni 1773 segelten die englischen Kriegsschiffe *Racehorse* und *Carcass* als erste offizielle wissenschaftliche Expedition im Auftrag des englischen Königs und der »Royal Society« über die Themse nach Spitzbergen, um von dort bis zum Nordpol vorzustoßen. Nach abenteuerlichen Schwierigkeiten im Packeis gaben sie dieses Vorhaben auf und segelten am 22. August vom Nordrand Nordaustlands zurück nach England. Der Expeditionsleiter, John Phipps, berichtet: »Am 26. Juli erreichten wir unseren nördlichsten Punkt nahe der Low Island. Dort jagten wir einige Rentiere, welche recht fett waren und wunderbar schmeckten. Auf dem Weg zurück zu unserem Schiff feuerten wir auf ein Walross und verwundeten es. Das Walross tauchte sofort unter und kehrte kurze Zeit später mit einigen Kameraden zurück, um unser kleines Ruderboot anzugreifen. Ein weiteres Boot (unter Führung des damals 14jährigen, späteren Seehelden Horatio Nelson) kam uns zu Hilfe. Die wütenden Walrosse versuchten, die Boote zu entern, rissen uns die Ruder aus den Händen und zerbrachen sie.«

In meinem Museum habe ich außer den langen, schmalen Ruderblättern, die von den Walfängern benutzt wurden, auch ein paar zerbrochene breite Ruder ausgestellt. Im Holz sind Biss- und Kratzspuren erkennbar. Vielleicht hat mit diesem zerbrochenen Ruder der junge Nelson ein mürrisches Walross abzuwehren versucht?

Seit 1864, insbesondere unter dem Einfluss des späteren berühmten Bezwingers der Nordostpassage, Adolf Erik Nordenskiöld, unternahm Schweden, damals noch mit Norwegen vereint, große wissenschaftliche und finanzielle Anstrengungen, um Spitzbergen zu erforschen, eine wirtschaftliche Nutzung der Bodenschätze vorzubereiten und den Nordpol zu erreichen. Als Basis wurde ein komfortables großes Fertighaus in der Nähe von Kap Thordsen, gegenüber der heutigen Siedlung Longyearbyen, errichtet. Dieses Haus erlangte als »Spukhaus« traurige Berühmtheit, nachdem im Winter 1873 dort 17 junge norwegische Männer unter etwas seltsamen Umständen den Tod gefunden hatten.

Am 4. Juli 1872 verließen die beiden mit starken Maschinen ausgestatteten Schiffe *Polhem* und *Gladan* unter der wissenschaftlichen Leitung von Nordenskiöld Göteborg. 66 Menschen überwinterten in dem Haus am westlichen Nordrand der Hinlopenstraße, sie hatten neben den Schiffen 40 Rentiere dabei. Der finanzielle und logistische Aufwand für diese Expedition war gewaltig, der Erfolg eher mager. Allerdings wurde in exemplarischer Weise vorgeführt, wie sicher und reibungslos eine professionell vorbereitete Expedition unter härtesten klimatischen Bedingungen durchgeführt werden kann. Lediglich zwei Tote waren zu beklagen.

Nordenskiöld berichtet in seinem Tagebuch über eine Unternehmung im Frühling 1873. Zusammen mit zehn weiteren Männern brach er nach dem harten Winter im Überwinterungslager auf, um mit Schlitten und Ski den Nordpol zu erreichen. Sie überquerten die zugefrorene Hinlopenstraße, erreichten Nordaustland und mussten dort aufgeben, denn da war zu viel offenes Wasser, um schnell genug voranzukommen. Sie hatten zwar ein kleines, leichtes Boot dabei, aber das war nur zum Überqueren schmaler Wasserrinnen im Eis geeignet. Etwas frustriert ließ Nordenskiöld am 18. Mai das kleine Boot im Eis nahe der Phippsinsel zurück und unternahm eine strapaziöse Skitour über die Gletschergebirge Nordaustlands. Auf seinem Rückweg kam er unmittelbar an der Bucht von Kinnvika vorbei, wo damals allerdings noch keine Hütten standen.

Ich habe im Sommer am Strand von Kinnvika bei extrem niedrigem Wasserstand vermutlich die Reste des von Nordenskiöld zurückgelassenen Bootes gefunden. Experten werden sich sicherlich noch weitergehend damit beschäftigen, wenn sie vielleicht einmal unser Museum besuchen.

Der Nordpol blieb nach wie vor unbezwungen. Alle Versuche, zu Fuß das Gewirr von Eis- und Wasserrinnen zu durchqueren, endeten in finanziellen und menschlichen Tragödien. Viele Abenteurer fanden den Tod.

Die beiden konkurrierenden Amerikaner Robert Peary und Frederick Albert Cook haben im Jahr 1909 entgegen ihren Aussagen den Nordpol vermutlich nicht erreicht. Keiner der beiden konnte seine Ruhmestat zweifelsfrei nachweisen, was allerdings auch schwierig ist, denn das heimtückische Packeis im Nordpolarmeer lauert auf alle ehrgeizigen Expeditionen; die Markierung des Pols mittels einer fest installierten Fahne ist nicht möglich.

1926 schließlich gelang es dem norwegischen Polarhelden Roald Amundsen und dem italienischen Ingenieur Umberto Nobile gemeinsam, in dem von Nobile konstruierten Luftschiff eine Ehrenrunde über dem Nordpol zu drehen. Welchem der beiden Helden gebührt die größere Ehre? Aus diesem Streit entwickelten sich für alle Beteiligten verhängnisvolle Ereignisse. Nobile wollte den Nordpolarflug zwei Jahre später ohne Amundsen wiederholen – nicht zuletzt, um zu demonstrieren, dass er auch ohne seinen Widersacher erfolgreich sein konnte. Amundsen sah zähneknirschend zu und wünschte dem Unternehmen gewiss alles Gute ... Am 23. Mai 1928 überflog Nobiles Luftschiff *Italia* tatsächlich ein zweites Mal den Nordpol. Auf dem Rückflug nach Spitzbergen geriet es jedoch in einen Schneesturm und krachte etwas nördlich von Nordaustland auf das Packeis.

Dabei kam die Hälfte der Mannschaft um. Nobile fand sich mit sieben Männern und seinem kleinen Hund verletzt auf einem Eisfeld wieder. Eine wochenlange Rettungsaktion unter Beteiligung zahlreicher Schiffe, Flugzeuge und Helfer aus vielen verschiedenen Ländern lief an und führte am 10. Juli zur Bergung Nobiles durch den Eisbrecher *Krassin*. Allerdings kamen viele der Retter dabei um. Auch Amundson verschwand für immer im Eis. Seine Rettungsexpedition war schlecht vorbereitet und zudem vom Staatsführer Mussolini wegen Differenzen zu Nobile ausdrücklich unerwünscht.

Auf dem Murchinsonfjord, in Sichtweite unserer Hütte in Kinnvika, war damals ein Stützpunkt für schwedische Schiffe und Flugzeuge eingerichtet. Von dort starteten auch Hundeschlittenexpeditionen, um Nobile zu retten. Der norwegische Jäger und Grubenarbeiter Rolf Tandberg berichtet, wie er zusammen mit dem auf Spitzbergen legendären Trapper Hilmar Nois wochenlang mit einem Hundeschlitten im Küstenbereich von Nordaustland nach Lebenszeichen des Italieners und seiner Männer Ausschau hielt. Am Ende mussten die norwegischen Helfer wegen der schwierigen Eisverhältnisse mit einem kleinen Flugzeug ziemlich überstürzt selbst gerettet werden. Rolf Tandberg erzählt, dass sie einige ihrer Hunde gegessen hatten, um zu überleben. Die restlichen Hunde sowie der Schlitten von Rolf Tandberg wurden im Eis zurückgelassen.

Der Schlitten wird noch ein weiteres Mal im Tagebuch eines einsamen Jägers auf Nordaustland erwähnt. Der Norweger Karl Bengtssen, für Spitzbergen-Kenner eine Legende, hatte im Frühsommer 1928 ebenfalls an der Suche nach Nobile teilgenommen. In seinen Aufzeichnungen erzählt er, wie sein kleines Segelschiff am 14. September 1928 am Nordrand von Nordaustland im Sturm zerschellte. Er überstand den Winter in einer kümmerlichen, selbst gebauten Hütte, im Vergleich zu der unser Häuschen in Kinnvika als Luxusvilla bezeichnet werden kann. Bei einem seiner Jagdausflüge fand er den von Tandberg erwähnten Hundeschlitten und nahm ihn dankbar zur Vervollständigung seiner spärlichen Ausrüstung in Besitz. Im nächsten Sommer zog es ihn zurück in die menschliche

Zivilisation. Außerdem wollte er seine inzwischen erbeuteten Felle versilbern. Also beschloss er, mit einem winzigen Boot von Nordaustland gen Süden zu rudern. Zunächst zerrte er sein Boot mithilfe des Hundeschlittens über die geschlossenen Eisfelder bis zum offenen Wasser. Er berichtet: »Als ich die Fuchs- und Bärenfelle im kleinen Boot verstaut hatte, war kein Platz mehr für die Hunde. Ich erschoss sie an der Eiskante. Das war das Schlimmste, was ich je tun musste. Den Schlitten ließ ich zurück und ruderte los.«

Karl Bengtssen kam wohlbehalten an. 73 Jahre später gelangte der inzwischen beschädigte Schlitten mit dem Treibeis in die Nähe von Kinnvika. Ich schleppte die Schlittenfragmente über die Eisblöcke und brachte sie voller Stolz in das Museum.

Spitzbergen hat im Verlauf seiner 400-jährigen Geschichte ganz unterschiedliche Begehrlichkeiten ausgelöst. Nach den holländischen, englischen, dänischen und deutschen Walfängern kamen russische Pelztierjäger, dann Wissenschaftler aus aller Herren Länder, norwegische Trapper und Fallensteller, schließlich amerikanische, schwedische, norwegische und russische Gesellschaften zum Abbau von Kohle und Mineralien sowie internationale Touristikunternehmen. Alle wollten sie Spitzbergen in ihre Gewalt bringen, sie beanspruchten die Herrschaft über die Region oder stellten zumindest den Anspruch, ungestört den gewünschten Beschäftigungen nachgehen zu können. Nach dem Ersten Weltkrieg sollte der Spitzbergenvertrag endlich eine völkerrechtlich anerkannte Ordnung herstellen. Norwegen erhielt damals das Recht, gewissermaßen den Hausherrn auf Spitzbergen spielen zu dürfen. Der Vertrag enthält die Auflage, dass Tätigkeiten auf Spitzbergen ausschließlich friedlichen Zwecken dienen sollen. Die von Eis und Schnee bedeckte Inselgruppe hatte eine strategisch günstige Lage. Doch der Vertrag verbietet ausdrücklich das Errichten von Truppen- und Flottenstützpunkten, militärischen Radaranlagen oder auch nur Wetterstationen, deren Beobachtungen für Kriegsschiffe und -flugzeuge bedeutsam sein könnten.

Diese Klauseln des Spitzbergenvertrages wurden während des Zweiten Weltkrieges ignoriert. Die Alliierten und die Deutschen versuchten, Spitzbergen für ihre jeweiligen Kriegsziele zu nutzen. So sollten Wetterstationen die militärischen Einsätze im Nordmeer unterstützen.

Am 4. September 1945 unterwarf sich der deutsche Wettertrupp »Haudegen« unter der Leitung des Meteorologen Dr. Wilhelm Dege als letzte militärische Gruppe nach dem Ende des Zweiten Weltkrieges dem norwegischen Kapitän Ludwig Albertsen auf dem winzigen Robbenschläger *Blaasal*. Die denkwürdige Kapitulation fand auf 80° nördlicher Breite, 60 km östlich von Kinnvika, statt. Dort hatte Dege mit zehn deutschen Soldaten fast ein gesamtes Jahr am Rijpfjord von Nordaustland die Wetterstation des deutschen Marinewetterdienstes betrieben sowie viele wissenschaftliche Beobachtungen gemacht, die später veröffentlicht wurden. In einer der letzten Eintragungen im Stationstagebuch vermerkt Wilhelm Dege: »Ich fürchte, dass diese aus schweren militärischen Notwendigkeiten entstandene deutsche Polarexpedition, deren Ergebnisse sich getrost neben größere Expeditionen stellen können, für lange, lange Zeit die letzte deutsche Expedition sein wird.«

Fast 60 Jahre später entdecke ich, im Sand und Geröll nahezu verborgen, ein leeres, stabiles Treibstofffass, von der Art, wie ich es auf alten Fotos der Wetterstation »Haudegen« erkennen konnte. Mühsam grabe und zerre ich das Fass aus dem Sand, reinige es mit Schnee und Eis und entziffere schließlich auf dem Deckel: »MAUSER 1943 – 200 l TREIBSTOFF – FEUERGEFÄHRLICH – WEHRMACHT«.

Während ich das Eisenfass über die Schotterebene zum Museum rolle, denke ich an die jungen Soldaten der Wetterstation, wie sie hier ganz in der Nähe von Kinnvika gearbeitet, gehofft, sich gefürchtet und schließlich gefreut haben, dem Albtraum lebend und gesund entkommen zu sein. Mir fällt die letzte Bemerkung von Wilhelm Dege ein, und ich empfinde es irgendwie als charmant, genauso alt zu sein wie das Treibstofffass, welches vor meinen Füßen über die Schottersteine holpert.

Was aus dem kleinen, aber feinen Museum von Kinnvika wird, ist zurzeit noch unklar. Voller Stolz habe ich den Gouverneur bei seinem

Weihnachtsbesuch durch unsere Sammlung geführt. Er hat sich darüber sichtlich gefreut. Allerdings ist die dauerhafte Einrichtung eines derartigen Museums mit den Fundstücken vom Strand nach den sehr strengen Schutzbestimmungen auf Spitzbergen eigentlich nicht erlaubt. Ich habe dem Gouverneur berichtet, dass ich dabei bin, jedes einzelne Stück sorgfältig zu dokumentieren. Ich werde versuchen, nach meiner Rückkehr aus Spitzbergen in Deutschland oder England eine an geschichtlicher Forschung interessierte Einrichtung ausfindig zu machen, die die begonnenen Studien wissenschaftlich vertiefen könnte.

Wenn der Gouverneur die Erhaltung des Museums nicht gestattet, werde ich gesetzlich verpflichtet sein, jedes der schönen Fundstücke wieder zurück an den Strand zu schleppen, ins Meer zu werfen oder auf einem Treibeisfeld abzulegen.

16 Das Rätsel von der linken Hand
Ist die Antwort im Eis zu finden?

Kinnvika, 3. März 2003

Am 17. Februar kam ein furchtbarer Sturm auf. Das Barometer fiel innerhalb von nur sechs Stunden um 20 Millibar. Zunächst blies ein starker Wind aus Süden und trieb dichte Schneewolken vor sich her. Dann drehte die Windrichtung sehr rasch nach Westen, und es dröhnte und orgelte um unsere Hütte. Der Antennenmast zersplitterte im Sturm, und die Reste verschwanden auf Nimmerwiedersehen im Schneegestöber. Ich wollte nach Stunden in dem eisigen Jaulen von unserer Hütte zum Klohäuschen gelangen. Aufrecht stehen oder gar gehen war unmöglich. Ich wurde wie ein Federbusch durch das wogende Schneemeer gewirbelt und hatte große Mühe, mich zu orientieren. Solche Situationen können gefährlich werden: Es ist eiskalt, nichts als ein wütendes Schneetreiben zu sehen, die Augen von Eiskristallen zugeklebt, das Atmen fällt schwer, auf dem Boden kauernd gilt es, die aufkommende Panik zu unterdrücken und stur in die zuvor sorgsam bedachte Richtung zu kriechen.

Am nächsten Tag ist alles vorbei. Freundlich und ganz unschuldig, als wenn nichts gewesen wäre, strahlt das aufkommende Tageslicht am Südhimmel, der eisbedeckte Fjord schimmert verheißungsvoll, als ob er mir seine Geheimnisse verraten wolle. In der Ferne zieht ein großer Eisbär vorbei, er beachtet uns nicht. Während des Sturms wurde Meerwasser durch die Risse und Spalten im Eis an die Oberfläche gedrückt. Jetzt erkenne ich an den Eiskanten Ablagerungen: kleine Staubteilchen, Algenreste, vielleicht sogar meine geliebten Bakterien? Neugierig schleppe ich mein Mikroskop, den Stromgenerator für die Beleuchtung, Kameras und Stative hinaus auf das Eis. Ob es mir gelingen wird, einige Szenen aus dem Intimleben der im Eis hausenden Mikroorganismen einzufangen?

Kurz darauf bin ich begeistert. Hunderte, ja Tausende von Bakterien huschen, zappeln, rotieren und pulsieren über den winzigen Bildschirm meiner digitalen Filmkamera, die ich auf das Mikroskop gesetzt habe. Die Bildqualität ist ausgezeichnet. Ich erkenne Bakterienkörper, die sich während ihrer Vermehrung einschnüren, sowie kleine Stäbchen und kugelige Gebilde, die in den Eiszellen Kolonien aufgebaut haben. Andere Bakterien schrauben sich wie winzige Korkenzieher durch das Eiswasser. Ich wähle immer neue Bildausschnitte in den verschiedenen Schichten des Eises und bekomme eine Ahnung davon, welch vielfältiges und kompliziertes Miteinander verschiedener Bakterien entstanden ist. Ich meine, dass dieser kurze Film eine kleine Sensation darstellt. Es ist meines Wissens bisher nicht gelungen, direkt im Eis beinahe am Nordpol lebende Bakterienkolonien so eindrucksvoll zu filmen – und das alles so kurz nach dem Ende der Polarnacht! Mein Kollege Garabed Antranikian wird an diesem Dokument über die von ihm erforschten psychrophilen Bakterien im Eis hoffentlich seine Freude haben.

Sehnsüchtig erwarten wir das erste richtige Sonnenlicht. Sein offizielles Erscheinungsdatum ist hier in Kinnvika auf 80° nördlicher Breite der 20. Februar. An diesem Tag allerdings ist der Himmel von dichten Wolken verhangen. Ein eisiger Nebel streicht um die Hütte, und unser Hund kauert eisverkrustet in einer windgeschützten Ecke und will am liebsten nicht gestört werden. Dann aber, als wir mit dem Gewehr über der Schulter nach draußen kommen, wird er hellwach und ist begeistert. Wir alle machen uns auf den Weg, um den Kinnberg zu erklimmen und von seinem Gipfel aus vielleicht doch einen Sonnenstrahl zu erhaschen.

Oben angekommen, stolpern wir in unseren dicken Jacken, Stiefeln und doppelten Handschuhen wie Astronauten auf dem Mond umher und versuchen, uns warm zu halten. Bei -30°C und dem heftigen Nordwind kleben trotz Gesichtsschutz die vereisten Augenlider zu, mein Bart ist mit Eisklumpen bedeckt, die Nasenspitze droht zu erfrieren. Wo ist denn nun die Sonne? Enttäuscht blicken wir gen Süden, erkennen aber nur einen rötlichen Schimmer am Rande der

Wolkenwand. Zum Trost und zum Aufwärmen genehmigen wir uns einen kleinen Schluck aus der Rumflasche. Dann, ganz plötzlich und ohne Absprache, beginnen wir unser Sonnenfest – auch ohne Sonne. Ausgelassen springen wir herum, tanzen miteinander wie die Zirkusbären, kugeln kindisch die steilen Schneehänge hinunter. Was soll's, uns beobachtet ja niemand, und die Ankunft der so lange verschwundenen Sonne ist schließlich ein Anlass zu feiern – wenn sie auch nicht persönlich erschienen ist. Glücklich, gut aufgewärmt und etwas außer Atem machen wir uns auf den Heimweg. Ein nächster Sturm kündigt sich an.

An den seltenen nicht ganz so dunklen und stürmischen Tagen wandere ich weit über die mit dickem Eis bedeckte Meeresbucht. Balto springt ausgelassen um mich herum. Er liebt unsere Ausflüge und weiß bereits, dass ich hin und wieder die langstielige Axt von der Schulter nehme und Löcher in das Eis hacke. Dann beuge ich mich weit hinein in die geschlagenen Höhlungen, betrachte die in den tiefen Schichten des Eises veränderte Mikrostruktur, fotografiere, messe Temperaturen und nehme Proben. Balto ist immer ganz aufgeregt, möchte am liebsten auch in das Eisloch kriechen und glaubt wahrscheinlich, dass ich irgendeinen Leckerbissen – eine fette Robbe oder wenigstens einen kleinen Eisbären – zutage fördern werde.

Mich beschäftigt eines der spannendsten Rätsel bei der Entstehung des Lebens, nämlich die Frage, weshalb die Natur bei der Entwicklung lebendiger Strukturen immer nur linkshändige Aminosäuren verwertet. Zu den einfachsten und zugleich wichtigsten Bausteinen des Lebens zählen die Aminosäuren: relativ kurze Molekülketten, an deren zentralem Kohlenstoffatom charakteristische Gruppen wie die Carboxylgruppe COOH, die H_2N-Gruppe und weitere Molekülreste angekoppelt sind. Aminosäuren sind in den aus vielen tausend Molekülen zusammengesetzten Proteinen eingebaut. Außerdem sind sie maßgeblich an dem Aufbau der genetischen Informationsträger RNA und DNA beteiligt. Kurz gesagt: Aminosäuren sind gewissermaßen die Ziegelsteine, aus denen die Natur wie ein Baumeister die unterschiedlichsten Konstruktionen gestalten kann.

Aufgrund der Funktionsweise ihres jeweiligen zentralen Kohlenstoffatoms unterscheidet man zwischen links- und rechtshändigen Aminosäuren. Man kann sich die Moleküle tatsächlich ähnlich vorstellen wie linke und rechte Hände oder auch Schrauben. Im Prinzip sind beide Hände gleich aufgebaut, sie sind gleich groß und können dieselben Funktionen ausüben, aber auf eine linke Hand passt nur ein linker Handschuh, auf eine rechte nur ein rechter.

Stellt man Aminosäuren synthetisch im Chemielabor her, entsteht ein ausgewogenes Gemisch links- und rechtshändiger Aminosäu-ren. Die Natur allerdings verwendet zum Aufbau von Proteinen und DNA ausschließlich linkshändige Aminosäuren. Wenn versucht wird, rechtshändige Aminosäuren zwischen die für das Leben wichtigen Kettenmoleküle zu schmuggeln, kann das katastrophale Folgen haben. Es kommt zum Stillstand des Molekülwachstums, zum so genannten Kettenabbruch, und möglicherweise zu Missbildungen. So wird die schreckliche Wirkung des Arzneimittels Contergan auch darauf zurückgeführt, dass bei der Herstellung rechtshändige Aminosäuren verwendet wurden.

Vor vier Milliarden Jahren, als sich die ersten zum Leben führenden Moleküle formierten, setzten sich die linkshändigen gegenüber den rechtshändigen Aminosäuren durch. Es wird vermutet, dass dies mit den Bedingungen am Entstehungsort des ersten Lebens zusammenhängt. Wenn es also gelingen würde, hier einen Prozess aufzuzeigen, der zum Trennen und Sortieren von links- und rechtshändigen Aminosäuren führt, so könnte dies ein weiteres Argument dafür sein, dass das Eis die Wiege des Lebens ist.

Ich beobachte das tausendfache Funkeln und Glitzern der Eiskristalle im gleißenden Licht der tief stehenden Sonne und grübele über das Rätsel der linken Hand nach.

Das Geheimnis muss doch zu lüften sein! Ob ich hier im Meereis eine Antwort finde?

Auf den ersten Blick könnte man meinen, dass die Unterscheidung zwischen links und rechts nur in der zivilisierten menschlichen Gemeinschaft eine Rolle spielt und in der Natur unbedeutend ist. Dafür könnte beispielsweise sprechen, dass kleine Kinder große Schwierigkeiten haben, links und rechts auseinander zu halten. Tiere scheinen dazu kaum imstande zu sein. Hundeschlittenführer wissen, welche langen geduldigen Übungen erforderlich sind, um dem Leithund im Gespann mit den lang gezogenen Rufen »schii« und »hoo« eine Richtungsänderung mitzuteilen. Dieser Eindruck täuscht: Links und rechts sind bei fast allen physikalisch beschreibbaren Vorgängen in der Natur relevant.

Neulich konnten wir einen herrlichen Sternenhimmel bewundern. Wahrscheinlich war dies eine der letzten noch richtig dunklen Nächte, bevor die Mitternachtssonne für die nächsten Monate die Regie übernimmt. Die Milchstraße zeigte sich als ein strahlendes Band von unzähligen funkelnden Sternen. Beim Gedanken an die merkwürdig spiralig geformten Ketten von Aminosäuren wurde mir bewusst, dass auch die Milchstraße nur ein Teilstück eines riesigen Spiralnebels aus Milliarden von Sternen ist, welcher ähnlich einer Tiefdruck- oder Hochdruckzyklone rotiert und sich dabei durch den Weltraum schraubt.

Vor dem Aufbruch zur Expedition nach Kinnvika hat mir mein Freund Dietmar Wolter ermöglicht, im Kernspintomografen seiner Klinik Proben von Meereis zu untersuchen. Dabei wurden Feinstrukturen sichtbar, die geholfen haben, Eis als möglichen Reaktor zur Förderung der Entstehung des Lebens besser zu verstehen.

Im Kernspintomografen wird die Tatsache ausgenutzt, dass sich alle Protonen – also die im menschlichen Körper oder auch im Eis in großen Mengen vorhandenen Kerne der Wasserstoffatome – wie Kreisel um ihre Achse drehen. Die Protonen besitzen – genauso wie die Elektronen – einen so genannten Spin: Der Drehsinn der Protonen ist, bezogen auf die Richtung eines äußeren Magnetfeldes, links- oder rechtsherum. Im Tomografen wird der Patient – oder meine Eisprobe – einem Magnetfeld ausgesetzt. Ein Abschalten oder Umdrehen dieses Magnetfeldes zwingt die kreiselnden Protonen, ihren Drehsinn zu ändern. Diese Veränderung des Spins wird durch raffinierte elektronische Geräte registriert und führt schließlich zu einer Art Röntgenaufnahme, die dem Arzt Rückschlüsse über Veränderungen im Körpergewebe ermöglicht.

Überall auf der Welt wirbelt und dreht es sich, im ganz Großen und winzig Kleinen, mal rechts- und mal linksherum. Die Aminosäuren verhalten sich so gesehen ganz normal – aber warum bevorzugen sie den linken Drehsinn? In der Natur gibt es ganz offensichtlich gelegentlich eine Bevorzugung eines bestimmten Drehsinns, man braucht nur zum Himmel aufzusehen. Die Sternbilder scheinen sich gegen den Uhrzeigersinn um den Polarstern zu bewegen, unsere Sonne geht auf der Nordhalbkugel der Erde jeden Tag im Osten auf, wandert über den Südhimmel und verschwindet im Westen hinter dem Horizont (auf der Südhalbkugel ist es genau andersherum).

Am Strand von Kinnvika sind mächtige vom Eis blank gescheuerte Baumstämme abgelagert. Einige davon sind in sich verdreht wie gewaltige Korkenzieher. Das kann vielleicht darauf zurückgeführt werden, dass die Blätter und Äste der Bäume versuchten, möglichst viel Sonnenlicht zu ergattern: Sie drehten und reckten sich ähnlich einer Sonnenblume immerfort in Richtung der über den Himmel wandernden Sonne. Dadurch erfuhren die Baumstämme im Laufe vieler Jahre eine leichte spiralige Windung. Auch Schneckenhäuser zeigen spiralige Windungen, Proteinketten sind zu Mikrofibrillen verdrillt, und sogar manche Bakterien sehen wie kleine Korkenzieher aus. Vielleicht ist eine der Ursache für diese Strukturen im Drehsinn der Aminosäuren zu finden.

Vor vier Milliarden Jahren musste in der Werkstatt des Lebens alles gut vorbereitet sein: Die notwendigen Bauelemente lagen bereit, Energie zu ihrem Zusammenfügen musste vorhanden sein, die linksdrehenden Schrauben und Muttern lagen hier, die rechtsdrehenden da. So jedenfalls hätte es bei einem Ingenieur vor Beginn seiner Arbeit ausgesehen. Wenn die Werkstatt für die Erschaffung lebender Strukturen tatsächlich das Eis war, müssten hier Hinweise für das Trennen oder Sortieren von links- und rechtshändigen Aminosäuren zu finden sein. Wie könnte ein derartiger Trennungsmechanismus im Eis ablaufen? Ich entnehme aus den von mir gehackten Eislöchern Eisproben, verpacke sie sorgfältig und wandere nachdenklich zurück zur Hütte.

Draußen in der Kälte, um ein Schmelzen des Eises zu verhindern, betrachte ich unter dem Mikroskop stundenlang immer neue Probensplitter aus verschiedenen Tiefen der Eisschicht. Nahe der Oberfläche sind viele kleine Eiszellen dicht zusammengepackt, zwischen denen die hoch konzentrierte, flüssige Salzlake rinnt. Viele Zellen sind länglich geformt, mit einer Größe von 10–20 µm. Die Flüssigschicht zwischen den Zellen ist nur wenige Mikrometer stark. In tieferen Schichten des Eises erkenne ich größere Zellstrukturen, in denen manchmal winzige würfel- und rhombusförmige Kristalle eingelagert sind. Das im Meerwasser reichlich vorhandene Kalzium kristallisiert bereits bei wenigen Minusgraden und bildet im Eis wunderbar gleichmäßig geformte Kristalle von Kalkspat $CaCO_3$. Das im Meerwasser am stärksten gelöste Kochsalz Natriumchlorid kristallisiert erst bei sehr viel niedrigeren Temperaturen von unter -20°C zu kleinen Würfeln aus.

Die Kalkspatkristalle könnten bei der Formierung von Lebensbausteinen eine besondere Rolle spielen. So liefert Kalzium die für lebende Zellen wichtigen Ionen zur Steuerung von Nervensignalen und zur Änderung der Konfirmation von Proteinen.

Ich durchleuchte die Eisproben unter Verwendung von linear polarisiertem Licht und betrachte das Lichtbild des Mikroskops mittels eines Polarisationsfilters. Eine prächtige und verwirrende Vielfalt von leuchtenden Farben tritt in Erscheinung, welche sich beim Drehen des Polarisationsfilters systematisch verändert. Erst orange, dann grün, blau und schließlich violett schimmern die Eiszellen, dazwischen pulsieren purpurfarbene oder auch fast schwarz wirkende Flüssigkeitsfilme. Ich bestaune eine Märchenwelt von fantastisch geformten und wunderbar bunten Gärten mit kleinen Inseln, Lagunen und Bächen. Von den Flüssigkeitsströmungen werden winzige Bakterien mitgerissen. Flexible Zellmembranen schmiegen sich um Eiskristalle, stülpen sich ein und formen Doppelmembranen. In dem ganzen Durcheinander, dem Pulsieren, Strömen, Wachsen und Vergehen von Eiszellen, sind winzig kleine Rhomboeder erkennbar, die wie kleine Schiffchen in der Flüssigkeit driften oder sich in einem engen Kanal verfangen haben. Diese buntscheckigen Gebilde sind die für das Leben so wichtigen Kalkspatkristalle.

Das Kristallgitter von Kalkspat formt charakteristische Ebenen, ausgerichtet an den Kristallachsen, wodurch eine Doppelbrechung des Lichts erfolgt. Aus diesem Grund erscheinen die Kalkspat-Rhomboeder unter Einstrahlung von polarisiertem Licht so vielfältig farbig. Einige der vielen verschiedenen Teiloberflächen der Rhomboeder besitzen Eigenschaften, welche für die Anlagerung von links- und rechtsdrehenden Aminosäuren unterschiedlich attraktiv sind. Dadurch kommt es, wie Wissenschaftler nach mühsamen Experimenten im Labor nachweisen konnten, zu einer teilweisen Trennung der beiden Modifikationen von Aminosäuren in Verbindung mit Kalkspatkristallen. Könnte es vielleicht sein, dass diese Trenneigenschaften der Kristalle im Meereis eine Rolle bei der Bevorzugung von linken Aminosäuren spielen?

Bei meinen mikroskopischen Untersuchungen im Meereis ist durch die auftretenden Farbeffekte deutlich geworden, dass nicht nur Kalkspat, sondern auch die aus reinem Wasser bestehenden Eiszellen optisch doppelbrechend sind. Wenn ein Lichtstrahl auf eine dieser Eiszellen trifft, wird er nicht nur wie beim Eindringen in ein Stück Glas optisch gebrochen, sondern er wird in zwei verschiedene Strahlen aufgeteilt, die sich beim Durchdringen der Eiszelle unterschiedlich verhalten. Nach dem Durchqueren der Zelle vereinigen sich die beiden Strahlen wieder, und es kann zu den beobachteten Farbspielen kommen. Meereis mit seiner verwirrend vielfältigen Mikrostruktur, den unzähligen für Licht durchlässigen Eiszellen und den optisch transparenten Kanälen und dünnen Schichten von Flüssigkeit dazwischen ist wie ein komplizierter, optischer Apparat mit unzähligen Prismen, Gittern, Linsen, Lichtleitern und optischen Filtern aufgebaut. Die Eigenschaften dieses Apparates variieren mit der Tiefe in der Eisschicht.

In der Kälte fast erstarrt, gucke ich mit gebeugtem Rücken in mein Mikroskop. Welche Rolle spielen die Eigenschaften des Eises für die Auswahl der Aminosäuren? Könnte das Licht eine Rolle spielen? Vor vier Milliarden Jahren herrschte auf der Erde eine intensive und sehr energiereiche Sonneneinstrahlung. Der für alles Leben gefährliche UV-Anteil war damals mangels einer schützenden Erdatmosphäre vermutlich höher als heutzutage.

Wie verhalten sich Aminosäuren bei der Bestrahlung mit energiereichem Licht? Eine sehr energiereiche Bestrahlung kann Aminosäuren vernichten, und zwar insbesondere dann, wenn zirkular polarisiertes Licht das gegenüber dessen Drehrichtung empfindliche Molekül der Aminosäure zur Resonanz anregt und dabei zerstört. So werden rechtsdrehende Aminosäuren von rechts zirkular drehendem Licht vernichtet, während linksdrehende Aminosäuren unversehrt bleiben. Das kann man sich vorstellen wie einen Windpropeller, der bei zu starker Luftströmung in Eigenresonanz gerät und schließlich auseinander fliegt. Deshalb werden übrigens auch die riesigen Windmühlen zur Gewinnung von Energie bei Sturm ruhig gestellt. Aber ist das auf die Erde treffende Licht überhaupt zirkular polarisiert, bewegen sich also die Lichtwellen von der Sonne kommend spiralig drehend durch den Weltraum?

Mit optischen Polarisationsfiltern und Beobachtungsgeräten ausgerüstet, mache ich mich auf den Weg zu meinen Eislöchern. Ich messe und beobachte, blende Lichtstrahlen aus, blinzele durch die Filter, mal direkt in die Sonne und mal daneben in den blauen Himmel. Schließlich muss ich enttäuscht feststellen: Das von der Sonne und vom Himmel auf das Eis treffende Licht scheint fast gar nicht zirkular polarisiert zu sein. Die Diskriminierung der beiden Modifikationen der Aminosäuren ist also durch die direkte Einstrahlung des Sonnenlichts nicht erklärbar.

Ein bisschen frustriert sitze ich neben meinen Messgeräten auf einer von Schnee bedeckten Eisscholle, kraule den Hund und halte zwischendurch Ausschau nach möglicherweise herumschleichenden Eisbären. Überall auf der Eisfläche glitzert und funkelt das Sonnenlicht. Es ist mit -35°C bitterkalt. Die Schneekristalle formieren sich zu großen, gleichmäßigen Eispartikeln, an denen die Sonnenstrahlen wie an unzähligen, winzigen Glassplittern gebrochen und reflektiert werden. Ich suche die unterschiedlichen Polarisationsfilter zusammen, die mit Schnee bedeckt in das Eisloch gerutscht sind. Beim Reinigen und Trocknen der Geräte mit dem Taschentuch fasse ich wieder Mut zur Fortsetzung meiner Detektivarbeit, das Rätsel der linken Hand zu lösen.

Ich beginne, die einzelnen von der Eisoberfläche reflektierten Sonnenstrahlen und die im Eisloch erkennbaren Lichtreflexe durch verschiedene Polarisationsfilter hindurch zu betrachten. Zuerst glaube ich, mich zu täuschen, aber dann erkenne ich ganz deutlich, wie sich beim Drehen der Filter bestimmte Lichtpunkte verdunkeln, ganz verschwinden und dann wieder hell erstrahlen. Dieses Verhalten zeigen die Lichtreflexe nicht gleichzeitig im selben Takt, sondern nacheinander, jeweils ein wenig phasenverschoben. Das ist aufregend! Eifrig springe ich auf, hacke erneut eine große Grube in das ein Meter dicke Eis, krieche, so weit das geht, hinein und ermahne den über meine plötzliche Lebhaftigkeit verwundert dreinschauenden Hund, gut auf Eisbären zu achten.

Nach mühsamen Messungen bin ich mit den Ergebnissen zufrieden: Das ursprünglich nur schwach polarisierte Sonnenlicht, welches auf die Oberfläche von Meereis trifft, wird zwischen den vielen Eiszellen, den mit Salzlake gefüllten Kanälen und an den bei ausreichend niedrigen Temperaturen auskristallisierten Salzen vielfach gebrochen, reflektiert und gestreut. Dabei nimmt die Intensität des Lichtes mit zunehmender Tiefe im Eiskörper sehr rasch ab. Je nach Beschaffenheit der Eisoberfläche und der in der jeweiligen Eisschicht vorherrschenden Mikrostruktur wird die Lichtintensität bereits nach 10–20 cm auf die Hälfte reduziert. Auf den optisch verwickelten Wegen durch den Eiskörper wird ein Teil des Lichtes stark linear polarisiert. Wegen der Überlagerung unterschiedlich polarisierter Lichtwellen in dem doppelbrechenden Eis kann in einigen Richtungen zirkular polarisiertes Licht beobachtet werden. Durch die

Linsenwirkung geeigneter Eiszellen werden räumlich eng begrenzte Zonen im Eiskörper mit unterschiedlich zirkular polarisiertem Licht hell beleuchtet. In diesen Zonen könnte es zum »Sortieren« eventuell vorhandener Aminosäuren kommen.

Auf dem Weg nach Hause, die Geräte im Rucksack verpackt, bin ich nach der stundenlangen Arbeit im Eis fast erfroren. Ich schütze meine Finger während der langwierigen Messungen nicht ausreichend vor der grimmigen Kälte. Das Hantieren an empfindlichen optischen Geräten ist mit den dicken Handschuhen nicht möglich, deshalb arbeite ich lieber mit bloßen Händen und höre erst auf, wenn alles schmerzt und steif gefroren ist. Ich gelobe meinen erfrorenen Gliedmaßen Besserung und stapfe weiter.

Trotz dieser Pein bin ich gut gelaunt. Mich fasziniert das Meereis mit seinen vielfältigen, überraschenden Eigenschaften immer stärker. Nicht nur, dass Meereis ein sich ständig verändernder Organismus aus Zellen, Zellmembranen, Gasbläschen und Flüssigkeiten ist, es funktioniert darüber hinaus wie ein raffiniert konstruiertes optisches Gerät, das das eindringende Sonnenlicht teilweise zirkular polarisieren kann. Ob mit dieser Beobachtung die Frage, wieso im Leben die linkshändigen Aminosäuren die dominante Rolle spielen, beantwortet werden kann, weiß ich noch nicht genau. Vielleicht sind dabei die Kalkspatkristalle ebenfalls von Bedeutung.

Zur endgültigen Auflösung des Rätsels von der linken Hand sind noch viele weitere mühsame Arbeiten unter definierten Versuchsbedingungen im Labor nötig. Schwierige wissenschaftliche Fragen lassen sich nicht einfach mit einer Axt und einem Mikroskop endgültig beantworten. Allerdings wurde beim Fällen eines Baumes mit der Axt schon so mancher Schatz unter den Wurzeln entdeckt. So ähnlich wie der glückliche Holzfäller fühle ich mich jetzt bei der Wanderung über das Meereis zurück in unsere warme Hütte.

17 Und die Zeit fliegt dahin

Dritter Brief von Marie an ihre Freundin

Kinnvika, den 5. April 2003

Liebste Carol,
wie geht es dir? Gerne würde ich wieder mal so richtig klönen. Hab vielen Dank für deinen langen Brief vom Dezember letzten Jahres und das Paket mit den wunderschönen Büchern! Ich habe mich sehr darüber gefreut.

Der Hubschrauber zu Weihnachten landete hier wie geplant am 18. Dezember, und unsere winzige Hütte platzte fast wegen der vielen Menschen und mitgebrachten Pakete. Der Pfarrer von Longyearbyen hielt eine kleine Andacht, erzählte von der Gnade des Lichtes (wie Recht er damit hat in dieser ewigen Dunkelheit), und schließlich sangen alle »Stille Nacht«. Wir hatten für den Gouverneur eine kleine Präsentation der ersten wissenschaftlichen Ergebnisse von Hauke vorbereitet. Ich zeigte zu Haukes Vortrag am Bildschirm die Bilder und Grafiken. Ich glaube, wir haben unsere Gäste mit unserer engagierten Vorführung beeindruckt. Besonders gefallen hat ihnen auch unser kleines Museum.

Der Besuch war der Auftakt zu einer ereignisreichen Woche. Kurz vor Weihnachten schreckte uns mitten in der Nacht ein riesiger Krach aus den Betten. Ein Bär hatte das Fenster zertrümmert und wollte wohl in unsere Hütte eindringen. Wir hatten bei der beißenden Kälte und dem starken Wind eine Menge zu tun, die Glassplitter wegzuräumen, das Fenster mit Brettern zuzunageln und die Ritzen gegen das Schneegestöber mit Plastikfolie abzudichten.

Mich schüttelt es noch immer bei der Vorstellung, dass der Bär tatsächlich in die Hütte gekommen wäre. Eigentlich wollen wir keinen Bären erschießen, aber irgendwann bleibt uns vielleicht nichts anderes übrig. Und dann einen großen toten Bären aus der Hütte schaffen! Ein ausgewachsener Eisbär wiegt zwischen 400 und 700 kg. Außerdem soll es gar nicht einfach sein, einen Eisbären zu töten. Stein Asheim, mit dem wir manchmal über Funk plaudern, hat sieben Schuss gebraucht, als er einen in seine Hütte kletternden Bären erlegen musste. Wenn ich nachts draußen ein ungewöhnliches Geräusch höre, stelle ich mir jedes Mal vor, ein Bär würde um die Hütte schleichen, zum Fenster hineinspähen und nach etwas Essbarem suchen. Ob mich wohl die auf meinen Pyjama aufgestickten Bärchen beschützen, was meinst du?

Zu Weihnachten öffneten wir einige der vielen Päckchen, und ich pinnte 25 Weihnachtskarten an die Wände. Es waren die vielen Kärtchen aus der Volksschule meines Heimatdorfes Buriton. Die Kinder hatten eine Menge Fragen: »Wie habt Ihr den Iglu gebaut?« oder »Gibt's bei Euch auch Schmetterlinge?«

Tagelang heulte ein sehr starker Wind um die Hütte, fast schon ein Sturm. Dabei wird das Hereinholen von Schnee zur Bereitung unseres Wassers zum reinsten Abenteuer: Mit der einen Hand halte ich den Eimer fest, und mit der anderen versuche ich, Schnee hineinzuschaufeln. Zu sehen ist in dem entsetzlichen Schneegestöber überhaupt nichts. Und Hauke sagt dann auch noch, dass ich gut nach Eisbären Ausschau halten soll!

Am Weihnachtsabend hatten wir einen Schornsteinbrand, das war dramatisch, und ich mag mir gar nicht ausmalen, was alles hätte passieren können. Hauke sah nach der geglückten Rettungsaktion wie ein Mohr aus, sein Bart voller Ruß und Eiszapfen, die Augen im tiefschwarzen Gesicht feuerrot. Eigentlich war das keine sehr weihnachtliche Aufgabe. Aber danach wurde es noch gemütlich. Ich war glücklich, so ganz ohne die Sticheleien von lieben Freunden und Familienmitgliedern, habe aber auch ein bisschen geweint. Wir probierten von den Köstlichkeiten aus den Weihnachtspäckchen, dem wunderbaren Käse, Nussschinken, Rotwein, teuren Zigarillos, Süßigkeiten und Keksen. Dazu schmökerten wir in Zeitungen und Zeitschriften und lasen unsere Weihnachtsbriefe. Ich werde mich noch lange an diesen wunderschönen Weihnachtsabend erinnern.

Nach den glücklichen Tagen kam eine traurige Zeit. Hauke musste Sako erschießen, der schon längere Zeit krank gewesen war. Armer Sako, so ein schöner, prächtiger Hund! Wir alle, einschließlich unserem zweiten Hund Balto, haben sehr getrauert. Balto hat sich seit Sakos Tod verändert. Er konnte sich endlich aus dem Schatten seines großen und dominanten Bruders befreien, ist zu einem ganz reizenden, rücksichtsvollen Wesen geworden. Er pflegt ein ausgesprochen freundschaftliches Verhältnis zu seinen großen Freunden, die uns in letzter Zeit ziemlich häufig besuchen, und macht uns auf seine Weise klar, dass wir uns wegen der Bären nicht mehr zu ängstigen brauchen. Vor ein paar Tagen, am frühen Morgen, hörten wir von draußen ein leises Kläffen und kratzende Geräusche. Dicht hinter dem vereisten Fenster sahen wir einen großen Bären, wie er sich über dem zusammengekauerten Balto niederbeugte und ihn mit der Schnauze anstieß. Ich klopfte ans Fenster, um den Besucher zu vertreiben. Balto schien danach fast etwas enttäuscht zu sein. Der Bär kam noch einige Male wieder, und alles verlief ganz harmonisch und ohne jede Aggression. Hoffentlich bleibt das so.

Ein anderer Bär inspizierte eines Tages die etwas abseits von unserer Hütte gelagerten Fässer mit Treibstoff und tanzte irgendwann wie eine Ballerina mit graziös abgespreizter Vorderpranke darauf herum. Hauke stellte sein Filmstativ auf und war über die Szene ganz begeistert. Dann entdeckte der Bär den Kameramann und machte uns vor, wie sich ein erfahrener Jäger an seine Beute anschleicht: Der Eisbär duckte sich hinter den Schneewehen, schlich um die Holzhütten herum, kam dabei immer näher und war schließlich irgendwohin verschwunden. Hauke filmte, wie hin und wieder die schwarze Bärennase hinter einem Schneehaufen sichtbar wurde, und ich sicherte mit dem Gewehr etwas nervös den Fluchtweg zur Hüttentür. Dann tauchte der Bär plötzlich in seiner vollen Größe auf, machte ein paar federnde große Schritte auf Hauke zu und blieb etwas unschlüssig stehen. Er sah mit den langen schwarzen Bärenkrallen prächtig aus, in kaum zehn Meter Entfernung wiegte er sich vor dem blauen Himmel auf allen vier Pranken hin und her und schien zu überlegen, ob Hauke wohl eine geeignete Beute sei. Schließlich schnaubte er, wobei er den immer noch ungerührt filmenden Menschen starr fixierte. Das ist, wie mir Hauke nachher erzählte, das Zeichen für einen kurz bevorstehenden Angriff. »Schieß!«, brummte Hauke hinter seinem Stativ. Vor lauter Aufregung glückte es mir erst beim zweiten Versuch abzufeuern. Der Bär schien wenig beeindruckt und zog sich nur ein paar Schritte zurück. Ich griff zum Blechnapf des Hundes und klopfte mit dem Handfeger darauf, um Lärm zu machen. »Geh näher ran und vertreib ihn!«, ermunterte mich Hauke und filmte weiter.

Wie du siehst, wir verhalten uns gegenüber den Eisbären immer entspannter. Dazu trägt sicherlich auch die friedliche Art bei, in der Balto bei solchen Begegnungen reagiert. Als wir im ersten, noch dämmrigen Tageslicht im Februar einen Spaziergang machten, stieß der dicht vor uns herlaufende Hund auf einen im tiefen Schnee zusammengerollt schlafenden Bären. Beide waren ziemlich überrascht, der Bär sprang wutschnaubend auf, Balto wollte mit dem Bären anbandeln. Diese Freundlichkeit wurde wohl nicht richtig verstanden, jedenfalls flüchtete sich Balto schließlich hinter meine Beine, der Bär zischte drohend, und Hauke nahm das Gewehr von der Schulter. Danach löste sich alles in Wohlgefallen auf, und jeder ging seines Weges.

Seit Februar ist die ewige Finsternis vorbei, und es ist wieder hell. Ich muss gestehen, dass ich trotzdem ein bisschen Herzklopfen hatte, als ich die ersten Male ohne bewaffnete Eskorte zum Klohäuschen ging. Es ist schon kurz vor Ostern, und in unserer vereisten Einöde lassen sich immer noch keine Vögel oder Rentiere blicken. Alles sieht tot und wie erstarrt aus in dem frostkalten Gewirr von aufgetürmten Eisschollen und Schneehaufen, keine Spur von irgendwelchen Tieren, nur hin und wieder die gewaltigen Abdrücke der Tatzen herumwandernder Eisbären.

Wenn wir sehr genau hingucken, sind auf den im ewigen Wind von Schnee freigelegten Felsen und Steinplatten graue Flechten, Moose und winzige Pflanzenstängel erkennbar. Hier und da leuchtet es rot, gelb oder grünlich. Die Pflänzchen scheinen aus ihrem Winterschlaf erwacht zu sein und trotz der grimmigen Kälte von bis zu -35 °C bunte Frühlingskleidchen anzuprobieren. Zwar sprießen keine Schneeglöckchen, Krokusse oder Narzissen, aber ein paar kleine Farbflecke gibt es auch hier in unserer weißen Einöde. Ich möchte bloß wissen, wie die im Sommer in Kinnvika herumkrabbelnden kleinen Spinnen und Milben den Winter überleben?

Wusstest du eigentlich, dass wir seit dem 21. März hier oben auf 80° nördlicher Breite mehr Tageslicht haben als die Menschen in England? Unser Hüttenraum sieht bei Licht wirklich sehr verräuchert und verdreckt aus, und es fällt auf, wie bleich und grau wir in den dunklen Monaten geworden sind. Wir trösten uns damit, dass wir schon bald von der ewig scheinenden Sonne braun gebrannt sein werden – wenigstens in den Gesichtern! Wegen des stürmischen und wolkigen Wetters hat sich uns die Sonne erst eine Woche nach ihrem offiziellen Erscheinungsdatum am 20. Februar gezeigt. Es war einfach überwältigend, nach so langen Monaten der Dunkelheit wieder das Sonnenlicht zu sehen. Wir tanzten und jubelten, als die Sonne endlich wie ein sich heranschleichender Eisbär hinter dem entfernten Gebirge hervorgekrochen kam. Dann flammten die ersten Sonnenstrahlen über den Himmel, eine purpurne Röte überzog die Berggipfel und tauchte uns in ein warmes goldenes Licht. So richtig warm war es dabei zwar nicht, wir haben uns das aber eingebildet. Schon nach zwei Wochen ließ unsere Begeisterung über das wiedergeborene Sonnenlicht nach und wir empfanden es als ganz normal.

Manchmal wirkte das Licht gegen Ende der dunklen Polarnacht sowohl am Himmel als auch im Eis und im Schnee geradezu magisch. Überall schien der graue Schleier weggewischt zu werden, und ein leuchtendes Azurblau breitete sich aus. Zuweilen strahlt der Schnee dabei hell bläulich mit tiefblauen Schatten dazwischen, dann wieder schimmert alles wie Bernstein und Gold. Das Himmelslicht zaubert auf die riesigen Eisberge der Hinlopenstraße wunderbare Muster und bizarr geformte Schatten. Einer der Eisberge sah aus wie

Forschen in Schnee und Eis – ein mühsames Unterfangen

Tasten, Sehen, Lauschen – behutsames Beobachten der Natur führt zu neuen Ideen

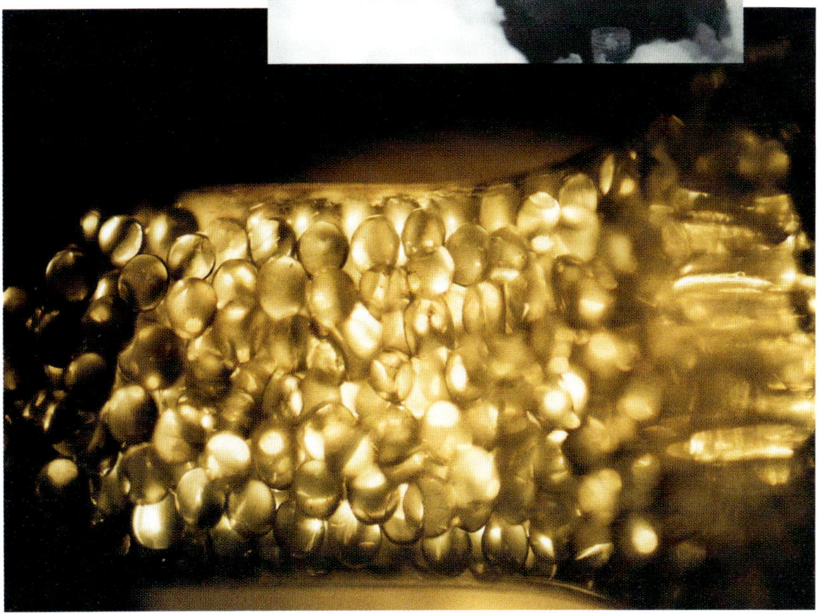

Bakterienproben im Eis – zwischen winzigen Quarzkügelchen siedeln sich Bakterien an und bilden Biofilme

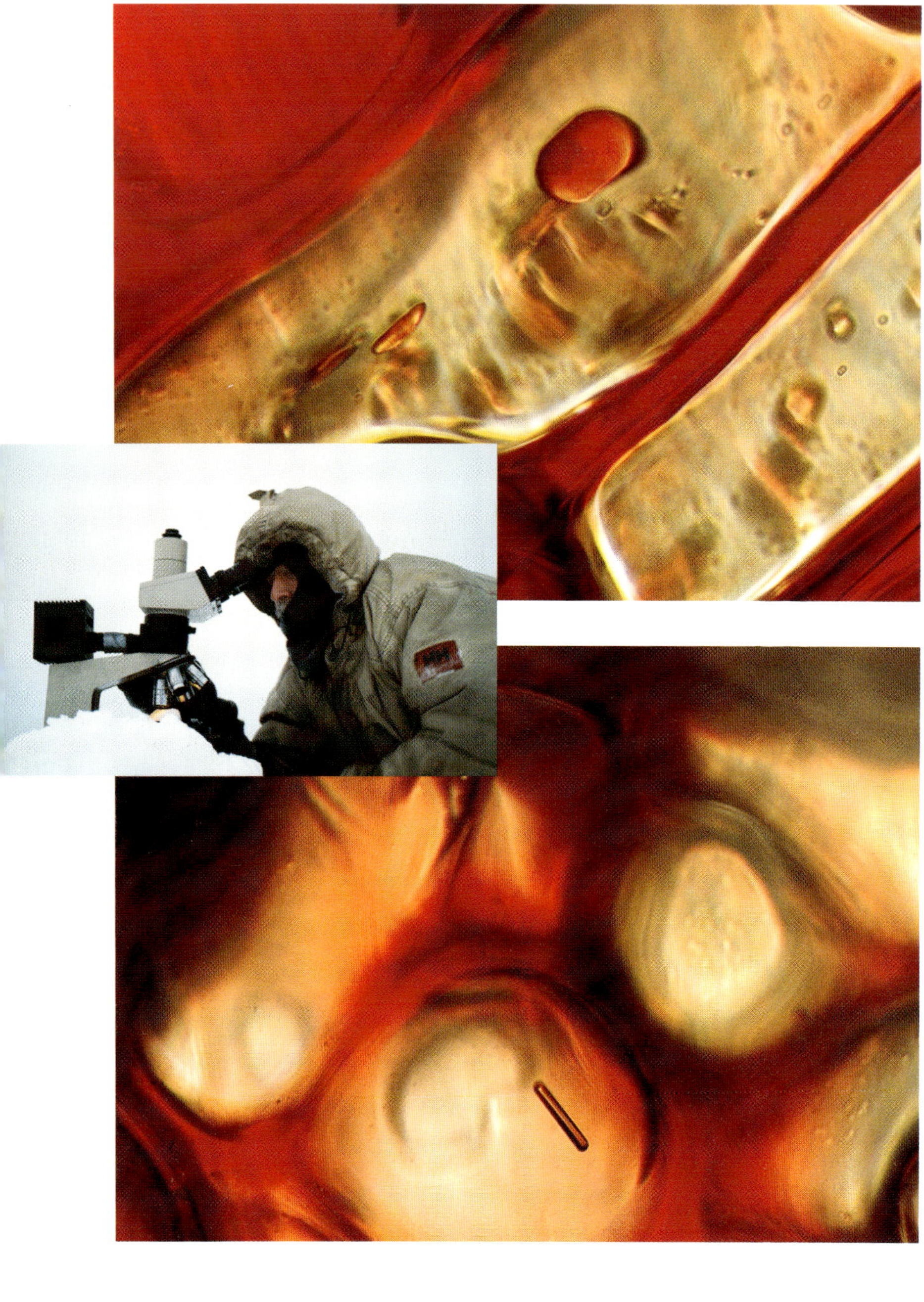

Im Meereis gelöstes Phenylrot lässt erkennen, dass die Ph-Werte zwischen den Eiszellen stark differieren

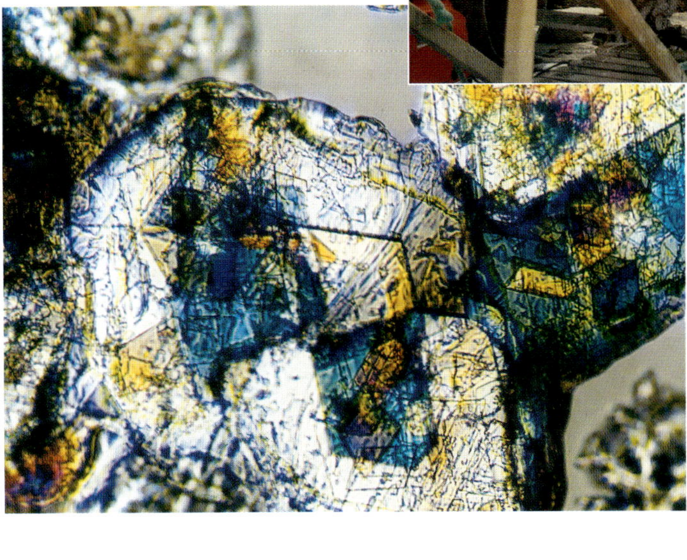

Kristalle im Eisgefüge: Abhängig von der Temperatur wachsen und vergehen mineralische Partikel und kristallisierte Aminosäuren

Farbenspiele im polarisierten Licht: Meereis kann optisch doppelbrechend und sogar optisch aktiv sein. Licht wird dabei zirkular polarisiert

Wunderwelt Eis – Wiege des Lebens? Kohlendioxid ist vorhanden, Cluster von Aminosäuren wachsen an den Grenzflächen, chemische Energie steht zur Verfügung

Polarlichter: Wie ein wehender Vorhang schwebt buntes Leuchten über den Himmel

eine Sphinx aus Ägypten, ein anderer wie ein Schleppdampfer – Hauke meinte allerdings, dass er eher einem aufgetauchten U-Boot ähnelte.

Inzwischen haben wir unsere ersten Skiwanderungen unternommen, und das war für mich eine ganz neue Erfahrung. Zunächst ging der Weg über das Fjordeis, sodass ich unter leichten Bedingungen ein bisschen Übung erlangen konnte. Dann aber führte uns Hauke über eine lange, flache Flanke bis hinauf auf den Gipfel des Kinnbergs. Ich purzelte etliche Male in den Schnee. Danach ging es auf steilen Abfahrten zurück nach Kinnvika, ich schlitterte und stolperte mit gekreuzten Skibrettern zumeist auf dem Hosenboden nach unten. Trotzdem freue ich mich auf den nächsten Skiausflug. Allerdings bezweifle ich, dass ich auf meine alten Tage noch olympische Siege erringen werde.

Im Augenblick ist das Wetter einfach schrecklich, und ich nenne Kinnvika nur noch »Sturmeck«. Heute pustet von Nordosten ein dichtes Schneegestöber, vorige Woche fegte ein Wind aus Südwesten tagelang riesige Schneewehen zusammen, demnächst geht's wieder andersherum. Es ist wie beim Berufsverkehr, am Morgen strömt alles in eine Richtung, um ein paar Stunden später wieder zurückzuhasten.

Gerade musste ich lachen: Durch das halb verschneite Fensterchen sah ich zwei rote Benzinkanister im Schneegestöber herumtanzen. Es dauerte eine ganze Weile, bis ich dazwischen Hauke entdeckte, wie er sich im Sturm mühsam vorwärtskämpfte. Er füllt die Behälter mit Petroleum aus einem großen Fass. Manche Außenarbeiten sind hier oben gar nicht so einfach.

Bei richtig schlechtem Wetter stecken wir die Nase nur für kurze Zeit nach draußen, um ein bisschen frische Luft zu schnappen. Neulich kam Hauke nach einem Ausflug im üblen Sturm wieder zurück in die warme Hütte und wirkte ziemlich verfroren. Er guckte zur Temperaturanzeige seiner Wetterstation und meinte, dass es ihm heute ungewöhnlich frostig vorgekommen sei, dabei sei es draußen mit -17°C eigentlich nicht kalt. Tatsächlich waren es -27°C, er hatte die Temperatur irrtümlich in Fahrenheit abgelesen! Bei dieser

Kälte in Verbindung mit dem kräftigen Wind liegt die so genannte gefühlte Temperatur bei unter -60 °C.

Du hast mich gefragt, was ich eigentlich die ganze Zeit mache, Hauke habe ja sein Forschungsprojekt, aber für mich müsse das alles doch ziemlich langweilig sein. Deine Frage hat mich verblüfft und mir wieder einmal klar gemacht, dass wir in Kinnvika in einer anderen, von außen nicht verstandenen Welt leben. Hier läuft das Leben viel natürlicher ab, gemächlicher und ganz ohne den Stress der Zivilisation. Es gibt niemals Hektik, keine ach so dringenden Termine oder quälenden Selbstzweifel, ob man auch alles schafft. Die wesentliche Aufgabe besteht darin, einfach zu überleben – und zwar so, wie es unsere Mitbewohner hier auf Nordaustland vormachen. Die Robben und Walrosse liegen stunden- und manchmal auch tagelang auf dem Eis und machen überhaupt nichts! Du findest das schrecklich? Wir empfinden es nicht so, sondern beginnen zu verstehen, dass Leben nicht hektische Betriebsamkeit, sondern auch ein geduldiges Akzeptieren von Naturgegebenheiten bedeutet. Die faulen Eisbären, die wochenlang ruhig brütenden Raubmöwen oder auch die langsam von einem Blumenstängel zum nächsten wandernden Rentiere – das ist ein Lebensstil in einer tieferen Weisheit, von dem wir Menschen, die wir eher den emsigen Ameisen nachzueifern scheinen, lernen könnten.

Aber trotzdem, ich schildere dir einfach mal meinen typischen Tagesablauf, auch wenn du danach enttäuscht bist und mich für langweilig hältst.

Am Morgen, so gegen 8.00 Uhr, kuschele ich mich noch ein bisschen im Bett zusammen und lausche auf das Knacken der Holzscheite im Ofen, während die Temperatur in der Hütte von -10 °C so langsam nach oben klettert. Dann raffe ich mich auf: Morgenwäsche in einer winzigen Schüssel mit geschmolzenem Schnee, Überziehen von warmer Unterwäsche, Pullover, Schneestiefeln, Anorak, Gesichtsmaske, zwei Paar Handschuhen und dann nichts wie raus in unseren idyllischen Garten. Ein schneidender Nordwind, Schneegestöber, -30°C, riesige Schneewehen, ein schlafender Eisbär in der Nähe – das ist mein Empfangskomitee. Ich stolpere, krabbele und springe 15-mal durch den Schnee um die Hütte herum, das hält fit und vertreibt trübe Gedanken. Hauke sitzt derweil irgendwo im Windschatten der Hütte, macht seine ersten Messungen, beobachtet mit dem Fernglas einen Bären oder fotografiert irgendeine interessante Eisformation. Ich kraule unseren Hund, zupfe ein bisschen lose Wolle aus seinem Fell und zähle die Robben auf der mit Eis bedeckten Meeresbucht – manchmal sind es über 40! Schließlich gehen wir beide rein und frühstücken, diskutieren dabei über die neuesten Nachrichten aus dem Funkgerät und machen Pläne für den angebrochenen Tag. Können wir es wagen, über die Eisschollen zu der entfernten Insel zu wandern, um dort nach Resten einer alten Jägerhütte zu suchen? Oder sollen wir lieber mit allen möglichen Messgeräten zur Hinlopenstraße ziehen? Aber eigentlich muss ich heute Brot backen, unsere Vorräte sind verbraucht.

Irgendwann am Nachmittag kommen wir zurück, durchgefroren und etwas erschöpft. Danach beginnt der gemütliche Teil des Tages, aber halt, vorher muss ich noch Holz für den Ofen hacken, einen großen Eimer mit Schnee hereinholen und zusammen mit Hauke aus dem Vorratslager einige Essensvorräte herbeischleppen. Dann werden zwei Kerzen und die Petroleumlampe entzündet, die Gläser mit Rotwein gefüllt, und ich habe die Zeit und bin in der Stimmung, Tagebuch zu schreiben. Zwischendurch bittet mich Hauke, am Computer einige Grafiken zu erstellen, oder er erzählt mir von neuen Aspekten seiner Theorie. Er freut sich ja so, wenn ich es verstanden habe und es auch noch interessant finde – ich habe hier in Kinnvika inzwischen eine Menge gelernt.

Das Abendessen besteht meist aus einer großen Pfanne mit Reis oder Nudeln mit ein paar kleinen Wurststücken, alles liebevoll garniert und gewürzt mit den von mir gezüchteten Bohnen- oder Maissprösslingen.

In den vergangenen Wochen habe ich mit Seidenmalerei begonnen. Die Farben am Himmel und auf den Eisschollen faszinieren mich, und ich glaube, dass eine Farbkomposition auf einem schönen

Stück Seide diese Faszination widerspiegeln könnte. Jedenfalls habe ich bereits viele Stunden mit der Malerei zugebracht, und zumindest Hauke ist von den Ergebnissen ganz begeistert.

Manchmal tanze ich zu unseren Kassetten. Da ist alles dabei, von Vivaldi und Mozart, Dire Straits und Camel, Glen Miller und der Piaf bis zu Jeff Wayne. Als ich einmal »The War of the Worlds« abspielte, war Hauke nicht so begeistert. Die Amerikaner hatten gerade begonnen, den Irak zu bombardieren.

Ich habe es tatsächlich geschafft, Hauke pünktlich zu seinem 60. Geburtstag einen Pullover zu stricken. Der Pullover passt ihm vortrefflich und sieht gut aus. Hauke zieht ihn nur am Sonntag über und behauptet, dass er so bis zu seinem Lebensende halten werde! Die Strickerei hat doch viel Zeit gekostet, zumal die norwegische Anleitung fehlerhaft und bei dem funzeligen Licht der Petroleumlampe kaum zu entziffern war. Jetzt stricke ich einen weiteren Pullover für mich selbst.

Auf unsere Essensvorräte halte ich ein wachsames Auge. Ich habe sie in Dreimonatsportionen aufgeteilt und entsprechend verpackt. Das erleichtert mir die Übersicht, wenn ich mit der Taschenlampe in unserer Vorratshütte herumstöbere und dabei besorgt zur Tür schiele, ob dort nicht ein hungriger Eisbär hereinkommt. Aber meistens begleitet mich Hauke zum »Einkaufen« und hält draußen Wache. Die alle paar Wochen in unsere Wohnhütte gebrachten Vorräte lagere ich unter den Bettgestellen, dort ist die Temperatur einigermaßen ausgeglichen und nicht zu kalt. Es ist einfach zu lästig, steinhart gefrorene Zwiebeln zu schneiden oder Rotwein vor dem Einschänken erst mühsam auftauen zu müssen. Neulich habe ich die letzten unserer ursprünglich 300 Kerzen aus der Vorratshütte herübergeholt, und ich bin froh, dass alles gereicht hat und demnächst die Sonne 24 Stunden am Himmel steht.

Einen Fernseher habe ich hier nie vermisst, zumal täglich eine Alternative gegeben ist: die »Haukeshow«! Das ist viel lustiger als diese geistlosen Fernsehsendungen. Hauke bietet mir unterhaltsame Komödien, Dokumentationen, wissenschaftliche Sendungen und viel Politik – allerdings niemals Sport. Ergänzend empfangen wir über Funk die aktuellen Nachrichten aus aller Welt. Es ist interessant, insbesondere jetzt während des Krieges im Irak, die verschiedenen Argumente, Kommentare und Propagandasendungen von norwegischen, englischen, deutschen, amerikanischen und zuweilen sogar irakischen Radiosendern zu vergleichen. Oft ist der Empfang schlecht, aber Hauke ist ganz versessen darauf, seinem Funkgerät doch noch ein halbwegs verständliches Sprachgewirr zu entlocken. Danach kommentiert er das Gehörte ausgiebig und flucht dabei wie ein Kutscher.

Wenn man bedenkt, dass wir beide seit vielen Monaten tagein, tagaus auf engstem Raum immer nur ein und denselben Menschen sehen, ist es erstaunlich, wie gut wir uns miteinander vertragen. Uns beiden ist klar, dass wir nur eine befristete Zeit miteinander auskommen müssen, wir wissen, wie ungeheuer schwierig es wäre, wenn wir uns dabei die Augen auskratzen würden. Aber wir müssen uns eigentlich keine besondere Mühe geben, die Harmonie in unserem Zusammenleben aufrechtzuerhalten. Wir beide sind immer zu irgendwelchen Späßen aufgelegt. Manchmal, wenn jeder von uns an seiner Tischseite sitzt und schreibt, blicken wir zufällig auf, schneiden dumme Gesichter und arbeiten danach weiter. Gelegentlich springen wir dann aber auch zu einem kleinen Tänzchen auf, ein langsamer Schmusewalzer oder aber auch ein ruppiger Bauerntanz zur Musik aus dem Radio, den Nachrichten, der Wettervorhersage oder zum Heulen des Windes, der um die Hütte fegt. Irgendwann fliege ich bei solchen Veranstaltungen schon mal über seine Schulter und kann dann nur noch laut lachen …

Natürlich ist es nicht nur Zuckerschlecken, unser Zusammenleben. Es gibt auch weniger heitere Momente. Ich glaube, dass wir nach Abschluss unserer Expedition und der Rückkehr in die Zivilisation sicherlich auch weiterhin einen freundschaftlichen Kontakt halten werden, aber zusammen leben werden wir nicht. Vielleicht haben wir uns dafür inzwischen zu gut kennen gelernt. Gelegentlich reden wir miteinander über unsere jeweiligen Pläne. Hauke freut sich schon darauf, mehr Zeit für seine vielen Enkelkinder zu haben. Manchmal höre ich, wie er den kleinen Kindern draußen über Funk von einem Walross erzählt oder das Brummen eines Eisbären nachmacht, um sie ein wenig zu erschrecken. Die Kinder werden bestimmt die Geschichten ihres Großvaters lieben.

Was ich für später plane? Wahrscheinlich gehe ich zurück nach England. Sosehr ich Spitzbergen und den kleinen Ort Longyearbyen mit den freundlichen Menschen auch mag, ich fühle mich dort doch etwas eingeschlossen. Dabei möchte ich gerne reisen und andere Menschen kennen lernen. Eigentlich sehne ich mich nach einem eigenen kleinen Haus, wie ein schützendes Nest, irgendwo in England. Vor langer Zeit prophezeite mir auf einem Dorffest eine Wahrsagerin, dass ich später mal in Wiltshire in Südengland ansässig werde. Außerdem meinte sie, dass ich zwischenzeitlich in Australien leben würde. Abenteuer mit Eisbären erwähnte sie nicht. Vielleicht hat sie aber auch nur Nordaustland mit Australien verwechselt?

Allein zu leben, sagt mir durchaus zu, ich bevorzuge diese Lebensweise. Ein kleines, nettes Häuschen werde ich sicherlich finden, und nach meinen Erfahrungen in dem winzigen Kaninchenstall hier in Kinnvika bin ich überhaupt nicht mehr anspruchsvoll. Außerdem kann ich recht gut mit Hammer und Säge umgehen und würde mich schon einrichten können. Einen Job zu kriegen, dürfte auch kein Problem sein. Solange ich von dem Verdienst leben kann, spielt die Art der Arbeit keine große Rolle. Einige interessante Angebote aus England habe ich bereits erhalten. Ich glaube, dass ich während unserer Expedition auch eine Menge wertvoller Erfahrungen machen konnte, die mir vielleicht nützlich sein werden. An guten Tagen denke ich daran, meine Erlebnisse in einem Buch zu beschreiben oder Radio- und Fernsehinterviews zu geben. Manchmal aber fürchte ich mich auch davor, wieder in den alten Trott zurückzufallen und ein langweiliges Leben führen zu müssen.

Ich bin froh, ein ziemlich optimistischer Mensch zu sein, der nicht lange solchen trüben Gedanken nachhängen mag. Außerdem muntert mich Hauke dann mit einem herzhaften Rippenstoß auf und gibt mir gute Ratschläge. Er meint, dass es lange dauern werde, nach dem Abenteuer in Kinnvika wieder zurück in ein normales Leben zu finden.

Ich hoffe, dass mich dieses Jahr dazu befähigen wird, mit den Misslichkeiten des Lebens besser fertig zu werden – besonders, wenn diese in Form unfreundlicher Menschen auf mich zukommen. Ich stelle mir vor, mit solchen Menschen wie mit Eisbären umzugehen. Je mehr ich über die Bären nachdenke, desto stärker wird mir bewusst, dass sie eigentlich gar nicht gefährlich sind, sondern dass man sie nur ein bisschen verstehen und entsprechend behandeln muss. So ist das auch mit den Menschen.

In Kinnvika bin ich stärker und selbstbewusster geworden, ich habe eine Menge gelernt und werde das zu nutzen wissen. Mein zukünftiger Weg ist mit guten Vorsätzen gepflastert. Das Leben ist wie eine Landkarte, man muss seine eigene Position eintragen und den Weg zum nächsten Zielpunkt einzeichnen, wo auch immer er sei. Die Zeit fliegt dahin, das macht sie nur dann, wenn man Spaß am Leben hat. Ich werde wohl demnächst einige Entscheidungen treffen.

Wir erwarten den nächsten Hubschrauber zu Ostern, obgleich dies noch nicht feststeht. Danach werden wir bis Ende Juli wieder ganz allein sein, wenn auf Grund günstiger Eisbedingungen nicht schon vorher die ersten Touristenschiffe vorbeikommen. Täglich 24 Stunden Sonnenschein und etwas wärmere Temperaturen – wir hoffen auf eine schöne Zeit. Wir freuen uns darauf, lange Wanderungen zu unternehmen und Gegenden zu besuchen, die wir bisher nur von der Landkarte kennen. Ich kann mir vorstellen, dass wir am Ende dieser Zeit Wehmut empfinden werden. Vermutlich werden wir allerdings mit dem Aufräumen und Zusammenpacken unserer Expeditionsausrüstung viel zu beschäftigt sein, um in Trauer zu versinken.

So, jetzt wird es Zeit, den Brief zu beenden und ihn im Postsack verschwinden zu lassen. Ich freue mich darauf, von dir den neuesten Klatsch zu hören. Viele herzliche Grüße an dich und alle meine Freunde.

Alles Liebe von
Marie

18 Orange oder Zitrone?
Die Entscheidung fiel in Nordaustland

Kinnvika, 10. Mai 2003

Das freundschaftliche Verhältnis zu den Eisbären sowie unser unverwüstlicher Optimismus während der Überwinterung in Kälte, Sturm und Finsternis wurden nach Anbruch des Polartages mit der immer intensiver scheinenden Sonne überschattet von einem Ereignis, das unserem treuen Gefährten Balto um Haaresbreite das Leben gekostet hätte. Ein Rumpeln draußen an der Hüttenwand vermischt mit wütendem, angsterfülltem Gebell ließ uns mitten in der Nacht aufschrecken. Ich hastete aus dem Schlafsack, erhaschte durch das vereiste Fenster einen Blick auf einen Bären im Kampf mit Balto, und schon war ich mit dem Gewehr im Anschlag im eisigen Wind draußen. Der Bär stand über dem sich heftig wehrenden Hund, brummte und schnaubte und biss immer wieder in den zappelnden Körper. Marie und ich feuerten Böllerschüsse in das Kampfgetümmel, tobten und schrien, um den Bären zu vertreiben. Der ließ tatsächlich von dem Hund ab, blickte auf, warf sich blitzschnell herum und wollte mich angreifen. Wir flüchteten in die Hütte, warfen die Tür ins Schloss und hörten, wie der Hund erneut attackiert wurde.

Während Marie ihr Gewehr von der Wand riss, stürzte ich wieder raus, griff die schwere Schneeschaufel neben der Tür und schmetterte sie dem wütenden Bären über den Schädel. Der Angreifer war irritiert, er sprang auf einen zwei Meter hohen Schneewall und schien einen Augenblick unschlüssig zu sein. Das ermunterte mich zu einer weiteren Maßnahme: Ich schleuderte unsere Axt in Richtung des Bären, ein paar Steine folgten. Aber einen Bären mit scheinbar sicherer Beute vor Augen zu stoppen, ist fast unmöglich. Der Bär stürzte auf mich zu, ich schoss mit dem Gewehr direkt neben den Wüterich in den Schnee – wieder flohen wir in die Hütte. Dabei stürzte Marie schwer, wälzte sich mit verletzter Hüfte hinein, ich sprang hinterher und riss die Tür zu, von draußen polterte der Verfolger dagegen.

Aber wir waren wild entschlossen, Balto zu retten. Bei der nächsten Runde feuerten wir beide rechts und links von dem wild herumrasenden Bären in den Boden. Dabei passierte beinahe ein Unglück. Ein stechender Schmerz und dumpfes Brausen in meinem linken Ohr – Marie hatte von hinten dicht an meinem Kopf vorbeigeschossen. Aber das konnte unseren Kampfesmut nicht dämpfen. Nach einem halbstündigen Getümmel und 15 Schuss mit scharfer Munition blieben wir Sieger, der Bär zog sich zurück.

Eine genaue Untersuchung von Balto ergab etliche Biss- und Kratzwunden, ein zerzaustes und von Bärengeifer verklebtes Fell, aber im Übrigen offenbar keine schweren inneren Verletzungen. Erleichtert saßen wir zusammen mit dem uns dankbar umschmeichelnden Hund bei einer Tasse Tee und diskutierten den Verlauf der Ereignisse. Hatten wir etwas falsch gemacht? Dass der Bär nicht erschossen wurde, war doch eigentlich ziemlich fair von uns.

Noch etwas aufgeregt holte ich mein Taschentuch hervor und wischte die Eiszapfen aus Bart und Augen. Beim Putzen der Nase spürte ich, wie Luft aus meinem linken Ohr zischte. Das geplatzte Trommelfell wird schon wieder zuwachsen …

Der Vorfall hat uns erneut vor Augen geführt, dass das Leben hier in Nordaustland zuweilen recht brutal abläuft. Der Wunsch, zu überleben, den eisigen Stürmen zu trotzen und bei sich jeder bietenden Gelegenheit Beute zu machen, ist hier bei allen Wesen stark ausgeprägt. Für Mitleid und freundliche Gefühle bleibt kein Raum. Was zählt, ist der eiserne Wille, sich zu behaupten.

Das beobachte ich auch an den bei Temperaturen zwischen -20 °C und -35 °C in engen Felsenritzen, hinter Geröllsteinen und im Windschutz vom Treibholzstämmen sprießenden Moosen, Flechten und winzigen Pflanzenstängeln. Ich habe meine wöchentlichen Exkursionen mit der Fotokamera wieder aufgenommen, um den Fortschritt des Pflanzenwachstums systematisch zu dokumentieren.

Die Beobachtungen über die zunehmende Verbreitung von Leben am Boden decken sich mit dem unter dem Mikroskop sichtbaren Gewimmel von Algen, Bakterien und anderen Mikroorganismen im nun von Tageslicht erhellten Eis. Das Licht ist ganz offensichtlich der Lebensansporn schlechthin. Die Temperaturen weit unter dem Gefrierpunkt können die Lebensprozesse vielleicht verlangsamen, unterbinden sie aber nicht. Die aufbrechende Vitalität scheint nicht nur auf die Intensität, sondern vielmehr auf die zunehmende Dauer des Tageslichts um täglich eine halbe Stunde zurückzuführen zu sein.

Wenn das Wetter es zulässt, bin ich alle paar Tage unterwegs, um noch fehlende Untersuchungen im Eis zu machen. Viele Eisproben werden in der Hütte mikroskopisch analysiert und Bakterienkolonien auf Nährböden zur Vermehrung gebracht. Über Funk bin ich mit meinen Kollegen in der Technischen Universität Hamburg-Harburg in Kontakt, um überraschende Ereignisse zu diskutieren oder Ideen zu weiteren Messungen auszutauschen. Wir bereiten die Publikationen über die Ergebnisse vor, und ich freue mich darüber, dass die Hypothese über die Entstehung des Lebens im Eis vor vier Milliarden Jahren eine immer konkretere Gestalt annimmt. Dieser Erfolg der Expedition gibt mir die innere Ruhe, gelegentlich den alten Spuren anderer Forscher auf Nordaustland nachzuspüren, welche mit meinem Eis nichts zu tun haben.

Wir wandern jetzt manchmal schon im wärmenden Sonnenschein von unserer Hütte zum Ufer der Hinlopenstraße. Alle – einschließlich unseres Hundes Balto – lieben diesen einstündigen Weg. Zunächst geht es entlang der Uferkante unserer vereisten Meeresbucht, dann über einen zugefrorenen Fjord, wo Balto mit großer Begeisterung die Atemlöcher der Robben aufspürt und wie wild in Eis und Schnee herumscharrt, und schließlich stapfen wir über eine zumeist von kaltem Schneegestöber überwehte Ebene voller Schotter und Eisbrocken zum nordöstlichen Rand der Hinlopenstraße. Manchmal benutzen wir auf den Ausflügen unsere Ski, aber wenn Messungen im Eis und Filmaufnahmen angesagt sind, bevorzuge ich es, ohne die Skiausrüstung zu arbeiten. Zumeist legen wir im Windschutz einer winzigen alten Jägerhütte eine Pause ein und erfreuen uns an dem grandiosen Anblick der Hinlopenstraße mit den mächtigen in vielen blaugrünen Farbnuancen schimmernden Eisbergen, die vom Nordpol herangedriftet sind und sich hier im brüchigen Eis für ein paar Tage oder auch Wochen von ihrer langen Reise ausruhen.

Vom gegenüberliegenden, 20 Kilometer entfernten Ufer grüßen gewaltige Gletscher und zackig aufragende Gebirgsformationen. Irgendwo aus diesem Gewirr von Gipfeln ragt Spitzbergens höchster Berg hervor, der 1717 m hohe Newtontoppen. Während wir uns aus der Thermoskanne einen heißen Kaffee genehmigen und Balto genüsslich an den bei der Jägerhütte herumliegenden Bärenknochen knabbert, erzähle ich Marie, was es mit dem alten Isaak Newton – einem von allen Physikern verehrten Meister – auf sich hat und wie es dazu kam, dass sein Name in diese Einöde gelangte.

Es war im Sommer 1665. Isaak Newton studierte an der Universität von London und freute sich über die aufgrund der grassierenden Pestepidemie verlängerten Semesterferien. Frei von dem Zwang, im Hörsaal den klugen Professoren lauschen und sich auf Prüfungen vorbereiten zu müssen, konnte sich der junge Newton endlich mal in aller Ruhe seine eigenen Gedanken machen. Hier in Nordaustland kann ich gut verstehen, wie sehr Newton seine freie Zeit genoss und sie nutzte, um neue Ideen zu entwickeln. Er beschäftigte sich mit dem Gravitationsgesetz und konnte mathematisch exakt formulieren und physikalisch verständlich machen, wie und warum ein Apfel vom Baum fällt. 1687 beschrieb Newton auf diesen Entdeckungen aufbauend in seinen berühmten *Principia* die Form unserer Erde: Sie habe, so führte er aus, nahezu Kugelgestalt, sei allerdings aufgrund des flüssigen Magmas und der Rotation um ihre eigene Achse an den Polen ein bisschen abgeflacht – so ähnlich wie eine Orange.

Eifrig versuche ich, Marie in die Geheimnisse der Mechanik der sich drehenden Erdkugel einzuweihen, gestikuliere herum, kratze mit der Stiefelspitze Zeichnungen in den Schnee, mir wird ganz warm dabei. »Na ja, aber was hat denn das mit Spitzbergen zu tun?«, fällt mir Marie ins Wort. Etwas ernüchtert blicke ich über die vereiste Hinlopenstraße zum Gipfel des Newtontoppen und erinnere mich daran, wie ich vor einem Jahr mit meinem Freund Lindy in einer halsbrecherischen Schneemobilfahrt bis auf die Bergspitze gelangte. Die Abfahrt war abenteuerlich, schließlich kamen wir nach einem Tag halb tot vor Erschöpfung und Kälte wieder zurück nach Longyearbyen. Ich war damals ein bisschen stolz darauf, den höchsten Berg Spitzbergens bezwungen zu haben. Als Physiker freute ich mich über die geglückte, exotische Begegnung mit dem verehrten Isaak Newton, aber ich hatte noch einen anderen, ganz persönlichen Grund für diese Bergtour. Und davon will ich jetzt der geduldig zuhörenden Marie berichten. Wir machen es uns mit dem Rücken an der sonnenbeschienenen Hüttenwand gemütlich und knabbern Schokolade und Kekse. Die Schokoladenstücke sind bei -25 °C allerdings steinhart und müssen ziemlich lange im Mund aufgewärmt werden.

Vor mehr als dreißig Jahren legte ich meine letzte Prüfung zur Erlangung des Doktortitels der Physik an der Universität Freiburg ab. Alles war bis dahin gut gelaufen, mein Prüfer Professor Flügge beendete die dreistündige Disputation mit einer letzten Frage: »Junger Mann, Sie scheinen ja alles zu wissen. Jetzt erzählen Sie mir doch noch ganz rasch, wie unser Längenmaß, das Meter, definiert ist.« Innerlich frohlockte ich über diese scheinbar kinderleichte Frage. Das Meter wurde 1799, im Zeitalter der Aufklärung, als ein Bruchteil des Erdumfangs festgelegt. Eine von der Natur gegebene Größe – eben unsere Erdkugel – sollte Ausgangspunkt einer entsprechenden Definition sein, und man legte fest, dass ein Meter der 40millionste Teil des Erdumfangs sei. Professor Flügge fiel mir ins Wort. »Ist denn die Erde tatsächlich eine Kugel?« Ich dachte an den alten Newton und referierte dessen These der Orangenform. Die Abflachung der rotierenden Erde sei allerdings nur sehr geringfügig ... »Das mag wohl sein«, unterbrach mich mein Prüfer, »aber wie hat man denn diese kleine Abweichung damals ohne Satelliten und moderne Technik messen können?« Ich war ratlos, stotterte herum, versuchte mich mit allerlei Erklärungen herauszuwinden und war heilfroh, schließlich den Prüfungsraum verlassen zu dürfen. Und jetzt endlich habe ich durch geduldiges Herumstöbern in alten Berichten und Tagebüchern herausgefunden, auf welche Weise die Form der Erde bestimmt wurde: Die letzten Messungen dazu wurden vor 100 Jahren im September 1902 ganz in der Nähe von Kinnvika abgeschlossen. Und aus diesem Grund wurde der höchste Berg Spitzbergens nach Newton benannt.

»Das klingt ja ganz spannend, aber wie hat man denn nun in dieser eisigen Öde die Form unserer Erde bestimmen können?« Marie scheint von meiner Begeisterung noch nicht angesteckt zu sein. Inzwischen ist es kalt geworden, wir rappeln uns auf und wandern am Ufer der Hinlopenstraße weiter. Ich versuche, die in Spitzbergen durchgeführten Arbeiten zu erklären, und schlage vor, dass wir beide in den nächsten Tagen den Spuren der Erdvermesser folgen und uns den Spaß machen, die Messarbeiten von damals nachzustellen.

Newtons These, dass die Erde einer Orange ähnele, löste damals in ganz Europa begeistertes Interesse, aber auch Kritik aus. In Frankreich formierte sich eine Gruppe von Physikern und Mathematikern, die im Gegensatz zu Newton argumentierten, dass die Erde eher wie eine Zitrone geformt sei, mit spitz zulaufenden Polbereichen. Ausgehend von der Vermutung, dass der Erdkern nicht aus flüssigem Magma, sondern aus einem schweren, festen Material bestehen könnte, scheint die Hypothese der Zitronenform nicht unsinnig zu sein. Jeder Kuchenbäcker weiß aus eigener Anschauung, dass der Teig längs eines rotierenden Rührstabes nach oben kriecht und eine Art Kegel bildet.

Die Auseinandersetzungen zwischen den Gelehrten waren leidenschaftlich und zuweilen auch verletzend. So empfahl der deutsche Physiker Georg Christoph Lichtenberg, ein Anhänger der Orangenform, 1792 im Göttinger Taschenkalender, die Mitglieder der Zitronenfraktion wegen ihrer offensichtlichen Dummheit im Londoner Irrenhaus Bedlam einzuliefern. Allerdings möge man dort »die Subjekte mit der größten Sanftmut behandeln und womöglich die Peitsche gar nicht gebrauchen«.

Lichtenberg fühlte sich zu diesem harschen Urteil berechtigt, weil bereits 1735, also nahezu 60 Jahre zuvor, im Verlauf zweier aufwändiger Expeditionen versucht worden war, eine Entscheidung zwischen Orange und Zitrone herbeizuführen. Dabei hatten Landvermesser am Äquator sowie in Lappland, die Erde mittels Theodolith und Maßband streckenweise vermessen. Die Auswertung der Messungen schien die Orangenform zu bestätigen. Die Genauigkeit der Ergebnisse wurde allerdings in Zweifel gezogen, man unterstellte den Expeditionsteilnehmern sogar Betrugsabsichten.

Bei meiner eigenen Detektivarbeit haben mir die Namen der Berge, Inseln und Meeresbuchten in Spitzbergen sehr geholfen. Scheinbar willkürlich sind in den Karten von Spitzbergen viele hundert Namen verzeichnet: Könige, Prinzen, Fürsten, Entdecker, Seefahrer, Wissenschaftler sowie einige Schwestern, Ehefrauen oder Freundinnen der ausschließlich männlichen Helden, die sich irgendwie um Spitzbergen verdient gemacht haben.

Eine genauere Nachforschung, wie es zu den einzelnen Namensgebungen gekommen ist, offenbart interessante, zuweilen zum Schmunzeln anregende Details aus der bunten Geschichte Spitzbergens. Einerseits lassen sich aus den Namen denkwürdige, an bestimmte Personen gebundene Aktivitäten rekonstruieren – so wie bei der Verewigung von Newton und den eifrigen Vermessern der Erdform –, andererseits bekommt man Einblicke in so manches Ränkespiel um Macht und Einfluss über Spitzbergen.

Auf modernen Karten Spitzbergens fallen zwei markante Inseln auf: Kong Karls Land, ein Eisbärenparadies südlich von Nordaustland, und Prins Karls Forland im Westen Spitzbergens. Unvoreingenommene ordnen diese Namen meist dem norwegisch-schwedischen König Karl XV. (1826–1872) zu. Diese Deutung ist von Norwegen gewollt: Jeder Betrachter der Karte soll klar erkennen, dass Norwegen und seine Könige schon seit langem auf Spitzbergen zu Hause sind. Was aber geschah wirklich?

1613 segelte der englische Seefahrer Hessel Gerrits in den Gewässern westlich von Spitzbergen und bezeichnete in seiner Karte eine von ihm kartografierte Insel mit »Prince Charles«, nach Charles I., dem Prince of Wales und späteren König von England. Dieser Name wurde 1927 von einem norwegischen Kommissar in die norwegische Sprache übersetzt und verwandelte sich dabei auf wundersame Weise in »Prins Karl«. Zum norwegischen Prinzen Karl gehört natürlich auch ein entsprechender König. Die norwegischen Bearbeiter der Karten wurden schnell fündig: 1870 hatte der deutsche Arktisforscher Theodor von Heuglin eine Inselgruppe südlich von Nordaustland besucht und diese nach seinem Landesfürsten, dem König von Württemberg Karl I. (1823–1891), als »König-Karls-Land« benannt. Die Norweger tauften die Insel später flugs um in Kong Karls Land, nach dem bereits genannten norwegischen König Karl XV. Damit hatte also alles seine Ordnung: An herausgehobenen Stellen glänzen auch auf allen neueren Karten von Spitzbergen der norwegische Prinz und König Karl.

Bei diesen Tricksereien passierte eine kleine Nachlässigkeit: Man übersah, dass der getreue Theodor von Heuglin nicht nur seinen König, sondern auch die dazugehörige Königin Olga von Württemberg (1822–1892) ehren wollte und deshalb das Meeresgebiet um die Insel »König-Karls-Land« als Olgastraße bezeichnete. Und nun prangt dieser schöne Name auf allen Karten, und man wundert sich, weshalb der norwegische König Karl XV. von Olga so herzlich umschlungen wird. Ob die beiden etwas miteinander hatten?

Doch zurück zu der damals weltbewegenden Frage, ob unsere Erde eher einer Orange oder einer Zitrone gleicht. Der Gelehrtenstreit tobte in unverminderter Härte viele Jahrzehnte und entwickelte sich zu einer nationalen Prestigefrage. Hatte die englische Gruppe im Kielwasser des berühmten Physikers Isaak Newton Recht, oder würden sich vielleicht doch noch die Franzosen mit ihrer Zitronentheorie durchsetzen?

Zur Versachlichung des Streits trug der englische Artillerieoffizier und Physiker Sir Edward Sabine bei, der 1823 auf Spitzbergen Pendelmessungen durchführte. Bei solchen Experimenten wird die Schwingungsdauer eines langen Pendels an verschiedenen Orten der Erde genau gemessen, und zwar möglichst dicht am Nordpol, etwa auf Spitzbergen, sowie am Äquator. Aus der Schwingungsdauer des Pendels kann die lokal herrschende Gravitationskraft der Erde und daraus der jeweilige Erdradius bestimmt werden, woraus sich die Erdform – Orange oder Zitrone – ableiten ließe. Unglücklicherweise konnte mit den nur ungenauen Messergebnissen von Edward Sabine die quälende Ungewissheit der Gelehrten nicht endgültig beseitigt werden.

Während ich Marie von den verschlungenen Wegen der Wahrheitsfindung erzähle, stapfen wir mit unseren Rucksäcken durch Eis und Schnee zu einer Berghöhe, auf der eine große Pyramide aus Schottersteinen zu finden ist. Es gibt einige dieser Pyramiden in der Nähe von Kinnvika, Zeugnisse historischer Expeditionen, bei denen unserer Erde das Geheimnis ihrer Form entlockt werden sollte. Von hier oben eröffnet sich bei klarem Wetter ein wunderbarer Weitblick auf die zerklüfteten Fjorde von Nordaustland und auf die fernen Bergspitzen jenseits der Hinlopenstraße. Die im eisigen Wind flatternde Karte von Spitzbergen in der Hand, versuchen wir mithilfe der Namen von Inseln, Bergen und Buchten, die spannende Geschichte der Erdvermessung lebendig werden zu lassen.

Wir meinen, mit unserem Feldstecher nördlich von Nordaustland ein kleines Inselchen inmitten des von Packeis bedeckten Polarmeeres ausmachen zu können: die Sabineinsel. Ich denke an den alten Artillerieoffizier, wie er mit klammen Fingern an sperrigen mechanischen Uhren sowie den vereisten Fäden seines Pendels herumhantierte, um doch noch möglichst genaue Messungen hervorzuzaubern. Schließlich gab er es frustriert auf, den Gelehrtenstreit mit seinem Pendel zweifelsfrei zu entscheiden. Er schlug 1826 vor, zur endgültigen Bestimmung der Erdform genaue geodätische Messungen vorzunehmen – und zwar auf Spitzbergen.

Diesem Vorschlag ist es zu verdanken, dass den Bergen hier ihre merkwürdigen Namen verliehen wurden: Da thronen neben dem alles überragenden Newtontoppen der Laplace und der Legendre, nach den französischen Mathematikern Pierre Simon Laplace

(1749–1827) und Adrien Marie Legendre (1752–1833). Auch nach dem deutschen Mathematiker Carl Gustav Jakob Jacobi (1804–1851) ist ein Berg benannt.

Ganz in der Nähe von Kinnvika ragt der Celsiusberg hervor, benannt nach dem schwedischen Professor Anders Celsius (1701–1744) aus Uppsala, der unsere Temperaturskala erfand und bereits 1735 an den ersten Messungen zur Erdform in Lappland beteiligt war. Schließlich fällt uns noch der Carlheim-Gyllensköld am westlichen Rand der Hinlopenstraße auf. Der gleichnamige schwedische Astronom und Physiker (1859–1934) war während der zahlreichen Expeditionen zur Vermessung der Erde unermüdlich auf die Bergspitzen geklettert und hatte mit dem Theodolithen Winkel vermessen und geografische Breitengrade bestimmt.

All diese berühmten Gelehrten haben durch ihre mathematischen und astronomischen Überlegungen und Beobachtungen zur Beantwortung der Frage nach der Erdform beigetragen.

Wir verkriechen uns in einem windgeschützten Eckchen hinter der mächtigen Steinpyramide. Ich erzähle Marie vom Verlauf der verschiedenen Expeditionen, die schließlich vor 100 Jahren ziemlich genau hier an unserem Beobachtungsposten erfolgreich abgeschlossen werden konnten.

Im Kampf gegen Packeis, Stürme und eisige Temperaturen wurde ausgehend von Sir Edward Sabines Vorschlag nach vielen Ortsbesichtigungen und vorläufigen Messungen eine Kette von Bergspitzen vom äußersten Norden bis zum Südkap Spitzbergens mit von weitem zu sehenden Pyramiden markiert. Danach wurde diese Bergkette mittels Triangulation und unter Verwendung einer auf dem Fjordeis sehr genau bestimmten Basisstrecke erstaunlich präzise vermessen. Gleichzeitig wurden durch astronomische Beobachtungen der Sterne und der Sonne die geografischen Breitengrade der Bergspitzen bestimmt.

Aus diesen Daten lässt sich die Erdform ableiten. Bei einer an den Polen abgeflachten Erde wäre die Winkeldifferenz eines Breitengrades in der Nähe des Nordpols mit einer kürzeren Wegstrecke auf der Erdoberfläche verbunden als am Äquator. Würde die Erde allerdings einer Zitrone gleichen, wäre es genau umgekehrt.

Für die Durchführung der entsprechenden Messungen auf Spitzbergen waren mehrere recht aufwendige Expeditionen notwendig. Zahlreiche Schiffe sowie viele Wissenschaftler, Seeleute, Berichterstatter und Organisatoren aus Schweden und Russland waren im Zeitraum von 1898 bis 1902 an entsprechenden Reisen beteiligt. Die Unternehmungen verschlangen riesige Summen und beschäftigten jahrelang Hunderte von Menschen.

Damals war Schweden, mit Finnland und Norwegen vereinigt, eine wohlhabende Großmacht. Im 19. Jahrhundert wurden zahlreiche weitsichtig geplante und wissenschaftlich viel beachtete Expeditionen von Schweden durchgeführt – sicherlich auch mit dem Ziel, einen zukünftigen Machtanspruch auf Spitzbergen vorzubereiten. Einzelne Persönlichkeiten, wie der finnische Schwede Adolf Erik Nordenskiöld, der 1878/79 mit seinem Schiff *Vega* als Erster die Nordostpassage längs der sibirischen Küste bezwang, sowie der Ballonfahrer Salomon August Andrée trugen in Schweden zu einer anhaltenden Begeisterung für die arktische Forschung bei.

Die Untersuchungen zur Erdvermessung überstiegen selbst die damals großen finanziellen Möglichkeiten Schwedens. Deshalb wurde eine vorbildlich funktionierende wissenschaftliche Kooperation mit Russland vereinbart.

Schließlich konnten im September 1902 ganz in der Nähe von Kinnvika die letzten noch fehlenden Winkelmessungen abgeschlossen werden. Die wissenschaftlichen Ergebnisse der Expeditionen wurden 1903 in französischer Sprache veröffentlicht: *Mission scientifique pour la mesure d'un arc de meridien au Spitzberg entreprises en 1899–1902 sous les auspices des gouvernements Suédois et Russe: Mission Suédoise/Mission Russe.* Und damit war die Entscheidung gefallen: Isaak Newton hatte Recht, die Erde gleicht einer Orange!

Inzwischen ist uns kalt geworden. Auch Balto läuft bereits ungeduldig herum und will weiter, über die Schneehänge stürmen und die in einigen Winkeln am Berghang zusammengerollte Rentierlosung aufspüren und verspeisen. Aber es ist noch nicht so weit, ich habe hier auf dem Berg gleich neben der von den Landvermessern aufgeschichteten Markierung noch etwas vor. Fast ist mir ein wenig feierlich zumute, als ich aus unseren Rucksäcken allerlei Geräte hervorkrame. Ich baue ein Stativ auf, montiere meinen Sextanten als notdürftigen Ersatz für einen Theodolithen und nivelliere die Einrichtung sorgfältig mit der Wasserwaage. Dann messe ich einige Winkeldifferenzen zwischen den von hier oben deutlich erkennbaren Bergspitzen, welche zu der von den schwedischen Expeditionsteilnehmern ausgewählten Bergkette gehören. Ich blinzele zu dem in der Ferne gerade noch erkennbaren Newtontoppen und vergleiche meine Werte mit den Ergebnissen aus den alten Expeditionsberichten. Dabei kann ich gut nachempfinden, wie schwierig die Durchführung der Arbeiten vor 100 Jahren gewesen sein mag. Eine graue Nebelwand nähert sich von Nordwesten, schiebt sich vor die im Schneegestöber verschwindenden Bergspitzen, und ich verpacke eilig den inzwischen von Schneeflocken eingepuderten Sextanten im Rucksack.

Marie guckt mich fragend an. Was das alles soll? Nun, ich hatte den Wunsch, nach dreißig Jahren endlich die während meiner Doktorprüfung schuldig gebliebene Antwort auf die Frage nach der Erdvermessung abzuliefern. Während ich den Rucksack verschließe, das Gewehr schultere und mich an den Abstieg mache, scheint es mir, als ob mein alter Prüfer Professor Flügge an der Steinpyramide auf dem Berggipfel lehne, sich die kalten Hände reibe und mir weise lächelnd nachblicke. Vielleicht war es aber auch nur eine Nebelschwade.

19 Adam und Eva im Paradies?
Gedanken eines Höhlenbewohners

Kinnvika, 28. Juni 2003

Mitte Juni kamen drei Gestalten durch die tief hängenden grauen Wolkenschleier über das nasse und brüchige Eis gewandert, quer über unsere Meeresbucht. Hin und wieder blieb das Grüppchen unschlüssig stehen, dann liefen die Wesen erst nach rechts und kurz danach wieder ein Stück zurück, wahrscheinlich um den vielen Spalten im Eis auszuweichen. Wir beobachteten das Ganze durch unsere Feldstecher und rätselten, wer dort wohl nahte. Drei Eisbären vielleicht? Größe und Farbe schienen zu stimmen, jedenfalls aus dieser Entfernung. Aber wieso rennen Eisbären so hilflos herum, wenn sie auf Wasser treffen? Ich habe schon viele Bären beobachtet, die ihre Bahn schnurgerade durch ein Gewirr von Eisschollen ziehen, indem sie auch bei strengem Frost, ohne zu zögern, in das eiskalte Wasser springen und einfach geradeaus weiterschwimmen. Endlich wurde das Geheimnis gelüftet: Die drei Gestalten waren Rentiere, die zu dieser Jahreszeit keine Geweihe tragen. Wahrscheinlich hatten sie sich in den vergangenen Wochen auf einer der Inseln im Fjord aufgehalten, die spärlichen Pflänzchen in den geschützt liegenden Mulden abgegrast und nun den Entschluss gefasst, zum viele Kilometer entfernten Festland überzuwechseln, bevor das Eis unpassierbar wird. Immer deutlicher konnten wir sehen, wie es den Rentieren gelang, geschickt über das glitschige Eis zu balancieren, wie sie sich mit Weitsicht, Kraft und Mut zu der Uferzone mit tiefem Schnee und tückischen Wasserlöchern vorarbeiteten und schließlich festen Boden gewannen. Wir hatten mit den Akrobaten gebangt und zum Abschluss der stundenlangen Vorstellung erleichtert applaudiert.

Seit einigen Tagen verbindet mich eine herzliche Freundschaft mit einem Pärchen von Schmarotzerraubmöwen. Diese eleganten Flieger ziehen im Winter bis nach Westafrika und kommen jeden Sommer zu ihrem angestammten Brutplatz nach Spitzbergen zurück. Im vergangenen Jahr hatten die Vögel in der Tundra etwas entfernt von unserer Hütte zwei Junge aufgezogen, von denen eines überlebte und im Herbst mit den Eltern gen Süden zog. Bereits ab Ende April patrouillierten sie hin und wieder über ihrem noch tief verschneiten alten Brutplatz, wie mir schien etwas ungeduldig und ungehalten über den harten Winter. Anfang Juni richteten sie sich schließlich in unserer Nachbarschaft häuslich ein und lauerten auf Beute. Wie grimmige Wegelagerer warten sie geduldig auf vorbeifliegende Dreizehenmöwen. Dann schwingen sie sich in die Lüfte, und eine minutenlange Hatz beginnt. Mit halsbrecherischen Flugmanövern zwingen die Raubmöwen – manchmal im Team arbeitend – die verzweifelten Dreizehenmöwen, ihren Mageninhalt im Flug hervorzuwürgen, welcher von einem der Räuber noch in der Luft aufgefangen und verschluckt wird.

Wir haben beim Aufräumen einen großen Karton mit Eiern entdeckt. Uns schienen die ein Jahr alten Eier nicht mehr so recht genießbar zu sein, und deshalb entschloss ich mich schweren Herzens, sie zu opfern. Nur wem und wie? Mir fielen die Raubmöwen ein, und ich legte ein paar Eier auf den schneefreien Flecken unweit unserer Hütte aus. Die gute Tat wurde zum großen Erfolg: Jeden Morgen werde ich seitdem von meinen Raubmöwen liebevoll oder auch gierig umflattert, bis ich ihnen die zwei obligatorischen Frühstückseier serviert habe. Demnächst werden sie sich dabei wohl auch noch auf meine Schulter setzen. Zu unserer großen Freude haben die üblicherweise sehr scheuen und aggressiven Vögel in unmittelbarer Nähe der Hütte zu brüten begonnen. Zu Balto hat sich mittlerweile auch eine auf gegenseitigem Respekt gegründete Freundschaft entwickelt – nachdem er mit einigen sanften Flügelschlägen zurechtgewiesen worden war.

Voriges Jahr um diese Zeit waren wir beide emsig damit beschäftigt, die letzten Vorbereitungen für die bevorstehende Expedition abzuschließen: die Proviantlisten zu kontrollieren, Geräte einzupacken, Bücher für die lange Polarnacht auszuwählen, Abschied von Freunden zu nehmen und die letzten Absprachen für unsere einjährige Abwesenheit von der Zivilisation zu treffen. Wir hatten damals keine Zeit, tiefsinnigen Gedanken über unser geplantes Zusammenleben nachzuhängen oder irgendwelche Zweifel an der von uns erhofften Harmonie aufkommen zu lassen. Das wird schon gut gehen, dachte ich manchmal mit einem verstohlenen Seitenblick auf meine eifrig zwischen Proviantkisten, Skiausrüstung, Benzinkanistern, Schlafsäcken und dem Gummiboot herumeilende Expeditionspartnerin Marie. Fang bloß nicht an zu grübeln, damit würde die Situation nicht klarer oder besser werden, so beruhigte ich mich selbst. Bedenken und vorsorglich durchgeführte Analysen haben schon manches hoffnungsvolle und mutige Projekt zu Fall gebracht. Also, alter Junge, Augen zu und durch!

Und jetzt, fast am Ende unseres paradiesischen Lebens, gewissermaßen als Adam und Eva ganz allein auf einer einsamen Insel? Sind wir der Meinung, dass es gut gegangen ist? Ja, und nochmals ja. Für mich – und ich glaube, auch für Marie – zählt dieses Jahr zu den aufregendsten und schönsten unseres Lebens.

Wie kann das sein, wo doch die Lebensbedingungen hier auf Nordaustland alles andere als idyllisch zu nennen sind? Die furchtbaren Winterstürme, die lange Dunkelheit, die Kälte, die Eisbären, der qualmende Ofen, das von Raureif überzogene Bettzeug, durch Frost und Feuchtigkeit halb verdorbene Lebensmittel, immer dieselben speckigen und unansehnlichen Klamotten, gefährliche Arbeitsbedingungen auf dem Eis und im Gebirge, monatelang nur kümmerliches Licht von rußenden Petroleumlampen, nagende Zweifel am wissenschaftlichen Sinn der Expedition, einsame Grübeleien über die Interpretation von Messergebnissen, unerfüllbare Sehnsucht nach Familienmitgliedern und Freunden … Trotzdem, dieses Leben hat uns beiden sehr zugesagt, und wir haben uns gut vertragen. Woran kann das gelegen haben?

Sicherlich hat dazu beigetragen, dass die Unternehmung unter außergewöhnlichen und rückblickend sehr guten Bedingungen stattgefunden hat. Dazu gehört das zuweilen aufregende und herausfordernde Leben zwischen Mann und Frau, eingesperrt in einer winzigen Hütte, insbesondere, wenn die beiden Teilnehmer zuvor praktisch nicht miteinander bekannt waren. Weiterhin erwies es sich als nützlich, dass wir beide während der gesamten Zeit viel zu tun hatten. Da waren die Bedürfnisse des täglichen Lebens zu befriedigen: Wasser aus Schnee gewinnen, Holz hacken, Klohäuschen reinigen, Essen kochen, Reparaturarbeiten an der Hütte, Hunde füttern, Eisbären verjagen, Waffen entrosten und pflegen, Proviant kontrollieren. Und natürlich musste das ehrgeizige, wissenschaftliche Programm Tag für Tag erfüllt werden: Wetterdaten registrieren, Bakterienproben entnehmen, Eismessungen durchführen, Zahlen auswerten und schließlich Berichte und Publikationen vorbereiten. Daneben haben wir gefilmt, fotografiert, Tagebuch geschrieben – und auch noch ein bisschen Spaß gehabt.

Das Zusammenleben zwischen uns verlief zumeist ohne jede Missstimmung oder gar Streit. Wir hatten gleich zu Beginn einige wenige Verhaltensregeln aufgestellt. Dazu gehörten der strikte Respekt des winzig kleinen Privatbereichs des anderen, das offene und ehrliche Ansprechen von Unstimmigkeiten und schließlich die feste Abmachung, nicht aufzugeben und das ganze Jahr um jeden Preis durchzuhalten.

Entscheidend war sicher, dass die Expedition zeitlich befristet war und wir somit das – wie wir hofften – erfolgreiche Ende der Unternehmung ständig vor Augen hatten.

Aber das Wichtigste war, dass wir beide von Anfang an Sympathie füreinander empfunden haben. Das gemeinsame Abenteuer haben wir die ganze Zeit als großes Privileg angesehen.

Marie hat sich unter den schwierigen Bedingungen sehr wacker geschlagen. Sie hat ihre Angst vor den Bären besiegt und viele gefährliche Strapazen und Unbequemlichkeiten nicht nur klaglos ertragen, sondern mit Humor in lustige, zum Lachen reizende Situationen verwandelt. Ihre ständig gute Laune hat manche dunkle und Furcht erregende Stunde kurz werden lassen. Besonders diese Eigenschaft von Marie habe ich sehr schätzen gelernt und mich oft insgeheim darüber gewundert, wie vergnügt sie meine eigensinnigen Kommentare und schrulligen Verhaltensweisen ertragen konnte.

Das in der modernen Gesellschaft immer wieder problematisierte Rollenverhältnis von Mann und Frau war unter den urtümlichen Lebensbedingungen hier in Kinnvika für uns beide kein Thema. Es war bei uns zeitweise so einfach wie in der Steinzeit: Der Mann kämpft mit wilden Tieren, geht auf die Jagd und kommt danach müde und selbstzufrieden mit der Beute zurück in die Höhle, um sich von der Frau verwöhnen zu lassen. Ich gestehe, dass mir – aber ganz offensichtlich auch Marie – diese Rollenverteilung gefallen hat. Mir scheint, dass die für das Überleben notwendige Übernahme von Verantwortung für den Partner keine lästige Pflicht, sondern ganz im Gegenteil eine beglückene und die gegenseitige Zuneigung fördernde Aufgabe darstellt. Ich brauche Marie als Gesprächspartnerin, geduldige Zuhörerin, Trösterin und beherzte Schützin beim Angriff eines Bären. Genauso elementar braucht Marie mich, einfach um zu überleben. Und das ist schön für uns beide.

In unserer modernen Gesellschaft sind solche Bedingungen nicht gegeben, diese Tugenden nicht mehr gefragt. Das Risiko des Einzelnen wird von der Gesellschaft übernommen und das Individuum ist damit beschäftigt, »sich selbst zu verwirklichen«. Eigentlich schade.

Uns beiden ist bewusst, dass es eine Fortsetzung des gemeinsamen Lebens nach unserer Rückkehr in die zivilisierte Welt nicht geben wird. Wir spüren, dass uns die abenteuerliche Zeit in Kinnvika viel gegeben hat, aber alles hat seine Zeit. Wir werden aber für unser weiteres Leben aus dem gemeinsamen Erlebnis wichtige Konsequenzen ziehen.

Und unsere Berichte aus der Steinzeit werden als Kontrastprogramm vielleicht unterhaltsam sein für zivilisierte Wesen, die umgeben sind von Mobiltelefonen, Internet, vielfältigen kulturellen Angeboten und, nicht zu vergessen, der vermeintlich allumfassenden Sicherheit in einer modernen Gesellschaft.

Während Marie und ich über die Tundra streifen und uns an den kleinen, zwischen den Schneefetzen hervorlugenden Blümchen und frischen Moospolstern erfreuen, denken wir oft an die Erlebnisse der hinter uns liegenden Monate. In unserer Erinnerung überwiegen die schönen Bilder: die über den weiten Himmel flackernden farbenprächtigen Nordlichter, unsere unbändige Freude über das Wiedererscheinen der ersten Sonnenstrahlen, der lustige Tag in der wie ein Backofen aufgeheizten Sauna, das wohlige Gefühl, nach einer Wanderung durch eiskaltes Schneegestöber in die warme Hütte zu kommen, einen Becher heißen Tee zu trinken und schließlich in den Schlafsack zu kriechen. Die kleinen Unfälle und vorübergehenden Schmerzen sind längst vergessen, ob die schwere Prellung an der Hüfte, die sich Marie bei der Flucht vor dem angreifenden Bären zugezogen hat, oder meine angeknackste Schulter nach einem Sturz mit Ski einen steilen Abhang hinunter; das Trommelfell scheint inzwischen auch wieder zusammengewachsen zu sein.

Wir sind in unseren Ansprüchen bescheiden geworden. Man nimmt sich selbst nach solchen extremen Erfahrungen nicht mehr ganz so ernst. Sogar die Einstellung zum Tod – auch dem eigenen – wird entspannter, wenn man beobachten muss, wie eine blutüberströmte Robbe von einem Eisbären gefressen wird oder eine Raubmöwe ein Entlein wegschleppt, wenn man in der Nähe der verfallenen Hütte von Jägern aus alten Tagen einen verwitterten menschlichen Schädel gesehen hat.

Tod und Leben gehören zusammen. Das zu akzeptieren, fällt hier in der eisigen Wildnis wohl leichter. Ich sehe mich jetzt als einen Teilnehmer unter vielen in dem Spiel des Lebens, nicht als »Krone der Schöpfung«, als ein Wesen mit besonderen Privilegien gegenüber allen anderen Kreaturen. Das Einfühlungsvermögen wird größer. Ich verstehe den ruhelos herumwandernden, hungrigen Eisbären, und ich kann die Panik der kleinen Krabbe nachempfinden, welche durch die Eisbohrung auf die kalte Eisoberfläche gespült wurde und um ihr Leben zappelte. Ich glaube sogar, mich in die im Eisbrei herumwirbelnden Bakterien und Mikroorganismen hineinversetzen zu können. Nach den Versuchen unter dem Mikroskop befördere ich die Bakterien zurück in ihre natürliche Umgebung, und die Krabbe wird wieder in das rettende Meerwasser geschubst.

Zuweilen frage ich mich, was denn eigentlich das Besondere am Menschen ist. Was zeichnet uns Menschen aus gegenüber anderen Kreaturen? Die Fähigkeit zu Liebe, Freundschaft, Gnade, heroischem Handeln, lautet eine der gängigen Antworten.

Aber dann denke ich an die angstvollen Augen der Robbenmutter, die aus dem Eisloch auftaucht und ohne Rücksicht auf ihr eigenes Leben nach ihrem gerade von einem Eisbären erbeuteten Jungen Ausschau hält. Oder ich erinnere mich daran, wie rücksichtsvoll Balto seinen kranken Freund und Bruder Sako behandelte, daran, wie er nach seinem Tod wochenlang trauerte. Einmal beobachtete ich zwei in wütendem Kampf ineinander verbissene Schlittenhunde, bis der Unterlegene aufgab und dem Sieger seine Kehle darbot. Der schnappte nicht zu, sondern zog sich zurück. War das nicht so etwas wie Gnade?

Als ich vor einigen Jahren bei einem schweren Sturm mit meinem Segelschiff Zuflucht im Schutz einer kleinen Insel bei Neufundland suchte, wurde ich Zeuge einer eindrucksvollen Schlacht zwischen zwei Ameisenheeren. Zwei Tage und Nächte kämpften Tausende Krieger voller Aggression. Am Ende war der Boden der kleinen Waldlichtung bedeckt mit ausgerissenen Ameisengliedern, toten, sterbenden und verkrüppelten Helden. Das alles wirkte wie in einem grandiosen Kriegsfilm, der den Kinobesucher mit einem ehrfürchtigen Schauer erfüllt.

Mir fällt es schwer, Liebe, Freundschaft und die anderen angeblich so menschlichen Gefühle und Eigenschaften zum Privatbesitz der Spezies Mensch zu erklären. Vielmehr scheint es diese Regungen auch bei Tieren zu geben, als seien gewisse Instinkte Teil des genetischen Grundmusters. In allen Lebewesen sind bestimmte Verhaltensweisen von Natur aus tief verankert. Dazu gehören Fairness gegenüber Artgenossen, die alle Widerstände und Bedrohungen überwindende Mutterliebe, Hilfsbereitschaft gegenüber leidenden

Gefährten, aufopfernder Mut beim Kampf gegen Feinde der Gemeinschaft und, nicht zuletzt, der rücksichtsvolle Umgang mit den Ressourcen der Natur. All diese dem Menschen erstrebenswerten Eigenschaften treten in der kargen Natur Nordaustlands klar und unverfälscht in Erscheinung.

Viele Stunden lang habe ich dem Treiben in einer Kolonie von lärmenden, brütenden und zankenden Küstenseeschwalben zugeschaut. Da versuchen geschickte Vögel mit einem kleinen Fisch im Schnabel ihren Artgenossen – und wohl besonders ihrem angebeteten Weibchen – mit gewagten Flugmanövern zu imponieren. Am Ende der Vorstellung wird das Fischchen großzügig der voller Bewunderung zuschauenden Freundin dargeboten. Wagt es eine Eismöwe, sich der Kolonie zu nähern, steigen sofort einige Kampfflieger auf und vertreiben den großen Räuber.

Rentiere zupfen behutsam nur ein paar Blütenstängel ab, bevor sie vorsichtig auftretend zur nächsten Oase der Vegetation wandern. Der zum Angriff entschlossene Eisbär blickt mir direkt in die Augen, schnaubt wütend und lässt keinen Zweifel am Ernst der Situation aufkommen.

Diese Offenheit und Ehrlichkeit in der Natur gefällt mir. Es herrschen klare, nachvollziehbare, vernünftige Spielregeln. Niemand käme auf die Idee, herumzulamentieren, zu betrügen, sich zu beschweren und schließlich auch noch mit der Moral zu argumentieren. Das Zusammenleben von uns Menschen ist da doch wesentlich komplizierter …

Aus der Sicht eines primitiven, von der ungemütlichen Natur gebeutelten Höhlenbewohners, zu dem ich zurzeit eine herzliche Zugehörigkeit empfinde, zeichnet den Menschen gegenüber allen auf dem Land lebenden Tieren vor allem eines aus: Er ist von Natur aus nackt! Splitterfasernackt, mit einer vergleichsweise dünnen Haut und einigen dekorativ über den Körper verteilten Haarbüscheln. Diese Eigenschaft scheint auf den ersten Blick ein entsetzlicher Nachteil im Kampf ums Überleben zu sein. Vermutlich ist genau das Gegenteil der Fall.

Die ersten vielleicht durch eine Laune der Natur zur Nacktheit verdammten Wesen ernteten gewiss Spott, Abneigung und vielleicht auch etwas Mitleid von ihren haarigen Artgenossen. Aber gerade wegen der vermeintlich körperlichen Benachteiligung setzte ein gewaltiger Schub ein: Der Nackte musste sich schützen, wärmen und mit den von der Natur ähnlich stiefmütterlich behandelten Kreaturen enger zusammenrücken, um zu überleben. Die Fähigkeit zur genaueren Beobachtung, Weitsicht, gute Ideen, List und Tücke und nicht zuletzt der Wunsch, besser mit den Leidensgenossen zu kommunizieren, entwickelten sich und machten den Nackten zum Wissenden gegenüber den haarigen Halbaffen.

Wenn sich zwei nackte Menschen Schutz und Wärme suchend aneinander schmiegen, durchrieselt die beiden ein wohliges, tief empfundenes Glücksgefühl, das vermutlich viel stärker ist als bei Tieren mit Pelz.

Das Wohlgefühl beim Kontakt zwischen nackten Hautflächen lässt sich auch physikalisch erklären. Unsere Haut ist durchsetzt von unzähligen Sensoren, Nervengeflechten, Poren und Drüsen, die dafür sorgen, dass in unterschiedlichen Bereichen unterschiedliche Spannung herrscht. Spannungsdifferenzen, etwa bei trockener Raumluft, rufen ein unangenehmes Gefühl hervor. Abhilfe bietet ein Bad oder eine Dusche, dabei werden die elektrischen Spannungsdifferenzen auf der Haut abgebaut, der Mensch fühlt sich wieder wohl und beginnt vielleicht sogar, in der Badewanne zu singen. Derselbe Effekt tritt beim Streicheln über die Haut oder beim Aneinanderschmiegen nackter Körper auf. Man will mehr davon – ein unschätzbarer Vorteil beim Spiel der Evolution.

Damit ist mir als grübelndem, frierendem Höhlenbewohner auf Zeit alles klar: Der Mensch wurde zu einem listigen, nachdenklichen, trickreichen, kommunikativen Wesen, eben weil er nackt und schutzlos ist und weil er mehr Spaß an engen Körperkontakten hat als seine behaarten Vorfahren!

In Kinnvika durften wir als Menschen im ursprünglichen Sinn leben. Wir waren vergleichsweise wenig geschützt, der harschen

Natur ausgeliefert. Wir fühlten uns in der Finsternis, der Kälte und den erbarmungslosen Stürmen so manches Mal geradezu ausgesetzt. Aber gerade wegen dieses Gefühls der Nacktheit waren wir offen für das, was uns die Natur erzählen konnte. Wir haben die Spielregeln der Arktis auch für uns akzeptiert und versucht, zu verstehen, zu interpretieren und Folgerungen daraus zu ziehen. Das alles geschah praktisch ohne Einflüsse aus der zivilisierten Welt: Weder Vorschriften noch Mitmenschen, die uns kontrollieren oder beschützen wollten, schwächten den frischen Wind des Lebens ab. Wir waren für unser Handeln, Wohlergehen, beglückende Erlebnisse, Sicherheit und Überleben selbst verantwortlich, und das war schön!

Mir kommt eine Kindheitserinnerung in den Sinn. Als kleiner Junge wurde ich von meiner Mutter zu besonderen feierlichen Anlässen fein herausgeputzt. Dazu gehörten ein weißes Hemd mit steifem Kragen, lange Hosen und blank geputzte drückende Schuhe, später kamen auch noch Jackett und Schlips dazu. Und dann musste man sich artig verhalten, höflich auf das Geschwätz unausstehlicher Erwachsener antworten und ein liebes Gesicht aufsetzen – einfach entsetzlich! Wenn das Theater dann endlich vorbei war, durfte ich wieder in meine Alltagsklamotten schlüpfen, barfuß und mit kurzen Hosen über die feuchte Wiese rennen. Meine Knie waren von den vielen Stürzen und dem Herumgebolze mit Freunden immer zerschrammt – aber es war so schön und befreiend, den Zwängen des Anstands entkommen zu sein. Genauso glücklich bin ich jetzt in Kinnvika.

20 Eis und die Entstehung des Lebens

Bilanz einer Expedition

Kinnvika, 20. Juli 2003

Von Mai bis Juli haben Schnee und Eis nochmals alle Register gezogen, um ihre Vorherrschaft unter Beweis zu stellen und mich als ihren getreuen Chronisten in hektische Betriebsamkeit zu stürzen. Wunderbare Eiskristalle, groß und farbig schillernd wie Schmetterlinge, wuchsen auf den Schneeflächen und funkelten wie eisige Edelsteine in allen Farben in der strahlenden Maisonne. Die Luftfeuchtigkeit ist hier oft extrem niedrig, der Schnee im Frühsommer schmilzt nicht, sondern die Schneekristalle werden bei niedrigen Temperaturen von unter -10 °C direkt zu Wasserdampf, ohne sich vorher zu verflüssigen. Die mächtigen Schneelagen verdampfen ebenfalls, und die schneefreien Flecken vergrößern sich zusehends.

Die prächtigen Eiskristalle sowie die Freisetzung des zuvor im Schnee gebundenen Kohlendioxidgases veranlassten mich, unzählige Fotos und Messungen durchzuführen. Jetzt glaube ich, die Phänomene ein bisschen besser zu verstehen. Schnee ist, ähnlich wie mein geliebtes Meereis, eine sehr komplex aufgebaute Substanz, die schon bei geringfügigen Änderungen der äußeren Bedingungen – insbesondere der Temperatur – makroskopisch wahrnehmbare Veränderungen durchläuft. Diese Veränderungen haben möglicherweise globale Effekte, etwa für den Kreislauf von Kohlendioxid, dem berüchtigten Klimagas. In dem über der Meeresoberfläche kondensierenden und gefrierenden Eisnebel wird eine große Menge dieses Gases gebunden und dann in Form von Eis- und Schneewolken durch den Wind vom Meer zum Land transportiert. Dort wird es als Schnee abgelagert. Wenn dieser später schmilzt, wird Kohlendioxid frei, und zwar weltweit in einer Menge, die den gesamten von Menschen jährlich erzeugten Kohlendioxidanteil bei weitem übertrifft. Beim Schmelzen von Schnee tritt der umgekehrte Effekt ein: Im Schneematsch sowie im Schmelzwasser wird der Atmosphäre Kohlendioxid entzogen und dann in Form von unschädlichen Karbonaten im Erdreich abgelagert. Schnee scheint Kohlendioxid je nach den äußeren Bedingungen wie eine riesige Lunge aufzunehmen und manchmal auch wieder auszuatmen.

Die Eis- und Schneeschichten nehmen während der zehn Kältemonate wie Filter große Mengen von Staub- und Sandpartikeln aus der Luft und den unter dem Eis strömenden Wassermassen auf. Algen, Plankton und Mikroorganismen bilden organische Ablagerungen. Nach meinen Beobachtungen tritt noch ein weiterer Effekt ein: Die im Meerwasser gelösten Salze kristallisieren bei ausreichend niedrigen Temperaturen als feste mineralische Partikel aus, die sich nicht wieder im Wasser lösen, wenn das Eis schmilzt. Wie bei der Bildung des lästigen Kesselsteins im Teekessel werden vielmehr viele kleine feste Einlagerungen freigesetzt, die als Sedimente auf den Meeresboden sinken oder vom Schmelzwasser weggespült werden.

Um diese Vorgänge besser zu verstehen und eine quantitative Auswertung dieser Ablagerungen vornehmen zu können, habe ich vor dem Einsetzen der Schmelze an verschiedenen Stellen Eis- und Schneeproben entnommen, diese aufgetaut und die Sedimente zur späteren Analyse konserviert. Viele Male sind wir mit dem Schlitten über das Fjordeis zu einem weit entfernten kleinen zugefrorenen Süßwassersee oder zum Gletschereis gewandert, um Eis- und Schneeproben zu gewinnen. Unter dem Mikroskop ließ sich danach in den Sedimenten ein Gewimmel von Kieselalgen, Eisalgen, Mikroorganismen und Bakterien bestaunen und zur Dokumentation fotografieren. Hin und wieder entdeckte ich auch winzige Würmchen, die sich wie unheimliche Seeschlangen durch den Urwald von Algen und herumschwirrenden Bakterien hindurchwanden. Ich rief Marie, die gerade eines ihrer duftenden Brote backte, um sie an diesem atemberaubenden Spektakel teilhaben zu lassen. Nachdem man dies gesehen hat, möchte man nicht mehr behaupten, dass das Eis lebensfeindlich sei.

Von Mitte Juni bis Mitte Juli fand die so genannte Algenblüte statt, ein aufregendes und abwechslungsreiches Schauspiel. In den ersten Löchern im Eis kleiner Brackwassertümpel wurden zunächst schwarze Streifen wie von Rußablagerungen sichtbar, dann entdeckte ich grüne und braune Schaumflocken in den offenen Spalten im Meereis, und schließlich wuchsen kleine dunkelbraune und rötliche Flecken auf den Eisrändern. Die Wasserlöcher in den noch zugefrorenen Süßwasserseen funkelten türkisblau, dann smaragdgrün. Ich bin von einem Schauplatz zum nächsten geeilt, habe viele Proben genommen, konserviert und unter dem Mikroskop betrachtet. Mich begeistern diese komplexen Lebensformen in ihrem eisigen Umfeld. Vermutlich sind in dem Probenmaterial etliche bislang noch unbekannte Mikroorganismen und Bakterien enthalten. Ein winziges, wenige zehntel Millimeter langes Wesen hat mich besonders gefesselt. Diese kleinen schwarzen Burschen springen bei eisigen Temperaturen und Schneegestöber wie Flöhe zwischen den Ufersteinen und auf den Schmelzwassertümpeln herum. Sie leben in Kolonien und legen ihre weißen, stäbchenförmigen, kaum sichtbaren Eier unter kleinen Kieselsteinen ab. Ich vermute, dass es sich dabei um eine arktische Form der urtümlichen Bärtierchen handelt. Das sind – jedenfalls dem Namen nach – zwergenhafte Verwandte der Eisbären. Unter dem Mikroskop lässt sich eine gewisse Ähnlichkeit tatsächlich nicht leugnen!

Mich beschleicht das Gefühl, dass ich von diesem vielfältigen Leben großer und winzig kleiner Wesen in der so erbarmungslos scheinenden Natur von Spitzbergen immer noch viel zu wenig weiß, um das symbiotische Zusammenwirken wenigstens im Ansatz zu verstehen. Aber ich ahne, dass die einzigartigen physikalischen Eigenschaften von Schnee und Meereis eine herausragende Rolle bei der Entfaltung des faszinierenden Szenarios spielen.

Der Gouverneur von Spitzbergen hat uns über Funk mitteilen lassen, dass der Eisbrecher *Nordsyssel* Ende August unsere immer noch vereiste Meeresbucht ansteuern wird, um Marie, mich, Balto und die gesamte Expeditionsausrüstung abzuholen und zurück nach Longyearbyen zu bringen. Ich bin darüber sehr froh, die Sonnenbahn verläuft schon merklich flacher als zur Mittsommerzeit, und in klaren und windstillen Nachtstunden bildet sich bereits wieder neues Eis auf den kleinen Schmelzwassertümpeln. Eine weitere Polarnacht in Kinnvika zu verleben, wäre vielleicht nicht so übel, wir beide fühlen uns inzwischen hier sehr zu Hause, andererseits freuen wir uns auf das Wiedersehen mit lieben Freunden und der Familie.

Jedenfalls fällt mir ein Stein vom Herzen, denn die Frage, wie meine ganzen Geräte aus der eisigen Wildnis zurück in die zivilisierte Welt transportiert werden, wurde durch die großzügige Entscheidung des Gouverneurs gelöst. Ich werde gewissermaßen als Entgelt einen besonders sorgfältig aufbereiteten Expeditionsbericht in Longyearbyen abliefern.

Die Messergebnisse, Zahlentabellen, vorläufig ausgewerteten Messkurven, die vielen belichteten Filmrollen sowie Aufzeichnungen für die geplanten Berichte und Publikationen werden sortiert, auf Vollständigkeit überprüft und schließlich sorgfältig einem wasserdichten Aluminiumcontainer anvertraut. Es kann schon mal passieren, dass beim Beladen des Schiffs in dem Geschiebe der Eisschollen eine Transportkiste in das eisige Meerwasser rutscht. Dabei mögen dann wenigstens die wertvollen Expeditionsergebnisse trocken bleiben.

Und mit denen glaube ich zufrieden sein zu können. Über ein Jahr lang haben wir unzählige Beobachtungen über die Vegetation, die Tiere, das Wetter und natürlich das Eis in allen auftretenden Modifikationen sowie über die darin lebenden Mikroorganismen zusammengetragen. Niemals zuvor wurden in Nordaustland über ein ganzes Jahr hinweg so viele unterschiedliche Messreihen durchgeführt.

Beim Blättern in den Wetteraufzeichnungen kann ich mich noch an jeden einzelnen Tag erinnern, an die herauf- und herabsausenden Barometerstände, die Stürme in Orkanstärke, die kälteste Nacht mit -38 °C und an die unwahrscheinlich hohen luftelektrischen Feldstärken von bis zu 40 000 Volt pro Meter.

Das Gedeihen bescheidener Blümchen, Flechten und Moose wurde von uns über den gesamten Zeitraum verfolgt und fotografisch dokumentiert. Ich freue mich darauf, mittels dieser Bilder und der parallel aufgezeichneten Daten des Mikroklimas die Wachstumsphasen genau beschreiben zu können. Eismöwen, Küstenseeschwalben, Teiste, Raubmöwen, Meeresstrandläufer, Eiderenten, Dreizehenmöwen, Eissturmvögel und Schneefinken – all diese Vögel, ihre Nester und ihre Jungen haben wir sorgfältig gezählt. Ihr erstmaliges Erscheinen im Frühjahr erwarteten wir sehnsüchtig und begrüßten freudig jeden Vogel; einige waren uns schließlich noch vom vergangenen Sommer an ihren angestammten Brutplätzen persönlich bekannt. Im Vergleich zum restlichen Spitzbergen ist das Vogelleben hier am nordöstlichen Ende der Inselgruppe dürftig. Es gibt deutlich weniger Vogelarten, und die auf Spitzbergen sonst so häufig anzutreffenden Schneehühner scheinen ganz zu fehlen.

Darauf ist es wohl auch zurückzuführen, dass wir keinen einzigen Polarfuchs beobachten konnten. Ich ärgere mich darüber, dass den ohnehin schon so seltenen Tieren in einigen Regionen Spitzbergens wegen ihres schönen weißen Pelzes nach wie vor nachgestellt wird – und zwar unter Anwendung der grausamen Fuchsfallen.

Die typischen Lebewesen auf Nordaustland sind Rentiere und Eisbären. Offensichtlich haben beide Tierarten besonders wirksame Überlebensstrategien entwickelt, um den unwirtlichen Lebensbedingungen in Nordaustland zu trotzen. Die nur in kleinen Gruppen oder einzeln herumstreifenden Rentiere machen zu allen Jahreszeiten einen gut genährten Eindruck. Auch unsere im Sommer und Herbst beobachteten zwei kleinen Rentierfamilien haben den Winter überlebt. Der heftige Wind fegt viele Bereiche der Tundra von Schnee frei, sodass die Rentiere ohne allzu große Kraftanstrengung ausreichend Futter finden. Zuweilen graben sie auch am Strand angespültes Seegras und Tang aus dem Schnee. Alle Tiere auf Spitzbergen scheinen gelegentlich Tang zu fressen, auch Eisbären und meine Hunde habe ich dabei beobachtet. Vermutlich sind in diesen Meerespflanzen wichtige Mineralien enthalten.

Wir haben während unseres Aufenthalts insgesamt 101 Eisbären registriert und ihr Verhalten stunden- und tagelang mit dem Feldstecher verfolgt. Nur in drei Fällen sahen wir Eisbärenmütter mit einem oder auch zwei Jungen. Alle anderen Bären waren Einzelgänger, meist ältere männliche Tiere oder Halbwüchsige. Vielleicht ist Nordaustland wegen des besonders harschen Klimas für Familien mit Kindern weniger geeignet als andere Regionen von Spitzbergen. Acht der beobachteten Bären, zumeist jüngere, noch unerfahrene Tiere, zeigten uns und den Hunden gegenüber ein eindeutig aggressives Verhalten. Ohne den massiven Einsatz von Warnschüssen, Äxten und Schneeschaufeln hätten wir früher oder später bestimmt ein Eisbären-Festessen abgegeben. Wir haben viel Respekt, etwas Furcht und wohl auch Verständnis für die Verhaltensweisen dieser faszinierenden Könige der Arktis entwickelt. In dem Expeditionsbericht wird jeder der von uns beobachteten Bären und das, was er in der Nähe von Kinnvika getrieben hat, genau beschrieben.

Besonders im Frühjahr lassen sich auf den riesigen Eisflächen des Murchinsonfjords und der Hinlopenstraße mit dem Feldstecher die Ringelrobben und ihre Jungen als winzige schwarze Punkte ausmachen. Die Robbenbabys werden in Schneehöhlen auf dem Eis geboren. Dort müssen sie die ersten zwei Wochen ihres Lebens ausharren und werden nur hin und wieder von ihrer Mutter zum Säugen besucht, für aufmerksame Bären im wahrsten Sinne des Wortes ein gefundenes Fressen. Ich habe beobachtet, wie sich Eisbären auf dem mit tiefem Schnee bedeckten Eis plötzlich auf die Hinterbeine stellen und ihre Vorderpranken wie Schwerter mit voller Wucht in einen Schneehaufen stoßen – manchmal mit Erfolg.

Bis auf die Rentiere ernähren sich alle Wesen in der eisigen Wildnis letztlich von den im Meer und im Eis lebenden Kreaturen. Ich bin unter die aus dem Nordpolarmeer herangedrifteten alten Eisbrocken sowie unter die frischeren Eisschollen getaucht und habe eine von unzähligen winzigen Krebsen, Krabben, Rippenquallen, Schnecken und kleinen Fischen besiedelte, zerklüftete Landschaft entdeckt. Die Tierchen grasen den wuchernden Algenteppich ab, durchstöbern die

Eisritzen und fressen die dort angesiedelten Schlammflocken und Mikroorganismen.

Unter dem Mikroskop lassen sich im Eis viele unterschiedliche Kolonien von Bakterien beobachten, die symbiotisch zusammenleben. In regelmäßigen Zeitabständen wurden Proben genommen und an Garabed Antranikian nach Hamburg geschickt. Zusammen mit seinen Doktoranden führt er mit diesem Material an der Technischen Universität sorgfältige Analysen durch, um die vielen verschiedenen Bakterien im Eis systematisch zu klassifizieren.

Im Spätsommer und Herbst, wenn das Pflanzenwachstum aufgehört hat und die im Meerwasser abgestorbenen Algenreste vom Eis wie in einem Filter oder Sieb eingefangen werden, können die Bakterien in einem Überangebot an Nahrung schwelgen. Die Polarnacht bedeutet nach meinen Beobachtungen für die kleinen Eisbewohner keine entbehrungsreiche und kalte Zeit, ganz im Gegenteil. Das Meerwasser an der Eisunterseite ist mit -1,8 °C den ganzen Winter über vergleichsweise warm, die Vorratskammern im Eis sind mit Nährstoffen aller Art gefüllt, und die zerklüftete Eislandschaft bietet schützende Nischen. Von Wind und Meeresströmungen getrieben, driften manche Eisschollen weite Strecken und helfen damit ihren unzähligen kleinen Passagieren, die gesamte Arktis zu erobern und sich in besonders günstigen Regionen verstärkt zu vermehren.

Wenn das erste wiedererwachte Tageslicht Anfang Februar durch das Eis schimmert, beginnen Algen sehr rasch zu wachsen. Denn in den dunklen Monaten haben sich im Oberflächenwasser des Meeres Nitrate, Phosphate, Silikate und Ammoniaksalze angereichert und wurden im Gefüge des Meereises aufkonzentriert. Die im Eis angesiedelten Pflanzenkeime warten nur noch auf das erste Licht, um mithilfe ihrer Chlorophyllreaktion die angesammelten Nährstoffe zu plündern.

Im Sommer stürzen sich Millionen von Vögel in das von Leben nur so wimmelnde arktische Meer, tauchen unter die Eisschollen und fliegen mit Krabben, Schnecken und Fischchen im Schnabel zu der ungeduldig wartenden Brut. Große Tiere wie Robben und Walrosse leben von dieser Beute aus Eis und Meer. Und die Eisbären, als Abschluss der recht übersichtlichen Nahrungskette auf Spitzbergen, fressen die Robben. So ist praktisch das gesamte Leben der Arktis auf das Nahrungsangebot im Meereis angewiesen. Wie gut, dass sich Meereis unermüdlich selbst regeneriert, und zwar schon seit Milliarden von Jahren. Jahr für Jahr entsteht es teilweise immer wieder neu, niemals wird sich die Lebenskraft von Eis erschöpft haben.

Während meiner ersten Expedition in das Eis von Spitzbergen reifte die Idee vom Eis als Wiege des Lebens. Vieles blieb damals unklar, und ich musste mich häufig auf meine Intuition stützen. Während dieser zweiten Expedition nach Spitzbergen wollte ich versuchen, die weißen Flecken auf dem bis dahin noch unscharfen und unvollständigen Bild über die Entstehung von Leben im Eis zu füllen. Immer wieder grübelte ich über Argumente und mögliche Gegenargumente nach, modifizierte mein laufendes Versuchsprogramm und hoffte, Schlüsselfragen zur Entstehung des Lebens beantworten zu können: durch gezielte Messungen und deren kritische Auswertung sowie durch den Austausch mit anderen Wissenschaftlern.

Über Funk berichtete ich in den vergangenen Monaten regelmäßig meinen Kollegen in Göttingen und Hamburg von meinen Überlegungen und neuen Ergebnissen. Jeder der seltenen Hubschrauber nahm Messergebnisse und Filme mit. Als Antwort kamen Anregungen für weitere Untersuchungen und kritische Fragen. Während ich im Eis herumirrte und aggressive Eisbären abwehrte, hat Wolfgang Schröder an der Technischen Universität Hamburg-Harburg mit bewundernswerter Geduld Tausende von Publikationen aus aller Welt systematisch durchforstet und nach Hinweisen anderer Wissenschaftler zu dem uns interessierenden Themenkreis gesucht. Demnach ist bislang niemand der Hypothese nachgegangen, die Wiege des Lebens könnte das Meereis sein.

Christof Biebricher vom Max-Planck-Institut für biophysikalische Chemie in Göttingen widmete viele Jahre seines Lebens der Frage nach der Entstehung des Lebens und forschte darüber in internationalen Projekten. Ausgehend von der Möglichkeit der Lebensentstehung im Eis, bereitet er die enzymfreie Replikation von RNA im Eisreaktor vor.

Aus der fruchtbaren und geradezu freundschaftlichen Zusammenarbeit zwischen Wolfgang Schröder, Christof Biebricher und mir entsteht die umfangreiche Veröffentlichung *Ice and the Origin of Life*, in deren Entwürfen ich beim Zusammenpacken meiner Expeditionsergebnisse immer wieder herumblättere.

Wir hoffen, viele andere Wissenschaftler davon zu überzeugen, dass es kaum einen besseren Ort als Meereis geben kann, um den Übergang vom anorganischen zum biologischen Leben einzuleiten. Viele Gedankengänge bereits bekannter Theorien zur Entstehung des Lebens lassen sich problemlos auf Meereis übertragen oder sprechen in mancher Hinsicht sogar bereits für diese Umgebung.

Damit scheint es gelungen zu sein, die zunächst etwas gewagt anmutende Idee mit einem soliden Fundament aus zahlreichen experimentellen Befunden sowie wissenschaftlichen Publikationen anderer Fachleute zu untermauern. Das beruhigt mich – die jahrelangen mühseligen Arbeiten in eisiger Kälte und Finsternis beginnen Früchte zu tragen.

Ich verschließe den letzten Behälter mit Berichten, Filmen und Büchern, rufe Balto und wandere hinaus an das Ufer des Fjordes, wo große Eisschollen auf dem Wasser treiben. Manchmal schimmert die Sonne durch die hin- und herwabernden grauen Nebelschleier, Küstenseeschwalben segeln über die Eisfelder und stürzen sich mit angelegten Schwingen in die schmalen Wasserrinnen. Auf einem gewaltigen Treibholzstamm sitzend, kraule ich den Hund hinter seinen Ohren, blicke hinaus und versuche erneut, mir vorzustellen, wie es gewesen sein könnte, damals vor langen, langen Jahren auf der Erde, als das erste Leben entstand.

Was geschah vor vier Milliarden Jahren? Man nimmt an, dass damals das Leben auf der Erde entstand, denn die ältesten heute bekannten Strukturen von Leben – die so genannten Stromatolithen – weisen ein Alter von bis zu 3,8 Milliarden Jahren auf.

Lebewesen bestehen im Wesentlichen aus Kohlenstoff, Stickstoff, Wasserstoff, Sauerstoff, Schwefel und einigen anderen Elementen und Salzen, welche ausnahmslos im Meerwasser vorhanden sind. Aus diesen anorganischen Stoffen entstanden in einer ersten Phase durch die Einwirkung von elektrischen Entladungen, Blitzen, Kometeneinschlägen und vulkanischen Eruptionen einfache Bausteine des Lebens wie die Aminosäuren; und vielleicht auch schon eine Art von Proteinen und Nukleotiden. Diese relativ einfachen Vorgänge konnten inzwischen durch Laborversuche simuliert werden. Besonders bekannt ist dabei der berühmte Versuch von Stanley Miller, der 1953 in einem kleinen Glaskolben mit Meerwasser unter Bedingungen, wie sie auf der Urerde geherrscht haben könnten, zahlreiche Aminosäuren erzeugte.

Die weiteren Entwicklungsschritte zum Leben sind komplizierter. Unter welchen Bedingungen konnten sich die sehr langen Molekülketten aus Aminosäuren aufbauen, welche schließlich zur RNA führen? In dem so oft zitierten kleinen warmen Teich von Charles Darwin, in dem durch Verdunsten des Wassers die vorhandenen Aminosäuren immer weiter aufkonzentriert wurden und sich schließlich zu komplizierten Molekülstrukturen formierten?

Diese Möglichkeit wird in neuerer Zeit verneint. In einer warmen Umgebung mögen zwar im Rahmen zufällig ablaufender Reaktionen komplizierte Moleküle entstehen, diese zerfallen jedoch aufgrund der Wärme innerhalb weniger Wochen wieder und scheinen deshalb für die über viele Tausend Jahre ablaufenden Prozesse zur Lebensentstehung nicht geeignet zu sein. Man geht inzwischen davon aus, dass sich das erste Leben viel besser in einer kalten Umgebung mit wesentlich längeren Zerfallszeiten langkettiger Moleküle entwickeln konnte.

Andere Überlegungen führen zu der Vermutung, dass im Umfeld von Vulkanen tief unter der Meeresoberfläche, den so genannten schwarzen Rauchern, ebenfalls günstige Bedingungen geherrscht haben könnten.

Zum systematischen Aufbau von lebenden Strukturen ist es unerlässlich, dass die einfachen Bausteine, wie die Aminosäuren, in hoher

Konzentration vorhanden sind. Außerdem müssen sie hinsichtlich ihrer Chiralität sortiert vorliegen, nicht als willkürliche Mischung. Katalysatoren sowie Energiequellen zum Einleiten von weiterführenden Reaktionen sind ebenfalls notwendig. Die wichtigen Kondensationsreaktionen, also die Abspaltung von Wassermolekülen bei der Bildung von komplizierteren Molekülen aus einfachen Bausteinen, sollten bevorzugt ablaufen können. Die schädliche und Molekülketten zerstörende UV-Strahlung müsste abgeschirmt sein, und schließlich wäre das Vorhandensein von kleinen zellähnlichen Strukturen, also Kompartimenten mit vielen Grenzflächen, von Vorteil. Kurz gesagt, die Entstehung des Lebens wäre sehr erleichtert worden, wenn gewissermaßen winzige, wohl eingerichtete Labore zur Verfügung gestanden hätten.

Es gibt zahlreiche Veröffentlichungen mit Vorschlägen zur Lösung von einigen der genannten Teilprobleme. So werden verschiedene mögliche Energiequellen auf der Urerde diskutiert, Ideen zur Bildung von Kompartimenten aus Schaumbläschen entwickelt und katalytische Wirkungen an Tonpartikeln vermutet. Bisher ist es allerdings nicht gelungen, alle wichtigen Bedingungen in einem realistisch anmutenden Szenario zusammenzubringen.

Einigkeit besteht darüber, dass sich die Urmeere im Laufe von Millionen Jahren zunächst einmal mit Aminosäuren und anderen einfachen Lebensbausteinen anreicherten und die so genannte Ursuppe bildeten. Diese gelangte durch Meeresströmungen auch in die kalten Regionen auf der Erde. Dort wurden die Bausteine – ähnlich wie heute die Nährstoffe – vom Meereis eingefangen, aus dem Wasser gefiltert und mit einer relativ hohen Konzentration im Eisgefüge eingelagert.

Das Eis vor 4 Milliarden Jahren ähnelte dem heutigen Eis auf Spitzbergen. Die physikalischen Gesetze beim Gefrieren von Wasser waren schon immer gültig, und Zusammensetzung und Menge der im Wasser gelösten Gase und Mineralien üben einen nur unerheblichen Einfluss auf die Struktur des Eises aus. Deshalb ist es möglich, durch die Untersuchung des heute vorhandenen Eises zuverlässige Rückschlüsse auf das Eis der Urerde zu ziehen.

Ich bin zuversichtlich, mit den vielen Messergebnissen dieser Expedition an einem Modell für einen Reaktor mitarbeiten zu können, der weiterführende Experimente im Labor ermöglicht. Welche besonderen Eigenschaften besitzt dieser Eisreaktor?

Meereis zeigt eine zelluläre Struktur (vgl. Grafik auf S. 261). Kleine, feste Bereiche aus gefrorenem, reinem Wasser sind umgeben von flüssiger, hoch konzentrierter Salzlösung. Dazwischen sind winzige Gasbläschen aus Kohlendioxid sowie feste mineralische Partikel wie Kalziumkarbonat, Natriumchlorid, Magnesiumkarbonat und Sulfate eingelagert. Mit dem Elektronenmikroskop konnte ich die wunderbare Vielfalt dieser Ablagerungen aufnehmen und die einzelnen Bestandteile im Labor chemisch analysieren lassen.

Die Mikrolandschaft im Eis ist keineswegs starr und unveränderlich, vielmehr lassen sich mit dem Mikroskop ständige, zuweilen dramatisch rasch ablaufende Veränderungen beobachten. Das liegt an den Temperatur- und Druckveränderungen, zum Beispiel durch Sonneneinstrahlung, kalte Winde oder auf die Eisoberfläche fallende Schneeflocken. Dies führt dazu, dass sich die kleinen Zellbereiche ständig verändern. Sie wachsen oder schmelzen teilweise, und die Flüssigkeit dazwischen rinnt und pulsiert in einem winzigen Kanalsystem. Kleine Vakuolen kontrahieren und verändern zuweilen rhythmisch ihre Ausdehnung wie schlagende Herzen. Der im Eis gelöste hohe Anteil von Kohlendioxid verändert sich ebenfalls. Die Messungen haben gezeigt, dass Eis, wie ein atmendes Wesen, gelegentlich viel Kohlendioxid aufnimmt, um dieses Gas später in Form winziger perlender Bläschen wieder abzusondern.

Die flüssigen und festen Bereiche sind von hauchdünnen, flexiblen Grenzflächen eingehüllt wie von Membranen. Mit dem Mikroskop ließ sich beobachten und filmen, wie sich die Membranen aneinander schmiegen, kleine Öffnungen und Kanäle formen und dabei geradezu lebendig wirken. Zu meiner Expeditionsausrüstung gehörten einige medizinische Elektrosonden, mit denen Ärzte die elektrischen Nervensignale im Muskelgewebe messen. Beim Durchstoßen der Zellbereiche im Meereis mit diesen nadelförmigen Sonden konnten kräftige Elektropotenziale registriert werden. Das ist auf die räumlich verschiedenen Konzentrationen von Ionenkonzentrationen zurückzuführen. Durch Auflösen von Phenylrot im Eis ließen sich darüber hinaus starke Variationen der pH-Werte sichtbar machen. Derartige Messungen und Beobachtungen zeigen, dass im Eis räumlich dicht benachbart große Energiedifferenzen auftreten, welche gegebenenfalls den Ablauf chemischer Reaktionen fördern.

Mit starken UV-Lampen habe ich Meereis bestrahlt und so versucht, die Sonneneinstrahlung auf der Urerde zu simulieren. Die UV-Strahlung dringt aufgrund der vielfachen Streuung, Reflexion und Brechung an den Eiszellen nur wenige Zentimeter in den Eiskörper ein und ist schnell auf eine ungefährliche Intensität abgeklungen. Allerdings werden die Lichtquellen im Eis durch Reflexion teilweise linear polarisiert. Das linear polarisierte Licht wird unter günstigen Umständen durch Brechung in einem Flüssigkeitsspalt zirkular polarisiert. Dieser Effekt konnte durch viele mühsame Messungen im Meereis sichtbar gemacht werden. Er spielt möglicherweise im Zusammenhang mit dem Sortieren von chiralen Bausteinen des Lebens im Eisreaktor eine wichtige Rolle.

Das sind einige wesentliche Eigenschaften von Meereis. Dabei ist es von besonderer Bedeutung, dass aufgrund der geringen Größe der Eiszellen von 10 bis 100 Mikrometern in einem einzigen Kubikmeter Eis ungefähr 10^{14} Zellbereiche vorhanden sind. Auf unserer Erde mit der heute gegebenen Eisbedeckung von mehr als 10^{13} Quadratmetern existiert somit die unvorstellbar große Zahl von mehr als 10^{27} winzigen Zellen, die sich auch noch ständig verändern und in denen die zum Leben führenden Prozessen ablaufen können.

Ich versuche, mir auszumalen, was sich vor vier Milliarden Jahren in den kleinen Kompartimenten im Eis und den dazwischen liegenden Flüssigkeitszonen abgespielt haben könnte. Was passierte mit der Ursuppe, die, mit Aminosäuren angereichert, in das Eis gelangte?

In vielen Versuchen habe ich unterschiedliche Aminosäuren sowie alternativ dazu organische Farbpulver in Meerwasser aufgelöst und beim Gefrieren die Vorgänge beobachtet. Die organischen Moleküle werden nicht in den festen, reinen Eisbereichen eingebaut, sondern in den mit abnehmender Temperatur immer kleiner werdenden Flüssigkeitszonen zusammengedrängt und schließlich so weit aufkonzentriert, dass sie sich aneinander lagern, Molekülketten bilden oder sich auf den festen Oberflächen der im Eis auskristallisierten Mineralien niederschlagen. Zwischen den gefalteten Membranen im Eismaterial entstehen lange Fäden und spiralig geformte Gebilde, die sich bei Temperaturerhöhung wieder auflösen oder als vernetzte Schleier in der Flüssigkeit driften.

Die in der Wasserlösung ursprünglich gut gemischten Aminosäuren sowie die Farbmischungen werden während des Gefrierens auseinander sortiert und in unterschiedlichen, räumlich getrennten Bereichen abgelagert. Der Eiskörper scheint wie ein Flüssigkeitschromatograf zu funktionieren, mit dessen Hilfe Stoffgemische in ihre Einzelkomponenten aufgetrennt werden können.

Die zirkular polarisierten Lichtwellen sorgen darüber hinaus zur Abschwächung oder Verstärkung von jeweils links- oder rechtshändigen organischen Bausteinen. In den oberen Eisbereichen werden durch die starke UV-Einstrahlung Moleküle zerstört oder auch energetisch angeregt. Diese Moleküle und ihre Bruchstücke sickern durch das Eismaterial nach unten in geschützte Bereiche, wo sie an weiteren Reaktionen teilnehmen können. An den unzähligen mineralischen festen Oberflächen finden vermutlich in Verbindung mit den hohen elektrischen Potenzialdifferenzen katalytische Prozesse statt. Kondensationsreaktionen, bei denen sich Wassermoleküle aus dem Molekülverbund trennen, werden durch die benachbarten festen Eisbereiche gefördert, weil sie bestrebt sind, freie Wassermoleküle in ihrem Kristallgitter einzubauen. Die zum Aufbau von fast allen organischen Verbindungen wichtigen Karboxylionen sind wegen des vielen im Eis gelösten Kohlendioxids reichlich vorhanden.

Durch eine Vielzahl derartiger Prozesse, die in der ungeheuer großen Zahl der Kompartimente in immer wieder variierter Weise parallel zueinander ablaufen, können sich alle denkbaren Modifikationen von organischen Molekülen bilden.

Aufgrund der im Eis und in dem darunter liegenden Wasser herrschenden niedrigen Temperaturen zerfallen die einmal entstandenen, komplizierten, möglicherweise zum Leben führenden Moleküle praktisch nicht mehr, sondern bleiben Tausende von Jahren erhalten und können an weiteren Reaktionen teilnehmen.

Die Kompartimente im Eis sind keine räumlich abgeschlossenen Einheiten, sondern sie stehen über die winzigen Flüssigkeitskanäle miteinander in Verbindung. Dadurch können allmählich immer weitere Entwicklungsstufen erreicht werden, bis hin zur Bildung der ersten RNA-Moleküle.

Die urtümlichen RNA-Strukturen kann man sich so ähnlich wie Viren vorstellen. Sie sind Zellparasiten ohne eigenen Stoffwechsel. Außer ihrem genetischen Material enthalten sie nur sehr wenige andere Stoffe, und zu ihrer Reproduktion ist lediglich die Nukleinsäure notwendig. Viren sind weder in der Lage zu wachsen noch, sich zu vermehren. Das funktioniert nur in Wirtszellen. Bemerkenswert ist, dass es einen besonders primitiven Typ von Viren gibt, deren Genom aus RNA besteht. Alle anderen, höher entwickelten Lebewesen verwenden dazu die kompliziertere DNA.

Früher hielt man Viren für die Nachfahren alter, vorzellulärer Lebensformen. Da Viren sich ohne Zellen nicht vermehren können, geht man heute davon aus, dass sie durch Rückentwicklungen von vollständigen Zellen entstanden.

Möglicherweise lässt sich diese Erklärung durch eine andere These ersetzen: RNA-Viren könnten direkte Nachfolger der im Zellverbund von Eis parasitär lebenden RNA-Strukturen sein.

Um weiter zu ergründen, wie sich auf der Urerde im Eis biologische Zellen entwickeln konnten, habe ich Hefe-RNA aus dem Labor von Christof Biebricher im Meerwasser gelöst und zu Eis gefrieren lassen. Zur besseren Sichtbarmachung war die RNA mit fluoreszierendem Ethylbromid markiert. Unter dem Mikroskop wurde erkennbar, wie sich die RNA in den Eiskanälen zu langen Ketten und netzartigen Strukturen formierte, die selbst nach Auftauen des Eises eine Zeit lang Bestand hatten.

Ich habe den Eiskörper mit den RNA-Beimengungen mit UV-Licht bestrahlt und danach das Eis vorsichtig erwärmt. Nachdem alles Eis getaut war, zeigte sich ein System von zellähnlichen Bläschen, die Bestand hatten. Es handelte sich dabei offensichtlich um Stütz- und Membranenstrukturen, die durch die UV-Bestrahlung aus den RNA-Molekülen entstanden waren.

Die zellähnliche Struktur des Eises stand gewissermaßen als Baumuster für diesen analogen Aufbau zur Verfügung.

Diese Argumentation wird auch durch die folgenden Beobachtungen gestützt. In viele Monate altem Eis und Schnee habe ich zuweilen unter dem Mikroskop Fäden entdeckt, die den gesamten Eiskörper wie eine Art Spinnennetz durchziehen. Bei niedrigen Temperaturen bilden sich, wie die Versuche mit Fetten und Eiweiß gezeigt haben, innerhalb langer Zeiträume beim Vorhandensein organischer Moleküle schleimige Netzwerke, die bei ihrem Wachstum die stützende Wirkung der Schnee- und Eisbereiche ausnutzen. Vielleicht handelt es sich dabei auch um das Geflecht von Schleimpilzen oder Myxomyceten. Das sind urtümliche und primitive, aber sehr anpassungsfähige Wesen, welche sich in einem bestimmten Entwicklungsstadium wie kriechende Tropfen einer zähen Flüssigkeit verhalten.

Die hier auf Nordaustland vorkommenden Schneealgen formen in Verbindung mit solchen Schleimpilzen winzige, zum Schutz gegen die UV-Strahlung feuerrot gefärbte Kügelchen, die im Schneesturm bei grausamer Kälte meilenweit durch die Luft gewirbelt werden und auf diese Weise neue Lebensräume erobern.

Offensichtlich nisten sich – ungerührt von der Kälte – heute wie damals bei der Entwicklung der Zellen primitive organische Strukturen in den schützenden und stützenden Kompartimenten von Eis und Schnee ein. So könnten lebende Zellverbünde mit dem in RNA gespeichertem Genom entstanden sein.

Die ältesten auf der Erde heute bekannten Lebensformen sind die Stromatolithen, säulenartige, poröse Strukturen, die in manchen flachen Meeresgebieten vorkommen und im Wesentlichen aus Partikeln von Calciumkarbonat bestehen, zwischen denen Bakterien hausen. In den oberen, von Sonnenstrahlen durchdrungenen Schichten der Stromatolithen sind Kolonien von fototrophen Lebewesen angesiedelt, die das starke Licht brauchen. Sie schützen die darunter liegenden Bereiche und versorgen sie durch ihre Abfallprodukte mit Nährstoffen.

Eine mehrere Jahre alte Eisscholle ähnelt in gewisser Hinsicht den Stromatolithen. Auch Meereis ist zellulär aufgebaut, hat mineralische Einlagerungen, wie insbesondere Calciumkarbonat, weist übereinander liegende Schichten mit unterschiedlichem Salzgehalt auf, in denen das starke UV-Licht absorbiert wird und eine Vielzahl von Bakterien und Mikroorganismen Schutz und Nahrung findet. Vielleicht sind die Stromatolithen nichts anderes als vor 3,8 Milliarden Jahren gewissermaßen zum Leben erweckte Eisschollen?

Noch immer sitze ich mit Balto am vereisten Ufer des Meeresfjords. In der kühlen, nebeligen Luft ist mir kalt geworden. Ich stehe auf, schüttele meine steif gewordenen Beine und wandere weiter am Strand entlang. Mir scheint das Bild vom Beginn des Lebens klarer geworden zu sein, alle Puzzlesteinchen passen zusammen und fügen sich widerspruchsfrei zu einem stimmigen Szenario. Ob ich meine Hypothese beweisen kann? Das glaube ich kaum, niemand war vor vier Milliarden Jahren dabei, um Zeugnis abzulegen. Allerdings besteht die Hoffnung, den Ablauf der ersten Schritte zum Leben wenigstens plausibel zu machen. Das würde mich schon sehr glücklich machen.

Ich wate ein paar Schritte in das träge schwappende Meerwasser und fische vorsichtig ein Stück driftendes Eis heraus. Viele Minuten rinnt und tropft die hoch konzentrierte Salzlösung aus dem porösen Eiskörper, wie Blut aus einem lebenden Wesen. Ich denke an die vielen winzigen Kompartimente, in denen wie in miteinander vernetzten, gut eingerichteten Laboren unter der Aufsicht fantasievoller Chemiker immer wieder neue Versuche durchgeführt werden, bis endlich eine bahnbrechende Synthese gelungen ist. Im Eis der Erde gibt es 10^{27} solcher kleinen Labore, in denen 100 Millionen Jahre lang experimentiert wurde. Oder etwas anders ausgedrückt: 10^{35} (das ist eine Eins mit 35 Nullen!) dieser Labore wären ein Jahr lang damit beschäftigt gewesen, den Lebensfunken zu zünden. Ich bin davon überzeugt, dass dies an vielen verschiedenen Stellen im Eis über Millionen von Jahren immer wieder und wieder gelungen ist, bis tatsächlich, unter besonders günstigen Bedingungen, ein kräftiges, sich gegen alle Widerstände durchsetzendes Feuer des Lebens entfacht wurde. Die Entstehung von Leben auf der Erde ist nach meiner Auffassung kein einsamer Zufall oder ein einzeln stehender, wunderbarer Schöpfungsakt, sondern eine zwangsläufige Folge aus den Gegebenheiten auf der Urerde unter dem Einfluss der bei der Eisbildung gültigen physikalischen Gesetzmäßigkeiten.

Ganz plötzlich reißt der dichte Nebelvorhang auf, und ein Bündel von Sonnenstrahlen lässt die Eisschollen hell aufscheinen. In der Ferne schimmert ein gewaltiger auf dem Fjord treibender Eisberg. Ich wende mein Gesicht der Sonne zu, und mich durchrieselt ein Gefühl wohltuender Wärme.

In dieser Umgebung fällt es leicht, die uralten Vorstellungen der in nordischen Ländern lebenden Völker nachzuempfinden. Demnach wird die Erde von einem gewaltigen Meer umschlossen. Weit im Norden, hier irgendwo bei Kinnvika, hausen am Rande des Meeres die Wintergeister mit Frost und Nebel. Im Süden aber ist Wärme und Feuer. Die Welt wird bevölkert von urigen Riesen und Naturgöttern. Der Mensch spielt darin eine recht kümmerliche Rolle.

Mir kommen Zeilen aus der über tausend Jahre alten Liedersammlung *Edda* in den Sinn. Der Sonnengott Wodan befragt den Beherrscher des Winters nach dem Ursprung des Lebens:

»*Wabedrut, du wissender Riese, künde mir,*
Wo aber kommt das Leben her?«
Der Winterriese antwortet:
»*Aus dem Urwasser umwabert von Nebel,*
Hob sich's und wuchs, das Eisgebirge.
Funken flogen aus fernem Süden,
Die Flamme gab Leben dem Eise.«

21 Es war ein schönes Jahr
Vierter Brief von Marie an ihre Freundin

Kinnvika, den 2. August 2003

Liebste Carol,
dies ist wohl mein letzter Brief, bevor wir Kinnvika verlassen. Ich will ihn dem ersten Touristendampfer mitgeben, der sich in unsere immer noch vereiste Meeresbucht wagt.

Am 23. Juli letzten Jahres haben wir Nordaustland betreten. Inzwischen ist ein ganzes Jahr vergangen, und ich bin tatsächlich die erste Frau, die auf über 80° nördlicher Breite in Spitzbergen überwintert hat. Nur noch drei Wochen, dann werden wir abgeholt. Und wie am Beginn unseres Abenteuers sitze ich wieder inmitten von Kartons und Tüten und packe alles zusammen. Glücklicherweise ist diesmal viel weniger zu transportieren. Essensvorräte sind kaum noch übrig, nur noch ein paar Pakete Nudeln, Reis und Eipulver. Wir haben unseren Verbrauch ganz gut eingeschätzt. Nächstes Mal würde ich allerdings mehr Konserven mit Gemüse und Fleisch einpacken. Aber wir sind weit davon entfernt zu verhungern und mussten auch nicht auf das Hundefutter zurückgreifen wie Hauke während seiner Überwinterung in Mushamna. Wir haben auch nicht angefangen, uns gegenseitig zu verspeisen. So etwas ist schon vorgekommen, wenn man den Geschichten der arktischen Entdecker glauben mag. Erst neulich habe ich ein altes Gedicht gefunden, in dem der letzte Überlebende eines im Eis gestrandeten Segelschiffs vom grausigen Schicksal seiner Kameraden erzählt. Einer der Verse lautet:

Ich aß den Kapitän und Koch
Und auch den Steuermann noch
Und den betrunkenen Matrosen
Alle mussten zuvor losen

Hoffentlich habe ich dir nicht den Appetit verdorben!

Vor ein paar Tagen haben wir das letzte Stück Rentierfleisch gegessen. Eero hatte es uns vor vielen Monaten geschickt. Es war schon ziemlich grün und recht zäh – vermutlich von einem alten Bock. Junge Rentiere dagegen schmecken wunderbar zart.

Sonntags zelebrieren wir weiterhin unser gewohntes Frühstücksritual: Haferflocken mit Milchpulver und heißem Wasser, dazu eine Flasche Sekt, und das alles in den neuen Pullovern, die ich uns während der Wintermonate gestrickt habe. Dann fühlen wir uns wie Könige! Es ist noch eine Menge Rotwein übrig, sodass wir es uns leisten können, bei Sonnenschein draußen vor der Hütte zu sitzen, in der einen Hand das Glas Wein und in der anderen den Feldstecher, um Eisbären, Rentiere und Vögel zu beobachten und nach Touristendampfern Ausschau zu halten.

Unser Zusammenleben verlief eigentlich sehr harmonisch, bis auf Haukes Ausbrüche während des Irakkrieges. Wir hörten Tag und Nacht über Funk Nachrichten, und Hauke regte sich immer wahnsinnig auf. Einmal war er besonders wütend und stieß wüste Verwünschungen aus, nachdem wieder einmal viele Unschuldige getötet worden waren. Ich konnte das nicht mehr ertragen und verzog mich nach draußen, bis er sich wieder beruhigt hatte. Danach mäßigten wir unsere politische Leidenschaft ein wenig. Wir waren froh, dass der Krieg so schnell für beendet erklärt wurde.

Ein großer Vorteil des Lebens hier besteht darin, dass ich Zeit für viele unterschiedliche Handarbeiten habe. Während der dunklen Winterzeit, im Licht der Petroleumlampe, konnte ich zwar nicht so gut nähen, dafür aber stricken. Als es wieder hell wurde, habe ich viele Stickereien angefertigt, wozu ich in England nie Zeit hatte. Dann nähte ich ein paar große Patchwork-Decken aus 928 kunterbunten Flicken zusammen – die sind wirklich schön geworden! Mein uraltes Bügeleisen, erhitzt auf dem kleinen Ofen, hat mir dabei sehr geholfen.

Den Tuschkasten mit Wasserfarben habe ich noch nicht benutzt, vielleicht fange ich jetzt noch mit dem Malen an. Das wunderschöne Licht und die Landschaft mit Bergen, Gletschern, Meeresbuchten und glitzernden Tümpeln lassen mich ganz kribbelig werden, wenn ich an mein Zeichenzubehör denke.

Die mitgebrachten Bücher sind inzwischen fast alle gelesen. Jetzt quäle ich mich gerade durch den zweiten Teil von Cervantes' *Don Quixote* – ein bisschen langweilig und schwer zu lesen. Die vielen Abenteuer- und Expeditionsberichte aus der Arktis und Antarktis fand ich in der Polarnacht mit den heulenden Winterstürmen zu niederdrückend. Ich habe sie erst nach der Wiederkehr des Lichts gelesen. Es ist unglaublich, wie viele unsinnige Expeditionen von unerfahrenen Männern mit versponnenen Ideen unternommen wurden und wie viele Menschen hier ganz in unserer Nähe dabei jämmerlich zugrunde gegangen sind.

Hauke liest seit einiger Zeit mit großem Vergnügen in den gesammelten Werken Georg Christoph Lichtenbergs, eines Physikers und satirischen Kritikers aus Göttingen. Hin und wieder muss Hauke lachen und übersetzt mir besonders witzige und spöttische Aphorismen, die auch auf unsere moderne Gesellschaft verblüffend genau zutreffen. Heutzutage wäre dieser Denker des 18. Jahrhunderts wohl ziemlich verpönt, denn seine Ansichten sind alles andere als »politically correct«. Wahrscheinlich würde man auch einen Teil seiner Schriften deshalb nicht mehr drucken. Dabei hat er nur ausgesprochen, was alle anderen auch dachten, ohne sich zu trauen, darüber zu schreiben.

Anfang Juni jagte mir Hauke einen richtigen Schrecken ein, als er plötzlich ohne Vorwarnung seinen struppigen Bart abrasierte, den er jetzt nach dem langen dunklen Winter nicht mehr leiden konnte. Ich erkannte ihn kaum wieder. Nachdem ich Tag und Nacht ein ganzes Jahr lang immer nur den haarigen Hauke in der Nähe hatte, brauchte ich eine Weile, um mich an das glatt rasierte Gesicht zu gewöhnen. Es kam mir vor, als wäre ein anderer Mensch zur Tür hereingekommen. Nach einiger Zeit war auch der zuvor vom Bart bedeckte und deshalb ganz bleiche Teil seines Gesichtes braun gebrannt. Jetzt sehen wir beide aus, als würden wir statt in der Arktis auf einer tropischen Insel leben. Unsere Körper sind allerdings noch ganz weiß, das ist schade! In diesen Breiten besteht keine Chance, nackt ein Sonnenbad zu nehmen, wenn auch keine neugierigen Nachbarn zu befürchten sind.

Immer noch sind eine Menge großer Schneeflächen zu sehen, zumeist an den schattigen Berghängen und in den engen Tälern. Bald werden wir wohl wieder, wie zu Beginn, von einer schroffen Mondlandschaft mit Schottersteinen umgeben sein. Mitte Juni hatte nochmals heftiger Schneefall eingesetzt, gerade als ich zu hoffen anfing, dass der ewige Schnee endlich verschwindet. Wir haben das Beste daraus gemacht und zu Mittsommer einen schönen Schneemann gebaut. Es fällt schwer, sich unter diesen Bedingungen den englischen Sommer vorzustellen, mit grünen Wiesen, Blumen, singenden Vögeln und warmem Wind in den rauschenden Blättern der Bäume ... Der Sommer hier in Kinnvika ist schon wieder fast vorbei, er dauerte nur einen kurzen Augenblick. Die kleinen Pflanzen explodierten mit ihren Blütchen wie ein buntes Feuerwerk, um sich danach wieder ganz schnell vor dem nahenden Winter zu verkriechen.

Als wir vor einem Jahr in Kinnvika ankamen, herrschte warmes und sonniges Wetter. Das war recht ungewöhnlich für diese Gegend, und wir erlebten zum Ausgleich einen sehr harten Winter: wochenlang Nebel, Schnee und riesige unbewegliche Eisfelder auf allen Meeresbuchten. Wir haben bereits im Mai die ersten Wetten abgeschlossen, wann das Eis aufbrechen und verschwinden würde. Wir beide lagen mit den Prognosen weit daneben, und unsere schlimmsten Erwartungen wurden noch übertroffen: Erst Mitte Juli bildeten sich Risse, und erste Eisschollen trieben zögernd hinaus auf die Hinlopenstraße. Über dem offenen Meer stiegen Nebelschwaden auf und verdichteten sich zu dunklen Eiswolken. Einige Male konnten wir fantastische Lichterscheinungen beobachten: funkelnde Ringe um die Sonne und weiß schimmernde Linien, die sich wie ein riesiger Regenbogen über die Landschaft wölbten. Ich habe versucht, schöne Fotos aufzunehmen, aber natürlich wirkt das in der Natur viel großartiger.

Stell dir vor, wenn wir in einigen Wochen hier abziehen, steht die Tag-und-Nacht-Gleiche kurz bevor, und dann senkt sich wieder die Polarnacht über Kinnvika. Hoffentlich vergisst man nicht, uns abzuholen. Ein paar Kerzen haben wir ja noch, aber trotzdem …

Abgesehen von den zahlreichen Bären, schien das gesamte Tierleben bis Anfang April wie ausgestorben zu sein. Wir waren ganz begeistert, als wir mit dem Feldstecher endlich fern am Horizont die ersten Seevögel entdeckten und zwei Pärchen Schneefinken lustig zwitschernd zwischen den Hütten von Kinnvika herumflatterten. Das sind die einzigen Singvögel auf Spitzbergen. Letztes Jahr haben sie hier offenbar nicht gebrütet, wir haben sie jedenfalls nicht bemerkt. Die Anzahl von Dreizehenmöwen, welche wir nach einer langen Wanderung durch Eis und Schnee an einem steilen Vogelfelsen beobachten konnten, war auch nicht gerade überwältigend. Nur wenige Vögel hockten in den noch vereisten Felsspalten und ließen etwas lustlos und verfroren ihre Rufe hören, die manchmal wie menschliche Stimmen klingen: »Ja, ja, ja!«

Auf unserer Wanderung entdeckten wir Anfang Juni zwei Rentiermütter mit ihren Jungen, die noch etwas ungelenk zwischen den Schneeflocken herumstaksten und versuchten, an den winzigen Pflanzen zu knabbern. Einige Tage später sahen wir beide Rentiermütter wieder, diesmal war nur noch ein Junges dabei. Das andere war wohl Opfer der hiesigen harten Lebensbedingungen geworden. Balto, unser Hund, hat jetzt Sommerfell. Im Juni, während des Haarwechsels, waren überall große Wollflocken: auf dem Fußboden, in unserer Kleidung, im Teekessel und sogar in den Betten. Ich saß mit Balto oft draußen im Schnee, um ihm die lose Wolle auszuzupfen, das mache ich sehr gern! Hauke lästerte darüber und bezeichnete uns beide als ein Affenpärchen beim Lausen.

Balto ist uns ein lieber Kamerad geworden. Ich beobachte oft mit viel Freude, wie er Hauke zu seinen Experimenten auf dem Eis begleitet und dann ganz aufmerksam neben ihm sitzt und jede seiner Bewegungen verfolgt wie ein begeisterter Student. Wahrscheinlich weiß Balto, was für ein hervorragender Lehrer Hauke ist!

Balto sieht nicht mehr so aus wie vor einem Jahr, als wir ihn übernommen haben. Sein ehemals langes, dichtes und gelbliches Fell ist jetzt ganz kurz und grauweiß. Balto wirkt nicht mehr wie ein ungestümer kräftiger Schlittenhund, sondern eher wie ein eleganter, etwas müder und alter Stadthund. Wir können uns diese merkwürdige Verwandlung kaum erklären. Hauke meint, dass Balto durch die rauen Lebensbedingungen, den traumatischen Verlust seines Bruders Sako sowie die brutalen Bärenüberfälle frühzeitig gealtert ist. Es soll ja bei Menschen auch vorkommen, dass sie nach einem furchtbaren Unglück sozusagen über Nacht weiße Haare bekommen. Ich glaube, dass auch mir hier in Kinnvika etliche graue Haare gewachsen sind, aber das ist vielleicht ganz normal und liegt nur an meinem zunehmenden Alter.

Die Bären haben sich im Frühjahr wie Omnibusse im Stadtverkehr verhalten: Lange Zeit kam kein Einziger vorbei und dann plötzlich einer nach dem anderen. Die meisten waren ziemlich aggressiv. Sie griffen den Hund oder uns ohne Vorwarnung an – meistens Hauke, der in vorderster Linie stand. Wir erlebten einige haarige Momente, als wir draußen vor der Hütte aufregende Filmszenen drehten.

Zum St. George's Day am 22. April habe ich, wie man das in England so macht, einen großen »Union Jack« an einer in den Schnee gesteckten Holzlatte aufgezogen. Gleich darauf erschien ein mächtiger Bär, riss, ohne zu zögern, die Fahne herunter und zerfetzte sie – vielleicht aus politischen Gründen? Hauke hat sich köstlich amüsiert und die Szene gefilmt – so ein Schuft!

Einmal hat ein angreifender Bär den naseweisen Hauke fast erwischt. Aber der hatte im letzten Augenblick den rettenden Einfall, auf der Flucht seine geliebte bunte Strickmütze in den Schnee zu werfen und weiterzurennen. Der Bär untersuchte das Kleidungsstück zunächst einmal und zerfetzte es dann. Hauke konnte inzwischen entkommen. Jetzt trägt er immer ganz stolz seine zerfledderte Mütze.

Ein anderer Bär demolierte systematisch alle draußen im Schnee aufgebauten Messgeräte. Als Hauke das zu blöd wurde, ging er hinaus, um den Chaoten mit Signalschüssen zu verjagen, allerdings ohne Erfolg. Der Eisbär scheuchte Hauke mit wilden Sprüngen zurück in die Hütte. Daraufhin probierte es der Professor mit einer sanfteren Methode, die er im Tagebuch eines alten Jägers gefunden hatte: Er ging wieder hinaus und begann, dem keine zehn Meter entfernten Bären etwas vorzusingen. Ich glaube, es war »Freude, schöner Götterfunken«. Der Trick funktionierte hervorragend, der Bär verzog sich ganz friedlich. Vielleicht hat ihm Haukes melodische Singstimme nicht zugesagt?

Das alles macht auch viel Spaß und ist eigentlich gar nicht so dramatisch, wie es scheinen mag, wenn man noch nie einem Bär begegnet ist.

Hauke hat viel Spaß mit seinen Experimenten. Er kriecht mit den Messgeräten immer noch auf dem nassen Eis herum. Außerdem sammelt er ganz eifrig Bakterien in Eis und Schnee und konserviert alte Vogelfedern, Krebsbeinchen und anderes komisches Zeug in Probengläsern. Sein Kollege in Hamburg will daraus für die Industrie nützliche Bakterienstämme züchten. Mir macht es Freude, am Computer die Grafiken zu erstellen. Jetzt ist fast alles fertig, nur die Wetterdaten der letzten Wochen bis zu unserer Abreise stehen noch aus. Ich habe mit viel Mühe nach Haukes Angaben eine Zeichnung für einen technischen Eisreaktor angefertigt – aber plötzlich räusperte sich der Computer, und alles war futsch! Hauke war schrecklich enttäuscht, aber wir haben einfach wieder von vorne angefangen.

Wir beide waren ein bisschen betrübt, als Hauke die vielen wunderschönen alten Fragmente von Schiffen und Fundstücke vom Strand aus dem »Museum« herausholte und durch den tiefen Schnee mit dem Schlitten wieder dorthin zurückschleppte, wo wir die Schätze im vergangenen Sommer und Herbst entdeckt hatten. Wir hofften damals, dass die liebevoll zusammengestellte Sammlung in Zukunft Besuchern, deren Weg in diese Einöde führt, interessante Einblicke in die Geschichte Spitzbergens vermitteln könnte. Der Gouverneur hat dazu allerdings bis jetzt keine formelle Genehmigung erteilt, und die Schutzbestimmungen sind so streng, dass wir uns zum Abbau unseres Museums entschlossen haben. Zuvor hat Hauke jedes Stück sorgfältig dokumentiert und fotografiert, vielleicht interessiert sich später ein Geschichtsinstitut der alten Walfängernationen dafür. Mich selbst haben die am Ufer von Nordaustland gefundenen Reste früherer menschlicher Aktivitäten fasziniert, und ich bin ganz erpicht darauf, mehr von der Geschichte Spitzbergens und den zumeist tragischen Ereignissen der vergangenen Jahrhunderte zu erfahren. Immer noch finden wir bei unseren ausgedehnten Strandgängen wunderbare Fragmente, aber jetzt freuen wir uns nur daran und lassen sie liegen, wo sie sind.

Ich schreibe immer noch Tagebuch. Oft, wenn ich mir einzelne Ereignisse in Erinnerung rufe, um sie aufzuschreiben, wird mir warm ums Herz, und ich muss lächeln. Unsere vielen Wanderungen hier in der Umgebung von Kinnvika, das Getöse beim Kalben eines Gletschers, die abenteuerlichen Fahrten in dem winzigen Gummiboot zwischen Eisschollen und Wellen, das Prusten und Schnaufen von Weißwalen in dunkler Nacht dicht am Strand, die leuchtenden Farben der ersten Blütchen – das alles zieht wie ein bunter Bilderbogen an mir vorbei. Die Polarnacht mit ihren jaulenden Stürmen, der funkelnde Sternenhimmel, die atemlose Stille, das ängstliche Herumblicken mit der Taschenlampe in der Hand beim Gebrauch des Satellitentelefons in der eisigen Kälte, der atemberaubende Mondschein über den schneebedeckten Bergen und Eisfeldern, der Blick auf den Kinnberg und auf die uns so vertraut gewordene Hütte mit dem rauchenden Schornstein – nie werde ich all das vergessen!

Auch die täglichen Monologe von Hauke zum Frühstück sind mir lieb geworden – nicht, dass ich mehr als die Hälfte behalten hätte, aber sie haben mich gewiss dazu angeregt, über viele Dinge nachzudenken, die mich früher kaum interessierten. Eine Menge Politik war dabei. Ich fühle mich wie aufgeweckt und glaube schon, die Vorgänge hinter den Kulissen ein bisschen besser zu verstehen – insbesondere, weil wir die Nachrichten über unser Funkgerät von drei oder vier verschiedenen nationalen Sendern zu hören bekamen. Unsere Diskussionen über die Lebensweise vieler Menschen in ihren Tretmühlen haben mir bewusst werden lassen, wie ich in Zukunft leben möchte. Weniger ist mehr – das habe ich jedenfalls verstanden. Ich brauche keine prächtige Villa, Designermöbel, Mode nach dem letzten Schrei, den sonnigsten Urlaub, das neueste Auto oder das kleinste Mobiltelefon. Leben bedeutet viel mehr.

Ich habe im vergangenen Jahr zufrieden und meist stressfrei gelebt. Ich hatte die Freiheit zu tun, was ich wollte, mich zu entfalten und zu mir selbst zu finden. Ein Jahr mit Hauke – wie Sherry auf einer Eistorte! Er hat mich behütet und sich sehr um meine Sicherheit und mein Wohlbefinden gesorgt. Ich habe viel von seiner Arktiserfahrung profitiert und eine Menge gelernt über Bakterien, Schnee, Eis und seine Theorie über die Entstehung des Lebens. Er war unterhaltsam und aufmunternd, er machte mir Mut, hat mir geholfen und mich amüsiert, er war dabei liebenswürdig – kurz, wir passten gut zusammen, persönlich und auch bei der Arbeit. Hauke wird eine große Lücke in meinem Leben zurücklassen, wenn unsere gemeinsame Zeit hier vorbei ist.

Im Nachhinein muss ich lachen über eine Frage, die mir im Herbst ein Besucher gestellt hat: Und du willst wirklich mit diesem fremden Mann, der auch noch ein Gewehr hat, hier ganz allein zurückbleiben? Sei unbesorgt, so antwortete ich damals, auch ich habe ein Gewehr und kann damit umgehen.

Hauke meint, ich sei jetzt viel selbstbewusster als bei unserem ersten Zusammentreffen. Ob ich weiser geworden bin, kann ich nicht sagen, aber vielleicht sehe ich viele Probleme in einem neuen Licht und gehe anders damit um. Aber ich glaube, dass ich meine Möglichkeiten immer noch unterschätze. Mal sehen, wie mich dieses Abenteuer verändert hat. Ich habe mir vorgenommen, meine Zukunft fester in die eigenen Hände zu nehmen. Sicherlich macht es auch ein bisschen Eindruck, wenn ich mir den nächsten Job suche: wissenschaftliche Assistentin, Kamerafrau und Schauspielerin, Bärenpolizistin, Autorin, Köchin, Steuerfrau und Architektin für Schneehöhlen … das schmückt doch den Lebenslauf, oder?

Ob ich so etwas wieder machen würde? Ich glaube schon, aber, wenn möglich, ohne Bären. Das soll aber nicht heißen, dass ich Löwen oder Tiger lieber mag. Ich möchte nicht wieder genau das Gleiche unternehmen, aber ein anderes Abenteuer, auch wenn es weniger fantastisch ist, das wäre schön! Vielleicht werde ich später auf irgendeiner verlassenen kleinen Insel vor Schottland hausen, in einem kleinen Cottage, umtost von atlantischen Stürmen. Ich glaube, so etwas würde mir nach den hier gemachten Erfahrungen gefallen. Aber vielleicht sind das nur Spinnereien, irgendwie brauche ich ja auch ein Einkommen, besonders, um mir mein erträumtes idyllisches Häuschen überhaupt leisten zu können.

Ein bisschen fürchte ich mich davor, wieder in der Zivilisation zu leben. Alles nach diesem Abenteuer kommt mir – jedenfalls im Augenblick – ein bisschen fade und langweilig vor, und ich werde wohl Zeit und Geduld brauchen, um mich wieder zurechtzufinden. Ich muss allerdings gestehen, dass mir bei dem Gedanken an ein schönes Essen das Wasser im Munde zusammenläuft: ein leckeres Steak mit gerösteten Kartoffeln, grünen Bohnen und Preiselbeeren – hm! Oder auch Brathähnchen und danach Zitronenspeise mit viel Schlagsahne, das wäre köstlich! Ein ausgedehntes Bad in einer Riesenwanne mit heißem Wasser, darin liegen, bis die Haut schrumpelig wird, einfach himmlisch!

Also, dieses Jahr war einzigartig, und ich stimme mit Karin überein, die vor einigen Jahren zusammen mit Anders in einer Jägerhütte weiter südlich auf Spitzbergen verbracht hat und sagte, dass es das beste Jahr ihres Lebens war. Ich kann mir nicht vorstellen, wie solche Erlebnisse und Erfahrungen übertroffen werden können. Und nun der Spruch von Hauke, wenn er den Funkkontakt beendet: »Out and over from Kinnvika!«

Bald sehen wir uns!
Alles Liebe
von Marie

Epilog

Die Schiffsmaschinen des Eisbrechers vom Gouverneur von Spitzbergen dröhnen, zusammen mit Marie sitze ich in dem gemütlichen Salon, duftende Kaffeebecher vor uns. Wir sind auf der Rückfahrt in die Zivilisation und können den uns bereits jetzt umgebenden Luxus kaum fassen. Fließendes Wasser, sogar eine Dusche, köstliches Essen, nette unterhaltsame Menschen – und keine Verantwortung mehr für das Gelingen der Expedition, keine aufmerksamen Rundblicke nach herumschleichenden Eisbären, kein mühsames Herumplantschen im Eiswasser auf der Suche nach Bakterien – ist das schön!

Aber ganz ehrlich, so richtig wohl ist mir dabei doch nicht zumute. Nur noch eine Galgenfrist von zwei Tagen, in denen sich das Schiff durch Nebel und Wellen pflügt, und danach ist es endgültig vorbei, das Leben in unserem so vertrauten, eisigen Paradies. Ich fühle mich ein bisschen erschöpft und ausgebrannt, so wie die vom ewigen Sturm zerrupften und ausgeblichenen Fähnchen, die ich beim letzten Rundgang durch unsere Hütte an einem rostigen Nagel hängen sah und als Andenken einsteckte. Da strahlt kein patriotischer Glanz, keine stolze Zufriedenheit, sondern eher das leise Glück, überhaupt noch zu leben. Von der englischen Fahne habe ich nur einen kleinen Fetzen retten können, den uns ein grimmiger Eisbär übrig ließ.

Ich habe mit den Hunden in der Polarnacht den Mond angeheult, habe aggressive Eisbären mit meinem Gesang beruhigt, gute und böse Tage zusammen mit der kleinen Marie überstanden, den Rucksack voller Expeditionsergebnisse. Und nun?

Das Forschungsprojekt im Eis hat sich besser entwickelt, als ich das vor einem Jahr zu hoffen gewagt hätte. Ein bisschen fühle ich mich wie ein stolzer Vater, der auf seinen wohlgeratenen Sprössling schaut und zu wissen glaubt, dass aus ihm ein tüchtiger Mensch wird. Ich werde den Werdegang meiner Theorie zum Ursprung des Lebens sehr aufmerksam beobachten und mit gewohntem Schwung eingreifen, um Skeptiker zu überzeugen.

Als Hochschullehrer habe ich die Möglichkeit, besonders auf junge Menschen einzuwirken. Das werde ich nutzen und dabei klar zu machen versuchen, dass das Leben interessanter und spannender wird, wenn unser übliches Sicherheitsdenken sowie die Sorgen um Wohlstand und ein langes Leben gelegentlich ignoriert werden. Ein oller Professor, der im Hörsaal nicht nur physikalische Gesetze erklärt, sondern dazu Empfehlungen zum Besten gibt, wie man aggressive Eisbären mit einer Schneeschaufel verhaut – das ist doch was.

Die Entstehung des Lebens

vor ca. 4 Mrd. Jahren	URERDE (präbiotische Chemie)	Niedrig molekulare **anorganische Moleküle** (Wasser, Kohlendioxyd, Kohlenstoff, Stickstoff, Nitrat, Ammoniak)
		→ Chemische Reaktionen (ausgelöst durch elektrische Entladungen, Blitze, Kometeneinschläge, vulkanische Eruptionen)
		Monomere (einfache Lebensbausteine wie z.B. Aminosäuren, Nukleotide)
	POLYMERE	→ Aufkonzentrierung und Kondensation
		Verbindung von Monomeren zu **Polymeren** (z.B. Peptide, Oligonukleotide, Kohlehydrate); diese Polymere duplizieren sich als solche und müssen nicht aus Monomeren erneut entstehen
vor ca. 3,8 Mrd. Jahren	RNA-WELT	Differenzierung und Selektion bestimmter Polymere
	PRIMORDIALES SYSTEM	→ Proteinsynthese.
		DNA sowie **Enzyme, Membrane** entstehen
		Kompartimentierung: Entstehung der **Urzellen**
vor ca. 3,6 Mrd. Jahren	PROGENOT	→ Zellteilung
		Biologische Spezies entstehen

Modell: Biochemischer Meereis-Reaktor

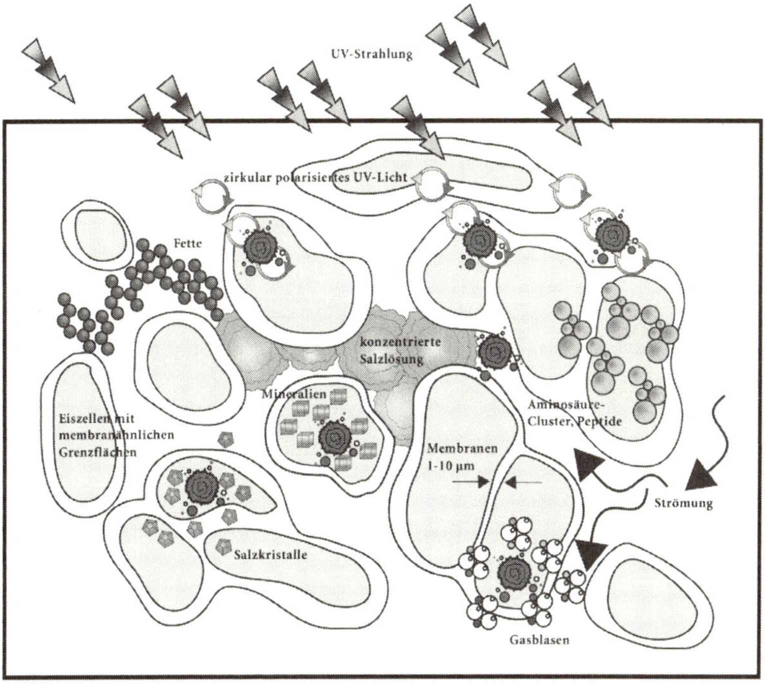

Sonnenlicht mit UV-Anteil trifft auf ein Eisstück mit einem Durchmesser von ca. 0,1 mm. Das Licht wird gebrochen, reflektiert und zum Teil zirkular polarisiert. Dabei werden energetisch angeregte Moleküle erzeugt und Aminosäuren unterschiedlich stark diskriminiert. Zwischen den Eiszellen strömt eine konzentrierte Lösung von Salzen. An den unzähligen Grenzflächen mit Katalysatorwirkung werden chemische Reaktionen gefördert, die zur Entstehung von Polymeren und RNA-Bausteinen beitragen.

Die Deutsche Bibliothek – CIP-Einheitsaufnahme
Ein Titeldatensatz für diese Publikation ist bei
Der Deutschen Bibliothek erhältlich

www.frederking-thaler.de

Alle Texte: Hauke Trinks, Wesel
mit Ausnahme der Kapitel 5, 12, 17 und 21: Marie Tièche
Übersetzung der Briefe von Marie Tièche aus dem Englischen sowie
der in Kapitel 15 zitierten historischen Reiseberichte: Hauke Trinks
Fotos: Hauke Trinks und Marie Tièche
Lektorat und Übersicht auf S. 261: Tamara Trautner, Berlin
Herstellung und Satz: Büro Caroline Sieveking, München
Kartografie: Eckehard Radehose, Schliersee
Umschlaggestaltung: Petra Dorkenwald, München
Reproduktion: Lorenz & Zeller, Inning a.A.
Druck und Bindung: GGP Media, Pößneck

Printed in Germany

ISBN 3-89405-479-4

Umwelthinweis: Das Papier wurde aus chlorfrei gebleichtem Zellstoff hergestellt und enthält keine Aufheller. Die Einschweißfolie – zum Schutz vor Verschmutzung – ist aus umweltfreundlicher und recyclingfähiger PE-Folie.

REISEN · MENSCHEN · ABENTEUER
BEI FREDERKING & THALER

Hauke Trinks
LEBEN IM EIS
278 S., 44 Farbf.,
geb. mit SU, 14,0 x 22,0 cm
ISBN 3-89405-444-1

Abenteuer Forschung: Physiker Hauke Trinks berichtet von seiner spektakulären Überwinterung und seiner Arbeit auf Spitzbergen.

Stanley Stewart
AUF DEN SPUREN VON DSCHINGHIS KHAN
320 Seiten, 16 s/w-Fotos,
geb. mit SU, 14,0 x 22,0 cm
ISBN 3-89405-619-3

Bei Adlerjägern und Yakzüchtern: Zu Pferd über die endlosen Steppen und sanften Gebirge der Mongolei

Dieter Kreutzkamp
WELTREISE
344 S., 40 Farbfotos,
geb. mit SU, 14,0 x 22,0 cm
ISBN 3-89405-445-X

Ein Blick zurück auf 4300 Tage Weltreise: mit dem Fahrrad durch Australien, im Kanu durch Kanada, mit dem VW-Bus in Afrika – Abenteuer, Freiheit und grenzenlose Reiselust.

Nordpolarmeer
Siuøyane
620
Snøtoppen
Low Island
Lady Franklin Fjord
Wetterstation Haudegen
Claravågen
Sabineinsel
Rijpfjord
Prins Oscars Land
Duvefjor
Kinnvika
Kinnberg
Murchisonfjord
Celsiusberg
Vestfonna
Vestfonna-
Nordaust
Gletscher
Hinlopenstraße
Wahlenbergfjord
Sørfonna
Gustav Adolf Land
Ny-Friesland
Olgastraße
1717
Newtontoppen